本书由国家自然科学基金委项目（Nos. 42272281、42172279、41572147）
和国家留学基金委项目（No. 201908340093）资助出版

华北南缘奥陶系古岩溶发育特征及形成机制研究

张海涛　许光泉　陈晓晴　著

合肥工業大學出版社

图书在版编目(CIP)数据

华北南缘奥陶系古岩溶发育特征及形成机制研究/张海涛,许光泉,陈晓晴著. 合肥:合肥工业大学出版社,2025.8. --ISBN 978-7-5650-6944-4

Ⅰ. P642.25

中国国家版本馆 CIP 数据核字第 2024JR3293 号

华北南缘奥陶系古岩溶发育特征及形成机制研究

张海涛　许光泉　陈晓晴　著

责任编辑	张择瑞　孟祥雨
出版发行	合肥工业大学出版社
地　　址	(230009)合肥市屯溪路 193 号
网　　址	press.hfut.edu.cn
电　　话	理工图书出版中心:0551-62903204
	营销与储运管理中心:0551-62903198
开　　本	710 毫米×1010 毫米　1/16
印　　张	12.25
字　　数	212 千字
版　　次	2025 年 8 月第 1 版
印　　次	2025 年 8 月第 1 次印刷
印　　刷	安徽联众印刷有限公司
书　　号	ISBN 978-7-5650-6944-4
定　　价	65.00 元

前　言

华北煤田奥陶系碳酸盐岩内古岩溶十分发育，成为岩溶水储存和运移的主要场所与通道。目前，对矿山奥陶系岩溶研究多集中于含水层富水性和渗透性，缺乏对古岩溶发育特征及其成因机制研究，致使矿山开采过程中岩溶水患预测不准、岩溶水害时有发生。淮南煤田位于华北板块东南缘，为一NWW向展布的对冲式断褶构造带，地质及水文地质条件极为复杂。随着煤田逐渐向深部开采，奥陶系岩溶水害威胁程度日趋严重，古岩溶研究工作已迫在眉睫。为此，急需系统开展淮南煤田奥陶系古岩溶发育特征、分布规律及成因机制研究，不仅对淮南煤田及类似水文地质条件矿区的深部煤炭资源开采过程中岩溶水害防治具有重要的指导作用，而且对进一步认识华北地区奥陶系古岩溶的形成与演化也具有深远意义。

本书以岩溶地质学、水文地质学、古地理学、沉积学、构造地质学和岩石力学等多学科交叉理论为指导，采用野外调查、岩芯观测、薄片鉴定、室内实（试）验、数值模拟、模型预测、地质统计分析等方法与手段相结合，对淮南煤田奥陶系古岩溶发育特征、演化过程及其成因机制等开展了系统深入研究，并对古岩溶发育程度进行了预测，主要得出了以下几点结论和认识：

（1）淮南煤田奥陶系碳酸盐岩中主要发育有溶孔、裂缝、溶洞和岩溶陷落柱四种古岩溶类型，且以裂缝和溶洞为主。裂缝和大溶洞多为充填型，半充填型和未充填型次之；小溶洞多为半充填型，其次是未充填型，全充填型最少。古岩溶充填物主要有塌陷角砾岩、钙质、泥质、石英、黄铁矿和有机质等。

（2）平面上，裂缝、大溶洞和岩溶陷落柱主要沿着断层带两侧分布，断层控制着其产状和数量；垂向上，古岩溶发育具有明显的分带性，奥陶系风化壳顶界向下0～90 m为古岩溶强发育带，90 m以外为古岩溶弱发育带。

（3）淮南煤田奥陶系碳酸盐岩中存在五期古岩溶，分别是沉积岩溶、风化壳岩溶、压释水岩溶、热液岩溶和混合岩溶。沉积岩溶形成于早奥陶世到中奥陶世，是海水和大气降水共同溶蚀作用的结果；风化壳岩溶形成于晚奥陶世到早石炭世，其形成主要与大气降水的长期淋滤作用有关；压释水岩溶形成于中石炭世至早三叠世，其形成主要与上覆石炭-二叠系地层在成岩压实过程中释放出有机酸和酸性压释水有关；热液岩溶发生在晚三叠世至晚白垩世期间，其形成主要与地下深部的岩浆热液活动有关；混合岩溶形成于早白垩世至晚古近纪，其形成主要与大气降水、深部地层水以及热液流体的混合溶蚀作用有关。

(4) 受古地貌和古水文条件控制，淮南煤田奥陶系风化壳岩溶在垂向上存在明显的“四带”结构，即地表残积带（不整合面以下 0～10 m）、垂直渗流带（不整合面以下 10～30 m）、水平潜流带（不整合面以下 30～90 m）和深部缓流带（不整合面以下 90 m 以外），不同岩溶带内岩溶发育特征和充填特征差异较大。

(5) 淮南煤田奥陶系古岩溶发育的控制因素有碳酸盐岩岩性、岩层结构、侵蚀性流体、断裂构造、古地貌与古水文、岩浆活动及岩溶作用时间，且以碳酸盐岩岩性、断裂构造和古地貌等三大因素控制作用最为突出。区内奥陶系碳酸盐岩溶蚀能力由强到弱依次为灰岩、角砾灰岩、白云质灰岩、泥质灰岩、灰质白云岩、白云岩。早燕山期和晚燕山期形成的断裂构造对淮南煤田奥陶系古岩溶发育起着重要作用，研究区中部地区是拉张裂缝和古岩溶发育的最佳位置。奥陶系风化壳古地貌与古水文控制着奥陶系古岩溶的垂向发育特征，基岩风化面古地貌与古水文控制着奥陶系含水层的富水性和渗透性。

(6) 大气降水、地表水、地下水、地层压释水、热液流体和混合流体是研究区奥陶系古岩溶发育的主要侵蚀性流体，其侵蚀能力主要受 CO_2 和 H_2S 等酸性气体（或物质）分压和流体温度等控制。研究发现：①H_2S 比 CO_2 具有更强的侵蚀能力，对方解石和白云石的溶蚀能力更强；②中低温、中低压条件下，CO_2 和 H_2S 对方解石溶解能力要强于白云石；③高温、高压条件下，CO_2 和 H_2S 对白云石的溶解能力要强于方解石；④浅部淡水与深部地层水发生混合时，混合溶液的侵蚀溶蚀能力大大增强；⑤富含 H_2S 的热液流体与富含 O_2 的淡水混合后，其溶蚀能力是相同条件下 CO_2 溶液的 3～5 倍，是 H_2S 溶液的 2～4 倍。

(7) 淮南煤田中生代主要经历了三期构造运动，分别是印支期、早燕山期和晚燕山期构造运动，其最大主应力方向分别为近 N-S（8°～188°）、NWW-SEE（96°～276°）和 NE-SW（55°～235°）。其中，印支期，构造裂缝主要发育在近 E-W 向的断层带和褶皱带内，且以剪切裂缝为主，不利于奥陶系古岩溶的发育；早燕山期，构造裂缝主要发育在研究区东部和中部的断层带和褶皱带内，且以拉张裂缝为主，与该期发育的正断层一起，成为地下水的运移和溶蚀通道；晚燕山期，构造裂缝主要发育在研究区西部和中部地区，且以拉张裂缝为主，在NNW和NWW向的断层带和褶皱带内拉张裂缝尤为发育，成为地下水运移和古岩溶发育的有利位置。

（8）淮南煤田岩溶陷落柱的形成主要与热液溶蚀和混合溶蚀有关，热液岩溶期（晚三叠世至晚白垩世）和混合岩溶期（白垩纪至古近纪）是淮南煤田岩溶陷落柱发展的关键阶段，印支期和早、晚燕山期形成的断裂构造、岩浆活动和碳酸盐岩半暴露区对淮南煤田岩溶陷落柱的形成与演化起到了关键作用。

（9）淮南煤田奥陶系古岩溶发育程度整体为中等—极强，仅西北、西南和东北部分地区奥陶系古岩溶发育程度表现为中等偏弱—弱。区内奥陶系古岩溶发育强—极强区域主要集中在中部矿区，与多期构造数值模拟结果基本一致。通过对比预测结果和区内岩溶陷落柱、奥陶系含水层突（涌）水点实际揭露位置，验证了预测模型、评价指标和指标权重的正确性，为深部岩溶水害防治工作提供了重要参考依据。

本书大部分内容都是由安徽理工大学张海涛、许光泉、陈晓晴在相关科研成果报告的基础上共同完成的，除文中引用的有关文献外，可能还存在部分公开文献和资料因各种原因未能在文中标注，在此谨表示十分的歉意！此外，这些成果的获得，离不开兄弟单位的通力合作，特别是淮河能源（集团）股份有限公司和中煤新集能源股份有限公司等煤业公司，在研究开展过程中提供了大量现场资料、数据和照片，给予了大力支持。本书在编写过程中还得到了许多教授、专家和同仁的关心和支持，他们提出了许多宝贵意见，在此谨表示衷心的感谢！

本书能够出版得益于国家自然科学基金委项目（Nos. 42272281、42172279、41572147）和国家留学基金委项目（No. 201908340093）在经费上给予的资助，在此表示谢意！

由于作者水平有限，书中难免存在不妥之处，恳请读者不吝赐教。

作　者

2024年5月

于安徽理工大学

目　录

1 绪 论

1.1 研究目的与意义

中国探明煤炭储量位居世界前三，在一次能源消费结构中煤炭占 60%～70%，并在相当长的时期内是我国的主体能源。然而，与世界其他产煤大国相比，中国煤炭生产过程中水害事故发生率高、规模大，严重威胁矿井安全生产和社会经济健康发展。按照矿井突水水源的不同，我国煤矿水害主要分为地表水体、孔隙水、砂岩裂隙水、采空区水和岩溶水水害等，其中，岩溶水突水致灾占全国所有矿井突水事故的 92.3%。统计发现，全国 60%左右的煤矿均受到底板岩溶水害的威胁；其中，华北煤田内就有 230 个矿井受底板奥陶系岩溶水害严重威胁，导致 40%左右（约 150 Gt）的煤炭资源开采困难。此外，在华北煤田内还发现了 10000 多个岩溶陷落柱（Karst Collapse Column，简称 KCC），其根部大都发育在奥陶系碳酸盐岩中。据不完全统计，现已发生 KCC 突水事故 22 起，水量从 120 m^3/h 到 123、180 m^3/h（河北开滦范各庄矿）不等，给国家和人民财产造成了巨大损失。因此，奥陶系地层成为华北煤田水害防治的重点和研究的热点。

长期生产实践发现，华北煤田奥陶系地层主要由碳酸盐岩组成［包括灰岩类、白云岩类和（或）石膏岩类］，其内部的古岩溶十分发育，主要由溶孔、裂缝、溶洞和岩溶陷落柱等组成，成为岩溶水储存和运移的主要通道。然而，目前对奥陶系地层的研究多集中于含水层的富水性和渗透性，以及断裂构造和 KCC 的导（含）阻水性上，缺乏对奥陶系古岩溶的发育特征、分布规律和成因机制等方面研究，致使岩溶水患预测不准、岩溶水害时有发生和注浆堵水效果较差等。

淮南煤田位于华北板块东南缘，为一 NWW 向展布的对冲式断褶构造带，现已探明煤炭储量为 44.4 Gt，是我国华东地区重要的能源基地。与华北其他地区一样，区内下伏石炭-二叠系的奥陶系岩溶普遍发育，且多呈埋藏型古岩溶类型；但由于东南缘是华北板块与扬子板块接触碰撞边缘，也是郯庐断裂带接触边缘地带，自下古生代以来，其构造演化和古水文地质条件与华北其他地区都存在较大差异。东南缘多为厚新生界松散层所覆盖的隐伏型煤田，且受到多期次构造活动的叠加作用，区内地质和水文地质条件极为复杂，古岩溶发育特征及其演化过程具有显著的区域特色。近年来，通过地球物理勘探、井下揭露和地面钻探等手段，先后在淮南煤田谢桥矿、潘三矿、张集矿、刘庄矿、顾北矿和潘二矿发现了7个KCC。据不完全统计，自20世纪70年代以来至今，淮南煤田已发生奥陶系灰岩含水层突（涌）水事故268起，最大突水量14520 m^3/h（2017年5月25日潘二矿KCC突水），造成矿井及主要巷道被淹。根据区内南北对冲型逆冲推覆体，将淮南煤田划分为南部、中部和北部三个水文地质单元。以往碳酸盐岩岩溶研究，多集中在淮南南部的露头区和浅埋区，中部厚松散层覆盖区仅有少量资料显示在潘集背斜核部和KCC附近碳酸盐岩古岩溶较为发育，所得出的一些结论和认识具有一定的局限性。随着研究区中部矿区正在向深部开采，奥陶系岩溶水害威胁与日俱增，奥陶系古岩溶研究已迫在眉睫。

因此，系统开展淮南煤田奥陶系古岩溶发育特征、分布规律、演化过程和成因机制等方面研究，不仅可以完善淮南煤田奥陶系古岩溶研究，而且对深入认识该区乃至华北煤田其他地区奥陶系古岩溶的形成与演化具有深远意义，同时也为淮南煤田深部煤炭资源开采过程中岩溶水害防治提供科学指导依据。

1.2 国内外研究现状及存在问题

1.2.1 国内外古岩溶研究现状

1.2.1.1 古岩溶定义及分类

岩溶原称喀斯特（Karst），原是南斯拉夫西北部伊斯的利亚半岛石灰岩高原的地名，20世纪70年代以后，“岩溶”一词逐渐成为喀斯特地质学和地貌学专业术语。80年代，James和Choquette在*Palaeokarst*一书中指出，岩溶是指碳酸盐岩化学溶蚀作用的产物。袁道先等认为，岩溶是水和一切可溶性岩石发生相互作用的过程，并因溶蚀作用而发生一系列地质现象的总和。岩溶不但包括化学溶蚀和机械破坏作用，同时也包含化学沉淀和机械沉积作用。因而，岩溶既包括岩溶作用又包括岩溶作用产物。

岩溶按形成时间与埋藏条件，可分为现代岩溶和古岩溶。现代岩溶是指现代水文地质环境下形成的岩溶。古岩溶是指地质历史时期而非现代营力环境下形成且埋藏于年轻沉积物之下的岩溶，但这个历史时期如何划定，是新生代以前，还是第四纪以前仍无定论。例如，我国南方和北方不少地区的下古生界奥陶系和寒武系地层发育有现代岩溶，其岩溶地层暴露时期远在第四纪或新生代以前；在我国西藏、云贵高原某些山区，还发育有裸露的第三纪古岩溶；在美国巴哈马阿巴科海湾的海底，地质学家还发现了第四纪更新世形成的古岩溶洞穴。李定龙根据“某一地区某套可溶性地层确定后，则控制岩溶发育的主要条件就是运移于岩层中的水流环境即水文地质环境”这一科学事实，认为古岩溶就是在古水文地质环境条件下发育形成的岩溶。近年来，随着国内外岩溶研究范围的不断扩展和研究内容的不断深入，不少学者对古岩溶的定义又作了进一步延伸，把沉积期或准沉积期大气降水对碳酸盐沉积物的溶解作用，以及埋藏期地层压释水和热液活动对碳酸盐岩的改造作用均纳入古岩溶研究范围之内。因此，古岩溶是指未受到现代水文地质环境影响的碳酸盐岩岩溶。

古岩溶按出露程度分为裸露型、覆盖型和埋藏型三类；根据古岩溶空间的储存特征分为层间岩溶、风化壳岩溶和缝洞岩溶；根据古岩溶形成时间和环境分为沉积岩溶（同生岩溶）、风化壳岩溶（表生岩溶）、压释水岩溶（埋藏岩溶）、热液岩溶（埋藏岩溶）和混合岩溶（半暴露岩溶）；按照岩溶埋藏深度分为浅部（埋）岩溶和深部（埋）岩溶，但深部岩溶的界定范围目前还没有统一的标准。根据目前国内外相关文献综述，深部岩溶多是指上覆新生松散层覆盖且未受到现代水文地质环境影响的古岩溶。

1.2.1.2 古岩溶研究内容

国外古岩溶研究始于20世纪70年代末，80年代末进入鼎盛时期，90年代以后逐渐减少。国内古岩溶研究总体上与国际同步，但处于高峰期的有两个时期，一是20世纪80年代中后期，二是90年代初至今又进入第二个高峰期。国内外古岩溶研究主要均是伴随成岩、成矿作用及油气地质的研究而兴起，特别是与石油、天然气及金属、非金属矿产地质研究的关系密切。在国外，美国、俄罗斯、伊朗、委内瑞拉、巴西、阿尔及利亚、摩洛哥、安哥拉、埃及、匈牙利、罗马尼亚等国早就将碳酸盐岩地层作为重要的潜山油气藏储层。在我国，古岩溶研究区主要分布在西南、西北、东北、华北及华南等地区，地层几乎遍及各个时代。目前，世界上已发现的大型元古生界—下古生界碳酸盐岩油气藏储层，主要分布在中国的塔里木盆地、鄂尔多斯盆地、四川盆地，美国的二叠纪盆地、威利斯顿盆地、密歇根盆地，俄罗斯的东西伯利亚盆地和阿曼的阿曼盆地，古岩溶的研究也集中在这些油气盆地。

国外对古岩溶的研究主要集中在三个方面：（1）岩溶相与岩溶控矿。在古岩溶研究的基础上，结合地质学基础学科，如沉积岩石学、地层学、构造地质学等，首次提出了岩溶相的概念，并分析讨论了岩溶相对油气储层和矿产形成的控制作用。（2）岩溶岩、成岩作用和成矿作用。研究古岩溶与白云岩化、礁体发育及大气水成岩的地球化学特征，逐步区分出沉积岩溶、风化壳岩溶和埋藏岩溶等；同时注意到岩溶水对岩石改造后可参与成矿作用，提出了岩溶成矿的概念，并在岩溶成岩和成矿作用方面开展了一系列开创性研究。（3）古岩溶演化。基于古水文地质条件恢复及古岩溶地球化学特征分析，开展古岩溶洞穴的形成演化过程研究，以及地质构造、地下水流和岩性等因素对古岩溶洞穴形成的控制作用研究。

国内对古岩溶的研究主要体现在四个方面：（1）古水文地质分析原理与古岩溶相结合。在这方面，贾疏源等通过对地质演化史过程分析，划分出不同古岩溶期次和类型，通过恢复不同古岩溶期次的水文地质条件，阐明古岩溶发育特征及演化模式，这一开创性思路与研究为进一步开展岩溶矿床形成与演化研究开拓了新思路，并得到了广泛推广与应用。（2）构造演化与古岩溶储层研究相结合。构造控制着地下水和油气运移条件，如断裂构造为地下水和油气运移提供良好的通道；多期次构造活动改造并促进了古岩溶储层的发育和演化，从而为地下水和油气提供良好的储集空间。（3）古岩溶缝洞系统储层研究。这方面主要利用钻探、物探、测井、地球化学等方法，识别古岩溶分带特征及标志层，建立古岩溶缝洞系统地质模型，研究古岩溶储层空间分布规律。（4）古岩溶与深部岩溶研究。现今深部岩溶分布区碳酸盐岩中广泛发育了古岩溶，且以往古岩溶发育程度又控制着现代深部岩溶发育条件。深部岩溶研究是古岩溶研究不可缺少的部分，并将古岩溶中的埋藏岩溶和热水岩溶均视为深部岩溶。

1.2.1.3 古岩溶研究方法

随着相邻交叉学科的不断发展，国内外古岩溶研究方法越来越多，归纳为八大类：（1）现场调查与试验。通过现场调查与钻探、物探、成像测井等方法。研究古岩溶发育特征和分布规律。（2）微观扫描分析方法：采集岩芯标本，利用薄片鉴定、扫描电镜和阴极发光技术，分析古岩溶形成沉积环境、期次、成因和微溶孔等。(3) 古地貌与古水文成因组合分析法。采用印模法、相对残厚法、压实法、井震结合法、误差模拟法和古水文恢复等方法重建古岩溶地貌，结合现代岩溶学理论，利用“将今论古”方法分析古岩溶地貌单元和古水文条件。(4) 数值模拟方法。利用FLAC 3D、ANSYS、COMSOL 等有限元分析软件，反演多期次构造应力场的分布特征，研究构造裂缝的分布规律。(5) 溶蚀试验。利用单因素溶蚀试验，分析岩性成分、温度、CO_2 浓度、水质等对岩溶发育程度的影响。(6) 微观测试分析方法。通过古生物、化学成分、同位素、微量元素、稀土元素、流体包裹体测试分析，研究古岩溶形成环境和岩溶作用期次，确定流体性质和母岩来源。(7) 构造演化分析方法。通过研究区构造地质演化过程分析，研究构造与古岩溶发育之间关联性。(8) 沉积相分析方法。依据沉积学及沉积相理论，划分古岩溶相、亚相及微相。

1.2.2 华北煤田古岩溶研究现状

华北煤田是指阴山构造带以南、昆仑-秦岭构造带东段以北、贺兰山构造带以东至黄海和渤海这一片区域内的煤田，主要受以上三大构造带控制，含煤岩系除浅部侏罗系地层以外，主要为一套石炭-二叠系地层，其下伏为下古生界奥陶系和寒武系碳酸盐岩地层。区内碳酸盐岩地层露头分布范围比较零散，主要集中在冀、豫、晋交界的太行山脉和鲁中的沂蒙山脉，由于其地貌多表现为高山或中低山地形，从而成为周围地区奥陶系和寒武系岩溶地下水的主要补给来源。全区90%左右的碳酸盐岩都埋藏于地下，且多呈深埋古岩溶类型。古岩溶类型主要有溶孔、裂缝（包括构造裂缝和溶蚀裂缝）、溶洞和岩溶陷落柱，且以裂缝和溶洞为主，又称为缝洞系统。上述古岩溶特点主要与华北煤田地质背景、构造演化、古气候、古地貌、古水文等因素有关。华北煤田古岩溶研究内容主要集中在古岩溶作用期次与发育特征、古岩溶分布规律与控制因素等方面。

1.2.2.1 古岩溶作用期次与发育特征

华北地区自古生代以来约 600 Ma，大致上可分为 4 个水文地质时期和古岩溶作用期，包括 2 个主要沉积期和 2 个主要剥蚀期，先后经历了沉积岩溶作用期、风化壳岩溶作用期、埋藏岩溶作用期和半埋藏-构造岩溶作用期的 4 个过程。

(1) 沉积岩溶作用期：本区从寒武纪开始地壳开始下沉，海水动荡剧烈，海侵范围广，持续时间长达 132 Ma，其中奥陶纪约 47 Ma，一直到中奥陶世才结束。华北煤田下古生界碳酸盐岩沉积相研究表明，下古生代沉积时期海底地形平坦，坡度低缓，水体较浅，海进、海退频繁，发育有潮坪、局限碳酸盐台地、开阔碳酸盐台地、浅海陆棚、鲕粒滩及风暴沉积等 20 多种沉积相类型。本期岩溶主要发育有粒间溶孔、粒内溶孔、晶间溶孔、铸模孔、膏盐模孔、不规则小溶洞、小溶沟、溶缝、悬垂型胶结物及新月形胶结物等。

（2）风化壳岩溶作用期：奥陶纪末期，加里东运动使得整个华北地台碳酸盐岩整体抬升出露地表，经历了风化剥蚀及淋滤溶蚀作用，普遍发育了风化壳岩溶或暴露岩溶。该期奥陶系碳酸盐岩沉积间断 130 Ma 左右，不仅缺失了志留系、泥盆系及下石炭统，而且使奥陶系灰岩也遭受了长期的风化剥蚀，形成准平原化岩溶地貌。王建民、魏新善等人利用印模法和残厚法，对鄂尔多斯盆地周边的奥陶系古岩溶风化壳地貌进行了恢复，在平面上划分出岩溶高地、岩溶斜坡、岩溶盆地 3 个二级古地貌单元，以及残丘、台地、残台、阶坪、沟谷、浅洼、深洼等 11 个三级古地貌单元；垂向上划分出地表残积带、垂直渗流带、水平潜流带和深部缓流带，并对各带的岩溶发育特征及成因机理进行了详细分析。

（3）埋藏岩溶作用期：自中石炭世开始，海西运动使得华北地台处于下降阶段，接受了中石炭世至早三叠世的连续沉积，下古生界碳酸盐岩进入了埋藏岩溶作用期或埋藏封闭水文地质期，持续时间约为 72 Ma。随着石炭-二叠系含煤地层沉积厚度增加，其压实释水和生烃作用也在不断增强。其中，一部分压释水进入前两期岩溶所形成的溶孔或洞缝中，与其内的水发生混合溶蚀作用；另外，生烃过程产生的有机酸和 CO_2 渗入到下古生界地层后，会增强碳酸盐岩的溶蚀速率。

（4）半埋藏-构造岩溶作用期：三叠纪早期，受印支运动影响，华北煤田发生了抬升、挤压、褶皱等运动，破坏了沉积地层的完整性，构建了华北煤田古地貌雏形。早侏罗世末期，燕山运动使得地壳发生拉张，产生了 NNE 和 NWW 方向断裂，同时还出现火成岩侵入；第三纪早期喜山运动，不仅使早期断裂复活，且产生了许多新的张扭性与张性断裂，并随之伴有多期岩浆热液活动，局部背斜或隆起处产生强烈剥蚀，致使部分碳酸盐岩裸露地表再次遭受淋滤作用，但大部分碳酸盐岩地层仍处于埋藏状态。由于该阶段奥陶系碳酸盐岩长期处于半暴露状态，并伴有多期构造-岩浆热液活动，故称为半埋藏-构造岩溶作用期。这一期从三叠纪开始至少延至古近纪末，持续时间约 240 Ma。由于构造活动强烈，地壳整体处于抬升状态，地形高差悬殊，大气降水、地表径流和地下径流等水文循环较为活跃，浅部岩溶发育条件好，膏溶角砾岩层和岩溶陷落柱等都是这一时期岩溶地质作用形成的产物。

1.2.2.2 古岩溶分布规律与控制因素

华北煤田古岩溶类型主要有溶孔、裂缝、溶洞和岩溶陷落柱四类，其中，岩溶陷落柱是我国华北煤田一种特有的地质现象。长期生产实践及研究发现，华北煤田古岩溶主要受古地质构造演化和古水文地质条件控制。

（1）溶孔常发育于白云岩中，其形成与岩性有关，主要是差异性溶蚀的产物。溶蚀溶孔类型有粒间溶孔、粒缘溶缝、粒内溶孔、晶间溶孔、晶内溶孔、角砾内溶孔、角砾间溶孔、膏模孔、晶模孔和鲕粒孔等。陈霞等人研究发现，华北地区无论地表或地下，白云岩比石灰的溶蚀溶孔岩更加发育，溶蚀溶孔发育程度由泥晶向粉晶、细、中晶碳酸盐岩逐渐变差。由于溶孔之间常为阻水的介质隔开，溶孔之间互不连通，故其透水性和富水性较差。

（2）裂缝按其成因可分为构造裂缝和非构造裂缝，非构造裂缝包括风化裂缝、溶蚀裂缝和缝合线。按裂缝延伸走向与岩层层面交接关系，可分成斜交、垂直、平行层面三种，其发育强度与地质构造关系极为密切。在断裂带、褶皱转折、构造尖灭处，以及背斜、向斜轴部等处，构造裂缝和溶蚀裂缝都较其他正常地段更为发育。在不受断层破坏的较完整岩层内，随着深度的增加，裂缝数具有明显减少的趋势；但在受断层构造影响的地段，浅部和深部溶蚀裂缝的发育程度较远离这些构造的部位强得多。

（3）溶洞是溶蚀裂缝经侵蚀性流体进一步扩溶的产物。地表溶洞的分布主要与岩性、地貌和水文条件关系极为密切，溶洞大小和延伸方向同溶蚀裂缝的发育方向关系密切。地下溶洞主要沿断裂带或褶皱转折、尖灭端发育。地下溶洞充水强弱程度主要决定于溶洞是否充填（包括充填程度和充填物质成分等）。在邯邢地区所见溶洞一般多为第四系松散物质半充填一全充填型，而在河南焦作等地，溶洞多为未充填一半充填型。

（4）岩溶陷落柱（KCC）是我国华北煤田最早发现的，其根部发育于奥陶系或寒武系灰岩岩溶中，向上穿过石炭系、二叠系、三叠系地层，甚至进入侏罗系、白垩系及第四系松散岩层的陷落充填体，属于古岩溶范畴。据不完全统计，截至2023年底在我国华北39个地区共发现了10000多个KCC；其中，山西省8500多个，河北省1200多个，其他地区共300多个。KCC平面形态多以圆形和椭圆形为主，其次为肾形和长条形；其长轴长度从几米到几百米不等，最大可以达到600 m，长轴与短轴比率一般为2：1～4：1，最大可达40：3。受沉积、构造和地下水流等综合作用，华北煤田KCC呈近南北方向展布，主要分布在汾河沿岸、燕山南麓、太行山西麓和东南麓，其他地区呈零星分布。KCC 常发育在张性断裂两侧和断层交会处、背斜倾伏端和轴部、次级向斜轴部和转折端及地下强水径流带内，且一般成群集中分布或成带状定向分布。目前，关于 KCC 成因主要有五种理论，分别是“重力塌陷理论”“膏溶塌陷理论”“真空吸蚀塌陷理论”“热液成因理论”和“地下水内循环理论”。此外，也有部分学者提出了“古潜山学说”“压缩沉降说”。

1.2.3 存在的问题与不足

综上分析，研究区和华北煤田奥陶系古岩溶研究主要存在以下几点不足：

（1）以往淮南煤田奥陶系古岩溶的研究，多集中于研究区南部的碳酸盐岩露头区和浅埋区的现代岩溶，中部厚松散层覆盖区的深埋碳酸盐岩古岩溶研究较少，且多是基于零散的抽（放）水试验对岩溶发育程度和富水性的初步分析，没有系统研究淮南煤田奥陶系古岩溶的发育和分布特征。

（2）在研究思路和方法上，多认为古岩溶是地下水作用的直接产物，未考虑其是否为多期次、多源侵蚀性流体作用下的叠加产物，缺乏从时空演化的角度研究古岩溶的形成与演化机制。

（3）就古岩溶发育控制因素研究而言，以往多偏重于岩性、断层和地下水对岩溶发育影响的描述，而对古地貌、古水文和古构造应力场等因素影响古岩溶发育和分布的研究不足。

（4）对于 KCC 的研究，近年来多围绕满足煤矿安全生产的需要，重在探测分析其形态特征和导水性方面，缺乏对 KCC 成因机制研究。

（5）对隐伏区深部岩溶的研究，以往多通过钻孔取芯的方法对其进行观测描述，缺乏从宏观上和整体上预测分析古岩溶的发育程度及其平面分布。

1.3 研究内容、方法与技术路线

1.3.1 研究内容

本书通过野外调查、岩芯观测、薄片鉴定、室内实（试）验、数值模拟、模型预测、地质统计分析等方法与手段，开展了淮南煤田奥陶系古岩溶的发育特征、演化过程、成因机制和预测等多方面研究，主要内容包括以下几个方面：

（1）奥陶系古岩溶发育特征研究

通过野外调查、钻探取芯、薄片鉴定、测井曲线和三维地震资料分析、地质统计分析等多种方法手段，对淮南煤田奥陶系古岩溶的发育特征、充填特征和分布特征进行全面、系统研究。

（2）奥陶系古岩溶形成期次确定

基于奥陶系古岩溶充填物的地球化学特征和岩石矿物学特征，利用经验公式计算、层次聚类分析和类比分析等方法，结合区域沉积构造演化史，确定淮南煤田奥陶系古岩溶的形成期次、形成时间、形成环境和侵蚀性流体来源。

（3）沉积间断期古地貌与古水文恢复

通过物探数据解译及勘探成果分析，结合古地貌与古水文成因组合分析法，恢复两个沉积间断期（即晚奥陶世到早石炭世沉积间断期和晚三叠世至古近纪沉积间断期）的古水文地质条件，构建淮南煤田奥陶系古岩溶发育及演化模式。

（4）构造期古构造应力场—裂缝场—水动力场研究

采用有限元数值模拟技术，结合断裂构造判别准则，分期恢复印支期、早燕山期和晚燕山期的古构造应力场、裂缝场和水动力场特征，研究中生代多期构造对古岩溶发育的控制作用。

（5）奥陶系古岩溶发育控制因素分析

从碳酸盐岩岩性、岩层结构、侵蚀性流体、断裂构造、古地貌与古水文、岩浆活动、岩溶作用时间七个方面，全面系统阐述这些因素对淮南煤田奥陶系古岩溶发育的控制作用。

（6）岩溶陷落柱形成机制探讨

以淮南煤田岩溶陷落柱为例，建立岩溶陷落柱基底溶洞形成和顶板塌陷的数值模型，模拟分析岩溶陷落柱的形成与演化过程，探讨其形成机理。

（7）奥陶系古岩溶发育程度预测

以奥陶系古岩溶发育主要控制因素为评价指标体系，建立 GIS - AHP 耦合的多源信息模型，预测了淮南煤田奥陶系古岩溶发育程度及其平面分布。

1.3.2 研究方法

（1）野外调查与取芯观测：通过野外露头区调查，了解奥陶系地层结构、岩性组成、厚度分布和岩溶发育特征等。对隐伏区奥陶系地层进行钻孔取芯观测，详细描述其岩溶发育形态、类型、结构、大小、充填物质和充填程度等。

（2）室内实验与试验：利用薄片鉴定，分析奥陶系碳酸盐岩的微观结构和构造。利用X衍射实验、碳氧同位素测试和微量元素测试，研究奥陶系碳酸盐岩基质和岩溶充填物的地球化学特征。通过溶蚀试验，开展不同岩性、矿物成分和晶体结构对碳酸盐岩溶蚀能力的影响研究。通过岩石力学试验，测试分析奥陶系碳酸盐岩的岩石物理力学性质，获得主要岩石物理力学参数，如杨氏模量、泊松比、摩擦角等。

（3）理论分析与数值模拟：应用岩石学力学理论，建立拉张裂缝和剪切裂缝的判别准则，利用COMSOL Multiphysics 5.3a软件模拟分析印支期、早燕山期和晚燕山期的古构造应力场、裂缝场和水动力场分布特征。依据水文地球化学理论，利用PHREEQC 3.1.7软件，模拟分析不同温度、酸性气体（包括CO_2和H_2S等）压力和混合流体比例条件下方解石和白云石的溶解能力。应用化学溶解和溶质运移理论，建立描述化学溶解－溶质运移－流体流动的数学方程，利用COMSOL Multiphysics 5.3a软件模拟分析方解石裂缝的溶蚀过程。应用地质力学理论，建立圆台形顶板塌陷的力学模型，利用3DEC 5.2软件模拟分析KCC顶板塌陷过程。

（4）模型预测：基于奥陶系古岩溶发育主要控制因素的加权叠加分析，建立GIS－AHP耦合模型，分析预测淮南煤田奥陶系古岩溶发育程度及其平面分布。

（5）印模法、残厚法和地层厚度趋势延伸法：综合印模法和残厚法的优缺点，提出综合古地貌恢复法，并利用该方法恢复淮南煤田奥陶系风化壳古地貌。将印模法和地层厚度趋势延伸法相结合，恢复淮南煤田基岩风化面古地貌。

（6）地质统计分析：通过野外露头区调查和岩芯观测分析，定量描述裂缝和溶洞数量、产状和充填特征。通过对露头区共轭节理进行地质统计和分期配套，确定淮南煤田中生代构造运动期次和应力分布特征。

（7）三维地震和测井曲线分析：利用三维地震和常规测井曲线解释，识别奥陶系不整合面和基岩风化面的位置；通过地面钻孔岩芯柱状图和常规测井曲线资料分析，确定奥陶系、石炭系和新生界松散层层位及厚度。

（8）地质史演化分析法：将构造演替中的抬升、挤压、拉张和剪切等作用与古地貌、古水文、古气候等作用过程进行叠加和分解，研究淮南煤田奥陶系古岩溶的形成与演化模式。

1.3.3 技术路线

在调研与查阅国内外相关文献基础上，系统总结了国内外奥陶系古岩溶研究成果及存在的问题和不足之处，以淮南煤田奥陶系为研究对象，通过野外调查、岩芯观测、薄片鉴定、室内实（试）验、数值模拟、模型预测、地质统计分析等手段，对淮南煤田奥陶系古岩溶的发育特征、演化过程及其成因机制等方面开展了系统深入研究，并对古岩溶发育程度进行了预测研究。技术路线如图 1-1 所示。

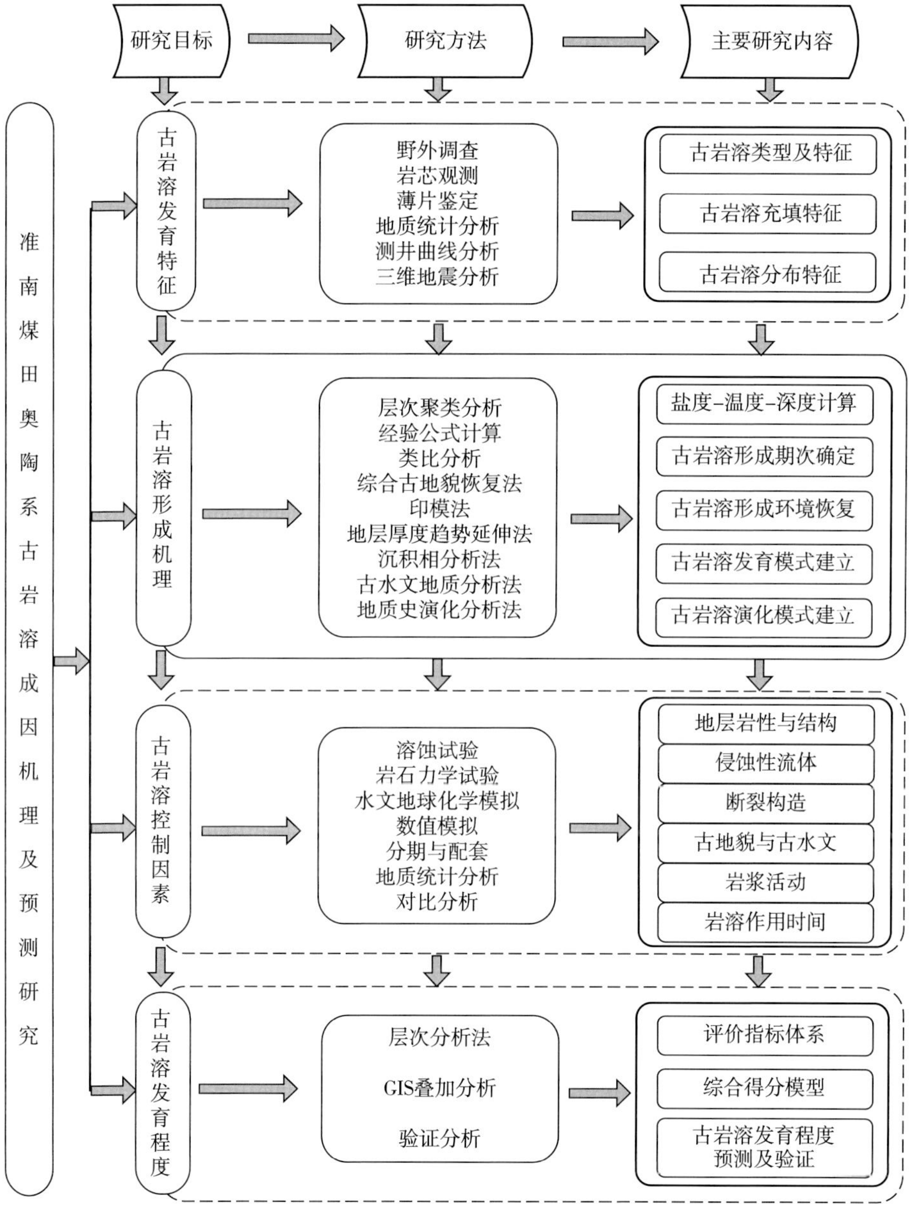

图 1-1 技术路线

2 研究区地质及水文地质概况

2.1 研究区概况

淮南煤田位于安徽省中北部，处于淮河冲积平原中下游地区，海拔一般为20～40 m。区内地貌以平原为主，丘陵地区主要分布在南部的舜耕山与八公山、北部的上窑山和明龙山，海拔一般为100～200 m，最高处不超过300 m。受亚热带季风气候控制，区内年平均气温为15 ℃，年平均降水量为927.30 mm，主要集中在每年6、7、8三个月内，占全年总降水量的60%。区内最大的水系为淮河，从研究区东南部穿过，河道宽约400 m，年平均径流量为755.5 m^3/s。此外，淮河支流，包括窑河、西淝河、泥河，也从研究区内穿过。

目前，研究区内共有15对生产矿井，除新集二矿以外，其余14对生产矿井(潘一、潘二、潘三、潘北、朱集、丁集、顾桥、顾北、张集、谢桥、刘庄、口孜东、板集和杨村矿）全部集中在中部复向斜构造带内（图2-1)，区内年煤炭总产量接近1.0 Mt/a，是我国华东地区重要的能源基地。

2.2 地层与构造

2.2.1 地层

淮南煤田地层从古到新依次为：上太古界霍邱群，上元古界青白口系和震旦系，下古生界寒武系和奥陶系，上古生界石炭系和二叠系，中生界三叠系、侏罗系和白垩系，新生界古近系、新近系和第四系，详见表2-1所列。

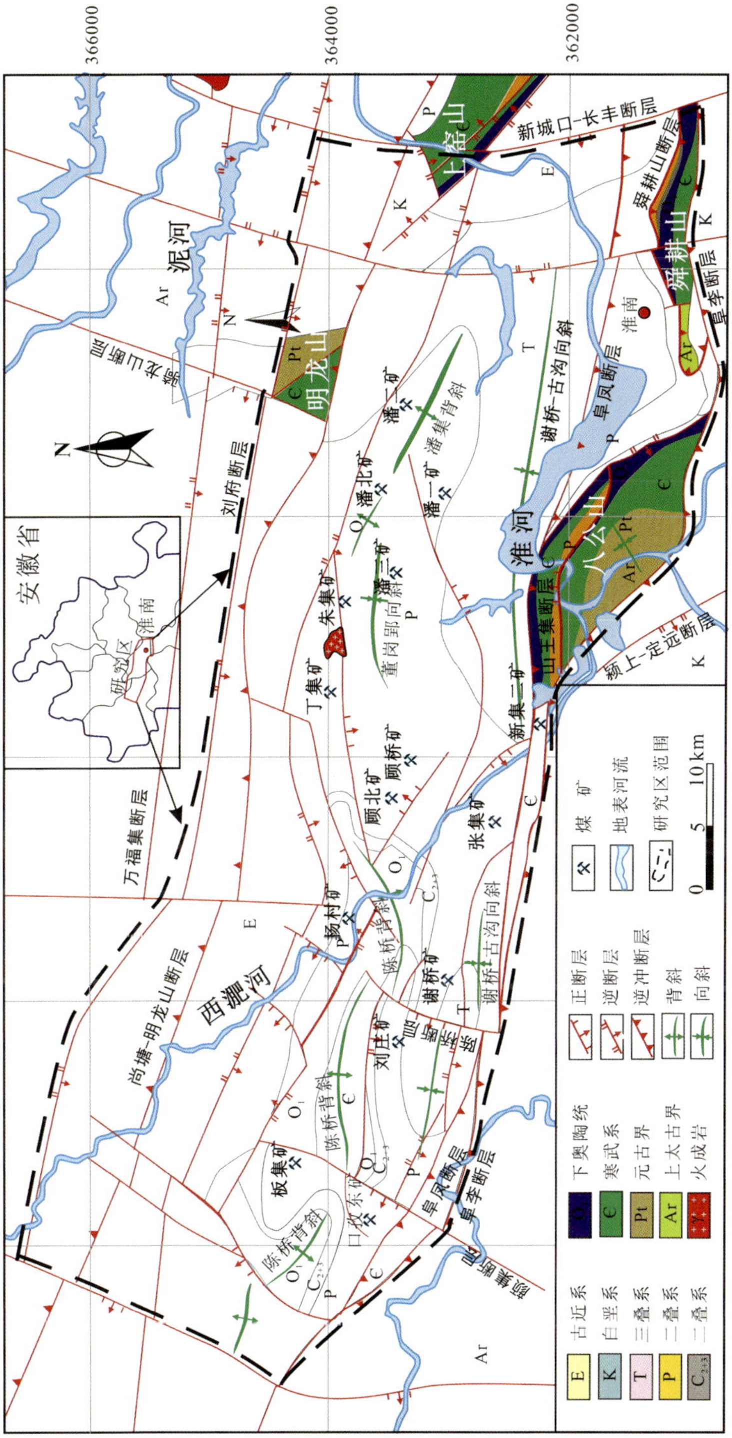

图2-1 淮南煤田自然概况

表 2－1　淮南煤田地层简表

界	系	统	地层	地层代号	地层平均厚度/m	地质特征
新生界	第四系	—	—	Q	80	未固结的砾、砂、泥
	新近系	N_2	明化镇组	N_2m	180	杂色砂岩、泥岩
		N_1	馆陶组	N_1g	110	杂色砂岩、泥岩为主，夹含砾砂岩、砾棕褐、深棕色砂、泥岩
	古近系	E_2	界首组	E_2j	230	
中生界	白垩系	K_1	毛坦厂组	K_1m	60	安山质、粗安质火山岩夹凝灰质砂岩
	侏罗系	J_3		J_3^-		
	三叠系	T_1	和尚沟组	T_1h	130	紫红色砂岩、页岩
			刘家沟组	T_1l	140	棕红色碎屑岩
上古生界	二叠系	P_2	孙家沟组	P_2sj	180	紫红色砂岩、页岩
			上石盒子组	P_2ss	580	粉砂岩，砂岩，页岩，含煤层
		P_1	下石盒子组	P_1xs	120	粉砂岩，页岩与砂岩互层，含煤层
			山西组	P_1s	70	砂岩，粉砂岩，泥岩，煤层，含植物化石
	石炭系	C_3	太原组	C_3t	120	灰岩和砂页岩，煤层互层，含蜓
		C_2	本溪组	C_2b	6	铁铝质泥岩
下古生界	奥陶系	Q_1	马家沟组	Q_1m	24.4	白云岩、灰质白云岩、页岩
			萧县组	Q_1x	59.6	灰岩、灰质白云岩、白云质灰岩
			贾汪组	Q_1j	5	页岩、泥质灰岩
	寒武系	$\in_3$	土坝组	$\in_3t$	1060	白云岩，含不规则石英条带，风化后蜂窝状
			崮山组	$\in_3g$		上部页岩、泥灰岩，下部鲕粒灰岩
		$\in_2$	张夏组	$\in_2zh$		厚层部鲕粒灰质白云岩，生物碎屑灰岩
			徐庄组	$\in_2x$		上、下部灰岩，中部砂页岩
		$\in_1$	毛庄组	$\in_1mz$		灰岩、页岩互层
			馒头组	$\in_1m$		上、下部紫红色页岩，中部灰岩，含三叶虫
			猴家山组	$\in_1h$		白云岩，白云质灰岩，页岩，底部砾岩，含磷
			凤台组	$\in_1f$		白云质砾岩

（续表）

界	系	统	地层	地层代号	地层平均厚度/m	地质特征
上元古界	震旦系	Z_2	四顶山组	Z_2s	—	白云岩为主，含叠层石
		Z_1	九里桥组	Z_1j		灰岩，泥灰岩，含蠕虫化石
			四十里长山组	Z_1sh		砂岩
	青白口系	Q_b	刘老碑组	Q_bl	—	页岩为主，夹灰岩、砂岩
			伍山组	Q_bw		石英砂岩
			曹店组	Q_bc		砂砾岩
上太古界			霍邱群	Ar_2	—	角闪斜长片麻岩

2.2.2　构造

淮南煤田东起新城口—长丰断裂，西至口孜集—南照集深断裂，南以阜李断层与合肥盆地相接，北以刘府断层与蚌埠隆起相邻，整体上呈 NWW 向展布的对冲式断褶构造带。以阜凤断层和尚塘—明龙山断层为界，将研究区划分为南部的阜凤逆冲推覆构造带，北部的重力滑覆构造带，中部的复向斜构造带；以陈桥断层为界，陈桥断层以东为潘谢矿区，陈桥断层以西为阜东矿区，从而构成了淮南煤田“南北分带，东西分块”的特征，如图 2-2 所示。

煤田自 20 世纪初开采以来，至今已有 100 多年历史。根据长期采矿活动揭露，煤田内共发现落差大于 20 m 断层 718 条，其中正断层 532 条，逆断层为 186 条。若按断层走向划分，区内走向 260°～320°（近 EW 向）的断层最为发育，共计 425 条，占总数的 56.69%；走向 0°～30°（NNE 向）的断层 165 条，占总数的 22.98%；走向 40°～60°（NE 向）的断层 95 条，占总数的 13.23%；走向 330°～350°（NNW 向）的断层 51 条，占总数的 7.10%。因此，淮南煤田区断层走向以近 EW 向为主，NNE 和 NE 向为辅，NNW 向最少，且以正断层为主，表明淮南煤田受印支运动和燕山运动影响显著。区内近 EW 向的大断层有阜李断层、阜凤断层、明龙山断层、刘府断层等，NNE 向的大断层有口孜集—南照断层、陈桥断层、长丰断层等。

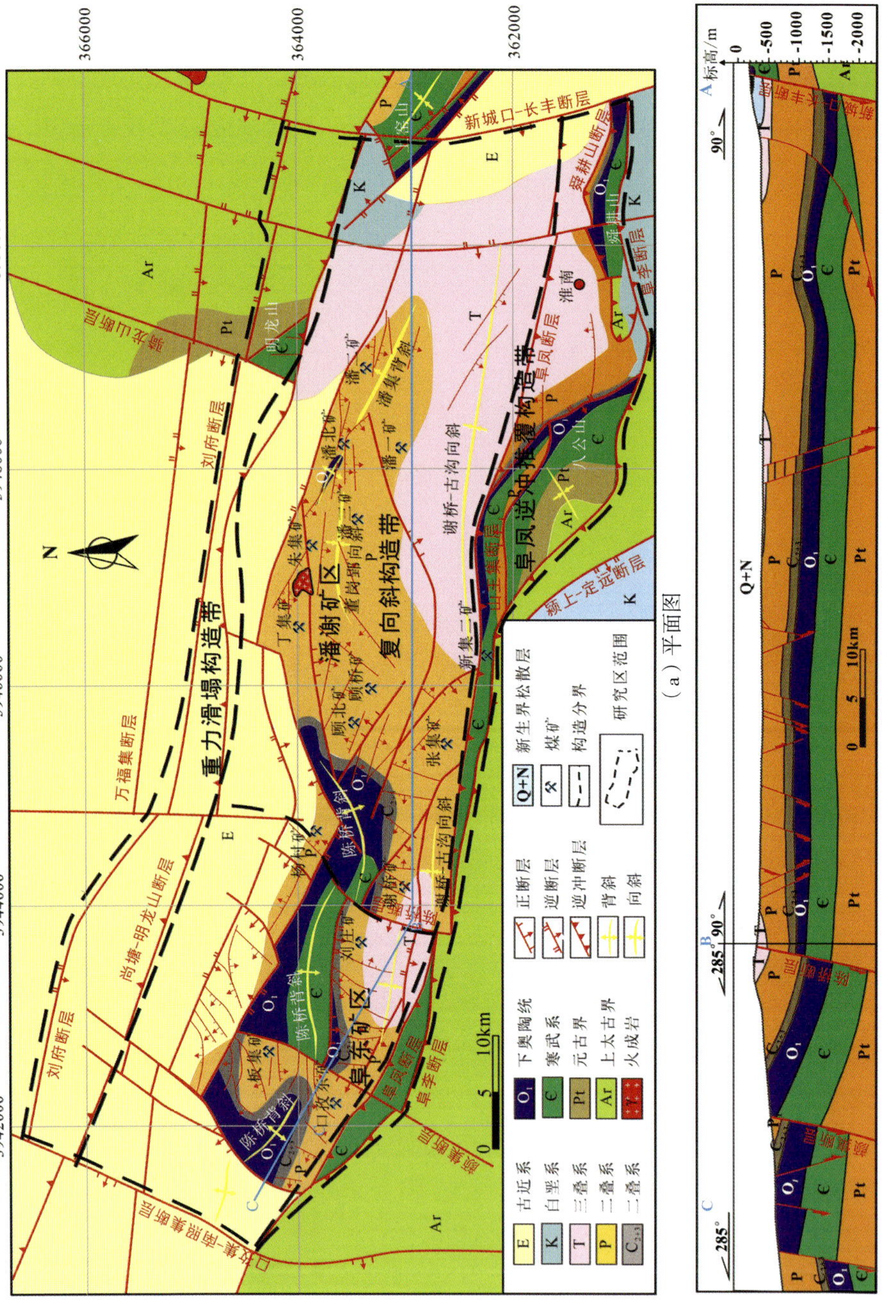

(a) 平面图

(b) A–B–C剖面图

图2-2 淮南煤田基岩地质图

受印支期南北挤压运动影响，煤田内还发育近EW向的宽缓褶皱，主要分布在煤田中部复向斜构造带内，其中规模较大的褶皱有潘集背斜、陈桥背斜、谢桥—古沟向斜等。根据褶皱产状分析（表2-2），陈桥断层以东区域的褶皱轴面的倾角较大，陈桥断层以西区域的枢纽倾角较大，表明陈桥断层以东的褶皱形成时受印支期和早燕山期挤压作用更为强烈，而陈桥断层以西的褶皱受印支期和早燕山期挤压作用相对较小，但受晚燕山期断陷活动的影响显著。

表2-2 淮南煤田主要褶皱产状和形态参数

名称	位置	产状				形态	
		轴面倾向	轴面倾角	枢纽倾向	枢纽倾角	翼间角	长宽比
陈桥背斜（东段）	陈桥断层以东	160°	30°	75°	0°	125°	3.0
朱集一唐集背斜		200°	20°	110°	5°	130°	2.5
潘集背斜		188°	22°	98°	8°	122°	2.5
胡桥子向斜		175°	30°	105°	12°	130°	2.0
董岗郢向斜		185°	33°	88°	11°	128°	3.0
古沟向斜		190°	12°	92°	10°	128°	6.0
陈桥背斜（西段）	陈桥断层以西	210°	7°	120°	22°	135°	3.0
陈桥背斜（中段）		172°	10°	82°	10°	125°	2.5
板集向斜		200°	6°	105°	22°	133°	1.5
谢桥向斜		195°	30°	108°	18°	128°	2.5

2.3 含水层系统

按照多孔介质性质，可将淮南煤田含水层系统分为新生界松散孔隙（隔）含水层系统及基岩裂隙（溶隙）含水层系统。

2.3.1 新生界松散孔隙含（隔）水层系统

淮南煤田上覆新生界松散层孔隙含（隔）水层系统自上而下分别为：

（1）第四系含（隔）水层：厚度为0～120 m，上段以细砂为主，夹多层黏土、砂质黏土，为潜水～承压含水层；中下段以细砂、中砂为主，夹砂质黏土，为承压含水层。

(2) 上新统含（隔）水层：厚度为 90 m 左右，以中细砂为主，夹多层黏土及砂质黏土，为承压含水层，富水性较强。

(3) 中新统上、中段隔水层：厚度为 0～89 m，黏土层为主，为隔水层，局部地段砂层富集。

(4) 中新统下段含（隔）水层：厚度为 0～96 m，岩性以棕色、灰绿色砂砾层为主，夹多层黏土，为承压含水层。受砂砾层及黏土层厚度变化影响，富水性差别较大，如潘集矿区主要为砂砾石层沉积，富水性相对较强，为含水层；而张集矿和谢桥矿主要为第三系“红层”沉积，富水性相对较弱，为隔水层。

2.3.2 基岩裂隙-溶隙含水层系统

在宏观区域水文地质单元划分上，淮南煤田可成为一个独立水文地质单元。区内南北两翼的阜李断层、阜凤断层、尚塘一明龙山断层和刘府断层，将整个煤田的水文地质单元分割成南、中、北三个相对独立的水文地质单元，如图 2－3 所示。

2.3.2.1 南部水文地质单元

该区位于复向斜的南翼推覆体构造前缘，夹于阜李断层与阜凤断层之间，区内八公山和舜耕山出露有寒武系和奥陶系碳酸盐岩露头。南部水文地质单元是以灰岩和白云岩为主的岩溶裂隙含水层裸露区，接受大气降水补给。地下水以垂直循环为主，向深部运动受阜凤逆冲断层所阻，富水性逐渐减弱。由于舜耕山断层的阻水作用，导致地下水沿断层面上溢形成上升泉，水化学类型主要为Ca－HCO_3型，但由于区内长期采矿活动影响，致使区内岩溶泉水现已基本干涸。

目前，区内除新集二矿仍在开采外，其他矿井已全部封闭。2020 年新集二矿煤系砂岩裂隙水涌水量为 115～368 m^3/h，山西组煤层底板灰岩溶隙水涌水量为 65～124 m^3/h。

2.3.2.2 中部水文地质单元

该区为复向斜的主体，包括整个潘谢矿区和阜东矿区。上覆厚 100～800 m 不等的新生界松散层，因南北两翼逆冲断层的阻水作用，切断了南北基岩露头区的补给水源，使本区成为相对封闭的水文地质单元。区内地下水以静储量为主，基本处于停滞状态，水化学类型以 Na＋K－Cl 型为主，矿化度为 1.7～2.4 g/L。目前，区内各矿井煤系砂岩裂隙水涌水量为 115～458 m^3/h，灰岩溶隙水涌水量为 80～202 m^3/h。

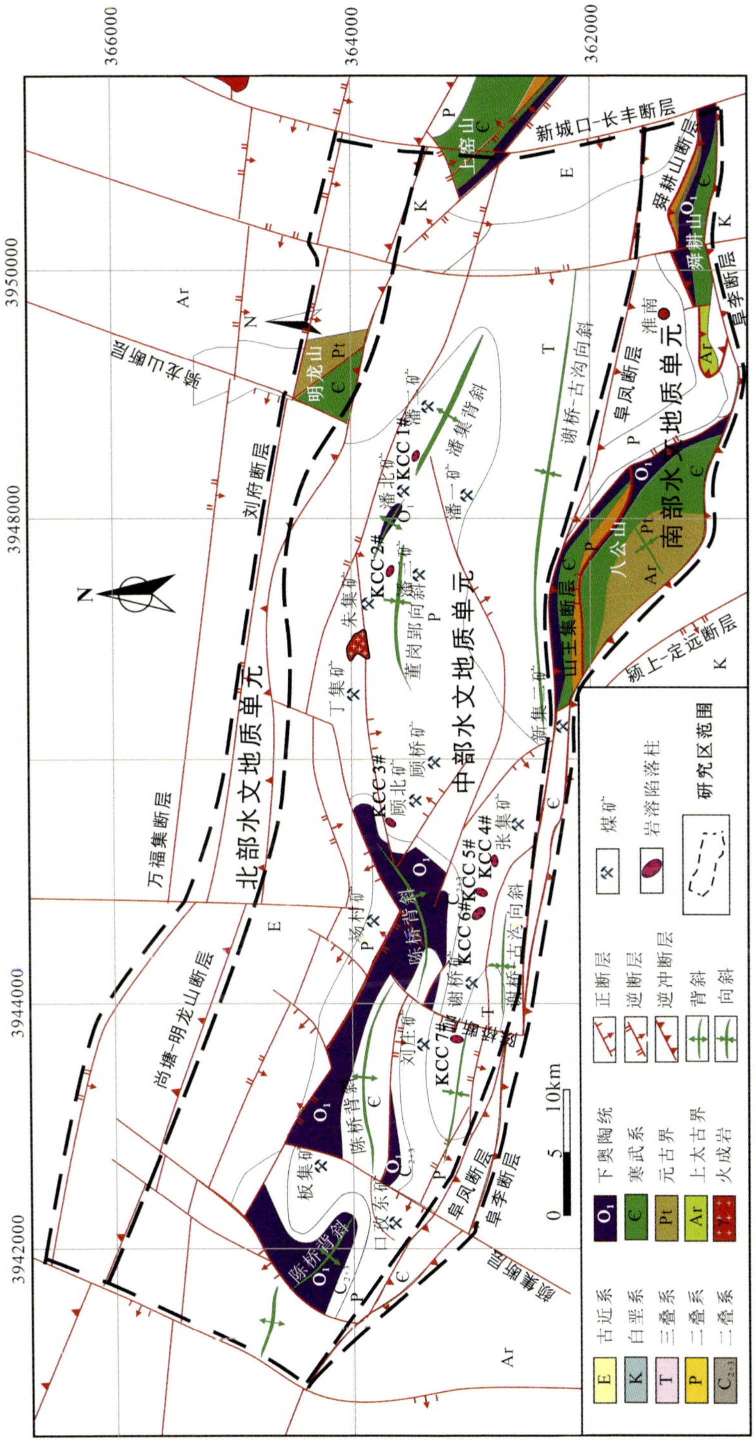

图2-3 淮南煤田基岩含水层水文地质单元

现已查明区内有 7 个 KCC，分别为 KCC 1♯（潘二矿）、KCC 2♯（潘三矿）、KCC 3♯（顾北矿）、KCC 4♯（张集矿）、KCC 5♯（谢桥矿）、KCC 6♯（谢桥矿）、KCC 7♯（刘庄矿）。如图 2-3 所示，其根部发育于下古生界寒武系或奥陶系碳酸盐岩中。这 7 个 KCC 中，有 1 个 KCC 发生过突水，即潘二矿 KCC 1♯（2017 年 5 月 25 日），最大突水量 14520 m^3/h，造成矿井及主要巷道被淹；其他 6 个 KCC 尚未发生涌（突）水事故，突水率为 14.29%，远高于华北煤田整体 KCC 的突水率 0.22%。

淮南煤田 KCC 矿井地面钻孔抽水试验成果显示，潘二矿奥陶系含水层的单位涌水量 $q=0.00013\sim0.38850$ L/（s·m），渗透系数 $K=0.00007\sim0.93480$ m/d，富水性弱—中等，渗透性差—中等；潘三矿奥陶系含水层的单位涌水量 $q=0.03430\sim1.53750$ L/（s·m），渗透系数 $K=0.18670\sim6.32140$ m/d，富水性弱—强，渗透性差—强；顾北矿奥陶系含水层的单位涌水量 $q=0.00046\sim0.76710$ L/（s·m），渗透系数 $K=0.00063\sim1.58910$ m/d，富水性弱—强，渗透性差—强；张集矿奥陶系+寒武系含水层的单位涌水量 $q=0.04189\sim4.35539$ L/（s·m），渗透系数 $K=0.12110\sim13.87360$ m/d，富水性弱—强，渗透性差—极强；谢桥矿奥陶系+寒武系含水层的单位涌水量 $q=0.03410\sim2.38790$ L/（s·m），渗透系数 $K=0.01401\sim4.87780$ m/d，富水性弱—强，渗透性差—强；刘庄矿奥陶系+寒武系含水层的单位涌水量 $q=0.03480\sim0.58520$ L/（s·m），渗透系数 $K=0.10230\sim0.74210$ m/d，富水性弱—中等，渗透性差—中等。各岩溶陷落柱矿井奥陶系和寒武系含水层的水文地质参数详见表 2-3 所列。

表 2-3　岩溶陷落柱矿井奥陶系和寒武系含水层水文地质参数成果统计

矿井名称	地面钻孔抽水试验成果统计		
	奥陶系含水层	寒武系含水层	奥陶系+寒武系含水层
潘二矿	$q=0.00013\sim0.38850$ L/（s·m） $K=0.00007\sim0.93480$ m/d	$q=0.03370$ L/（s·m） $K=0.01230$ m/d	—
潘三矿	$q=0.03430\sim1.53750$ L/（s·m） $K=0.18670\sim6.32140$ m/d	—	$q=1.16301$ L/（s·m） $K=0.82560$ m/d
顾北矿	$q=0.00046\sim0.76710$ L（s·m） $K=0.00063\sim1.58910$ m/d	$q=0.83670$ L/（s·m） $K=0.46480$ m/d	—

（续表）

矿井名称	地面钻孔抽水试验成果统计		
	奥陶系含水层	寒武系含水层	奥陶系+寒武系含水层
张集矿	q=0.00003～0.201159 L/（s·m） K=0.000140～5.21640 m/d	q=0.00124 L/（s·m） K=0.46480 m/d	q=0.04189～4.35539 L/（s·m） K=0.12110～13.87360 m/d
谢桥矿	q=0.00040～2.7730 L/（s·m） K=0.00050～1.17202 m/d	q=0.03410～0.15610 L/（s·m） K=0.00390～0.01601 m/d	q=0.03401～2.38790 L/（s·m） K=0.01401～4.87780 m/d
刘庄矿	q=0.02080 L/（s·m） K=0.01020 m/d	—	q=0.03480～0.58520 L/（s·m） K=0.10230～0.74210 m/d

注：q代表单位涌水量，L/（s·m）；K代表渗透系数，m/d。

2.3.2.3 北部水文地质单元

本区包含明龙山与上窑山两个丘陵地区，受尚塘集-明龙山逆冲断层控制，水文地质条件与南区相似，接受大气降水入渗补给。地下水以垂直循环为主，向深部运动受尚塘-明龙山断层所阻，富水性逐渐减弱。上窑山泉水涌水量为5～60 m^3/h，水温为17 ℃左右，水化学类型为Ca－HCO_3型。

3 奥陶系古岩溶发育特征

以往淮南煤田奥陶系古岩溶的研究，多是基于零散的抽（放）水试验对岩溶发育程度和富水性的定性评价，缺乏全面系统研究古岩溶的发育特征和分布规律。本章通过野外调查、岩芯观测、薄片鉴定和地质统计分析等多种方法手段，对淮南煤田奥陶系古岩溶发育特征、充填特征和分布特征开展了系统研究，为后续奥陶系古岩溶综合研究奠定了坚实基础。

3.1 奥陶系地层与岩性特征

3.1.1 地层厚度及结构

根据统计，截至2020年底，淮南煤田内共有133个地面钻孔揭露奥陶系地层，其中有63个钻孔揭穿奥陶系地层（图3-1），包括本次的5个取芯钻孔（分别为T1、T2、T3、T4和T5钻孔）。其中，T1、T3、T4钻孔位于奥陶系地层正常块段内，T2、T5钻孔位于岩溶陷落柱影响带内，5个钻孔共取岩芯235块、取芯长度432 m，岩芯主要用于岩溶观测、薄片鉴定、地球化学成分测试和岩石力学试验等项目。

通过露头区调查和隐伏区钻探揭露发现，淮南煤田奥陶系地层厚度空间变化较大。从图3-1可知，区内东南部的舜耕山和八公山露头区几乎揭露了整个下古生界地层，但受推覆体构造影响，露头区奥陶系碳酸盐岩岩性和厚度空间变化大，整体沿舜耕山断层从东向西逐渐变薄，厚度从242.50 m（九龙岗）到181.75 m（洞山）、41.52 m（金家岭）不等，如图3-2所示。此外，研究区中部隐伏矿区63个揭穿奥陶系地层钻孔资料显示，中部矿区奥陶系地层厚度变化很大，中部的谢桥、张集和顾北矿奥陶系地层厚度普遍较薄（平均厚度为63.15 m），而东部的潘二、潘三、潘北矿和西部的口孜东、刘庄矿奥陶系地层普遍较厚（平均厚度为132.63 m），如图3-3所示。

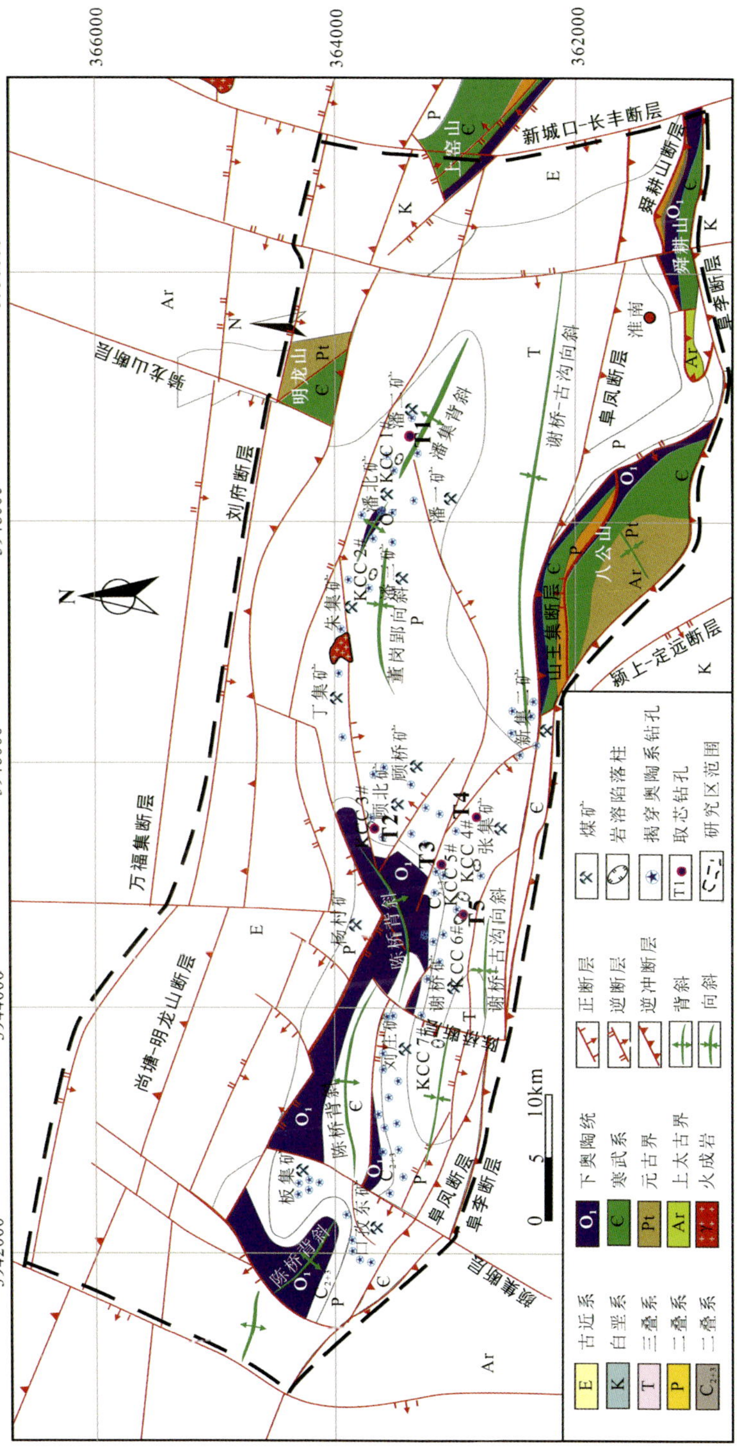

图3-1 淮南煤田内奥陶系取芯钻孔位置

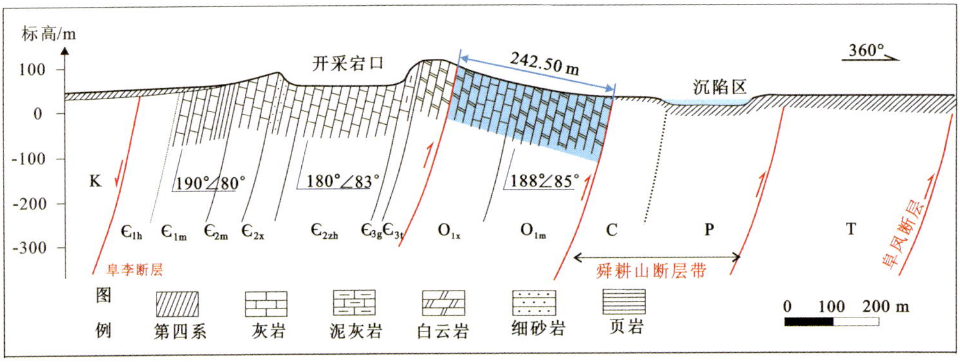

（a）九龙岗地质剖面

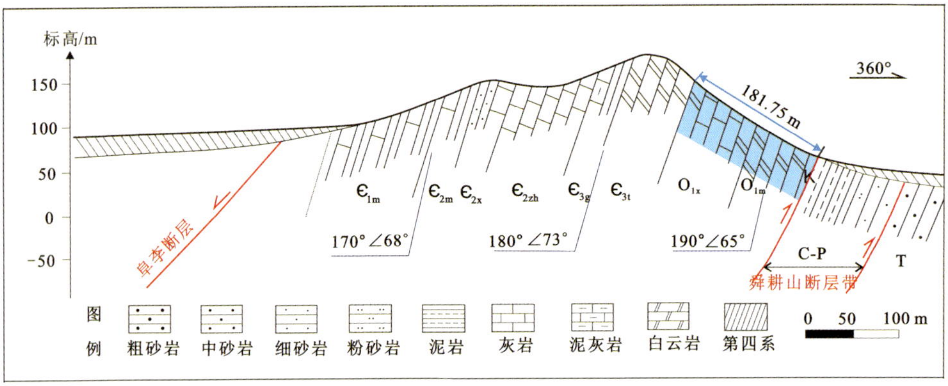

（b）洞山地质剖面

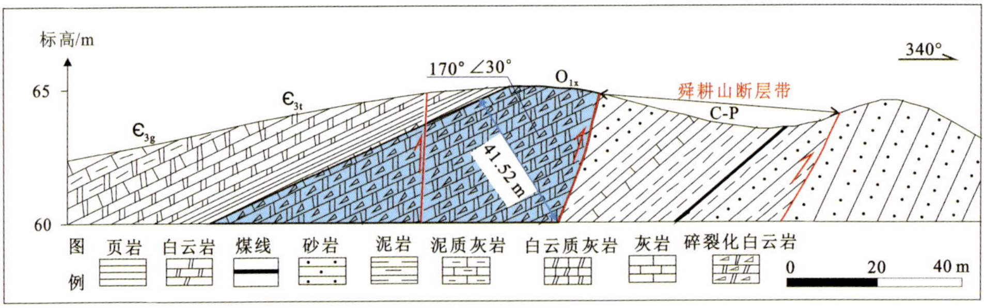

（c）金家岭地质剖面

图 3-2 舜耕山露头区地质剖面

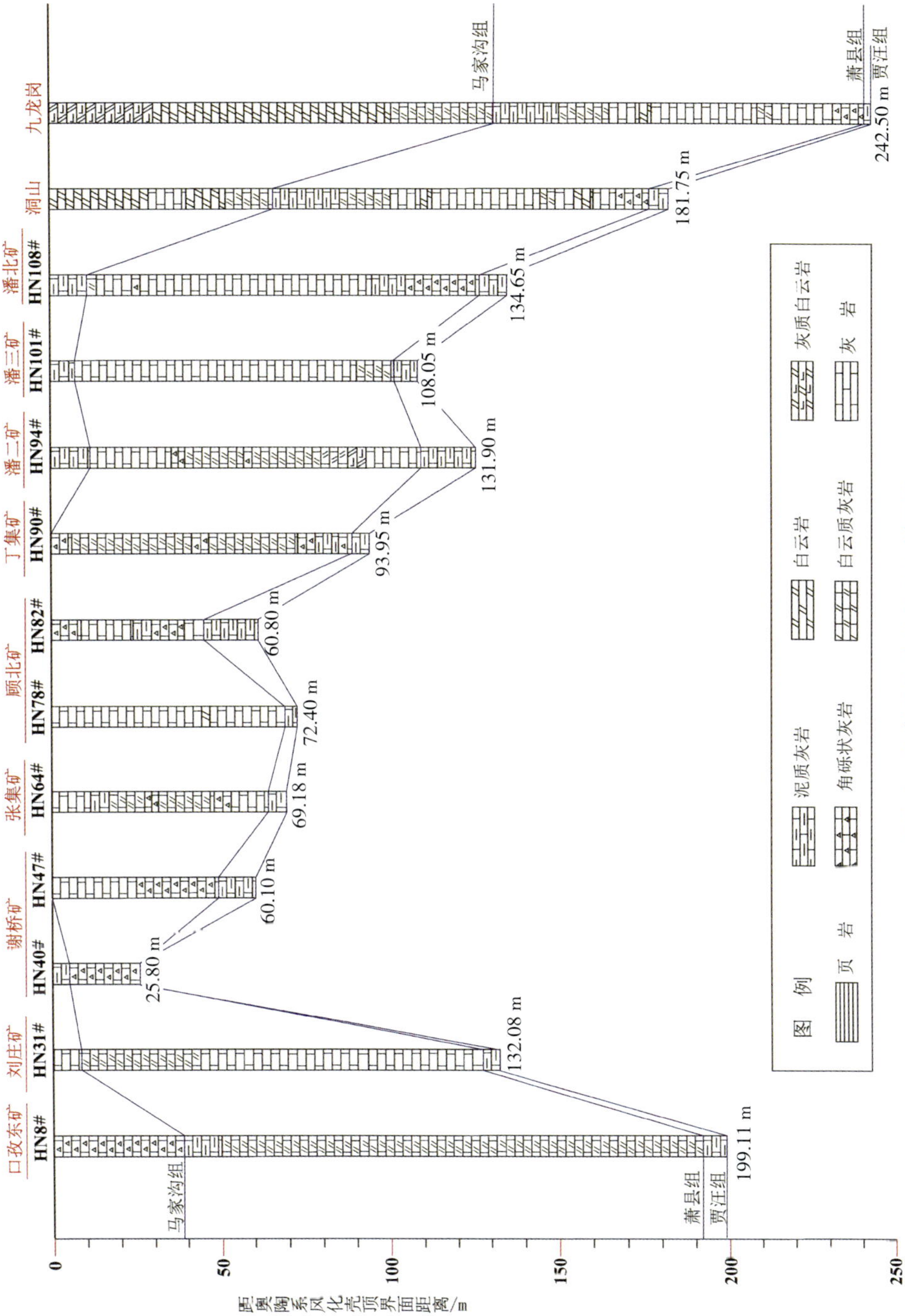

图3-3 奥陶系钻孔柱状对比剖面图

综合露头区和隐伏区揭露资料分析，淮南煤田奥陶系地层厚度为 25.80～242.50 m，平均厚度为 89.0 m，自下而上分别为下奥陶统贾汪组、萧县组、马家沟组。下奥陶统贾汪组平行不整合覆盖在上寒武统土坝组硅质白云岩之上，由紫、黄绿色页岩与含泥质灰岩组成，平均厚度为 5.0 m，局部缺失。萧县组位于下奥陶统中部，主要由灰色中厚层状泥质灰岩、白云质灰岩、角砾状灰岩组成，平均厚度为 59.6 m，全区分布稳定。马家沟组位于下奥陶统顶部，其下段为褐灰色豹皮状白云质灰岩，含燧石结核或条带，上段为深灰色厚层状灰质白云岩、白云岩，平均厚度为 24.4m，中部地区多被剥蚀殆尽，如图 3－4 所示。

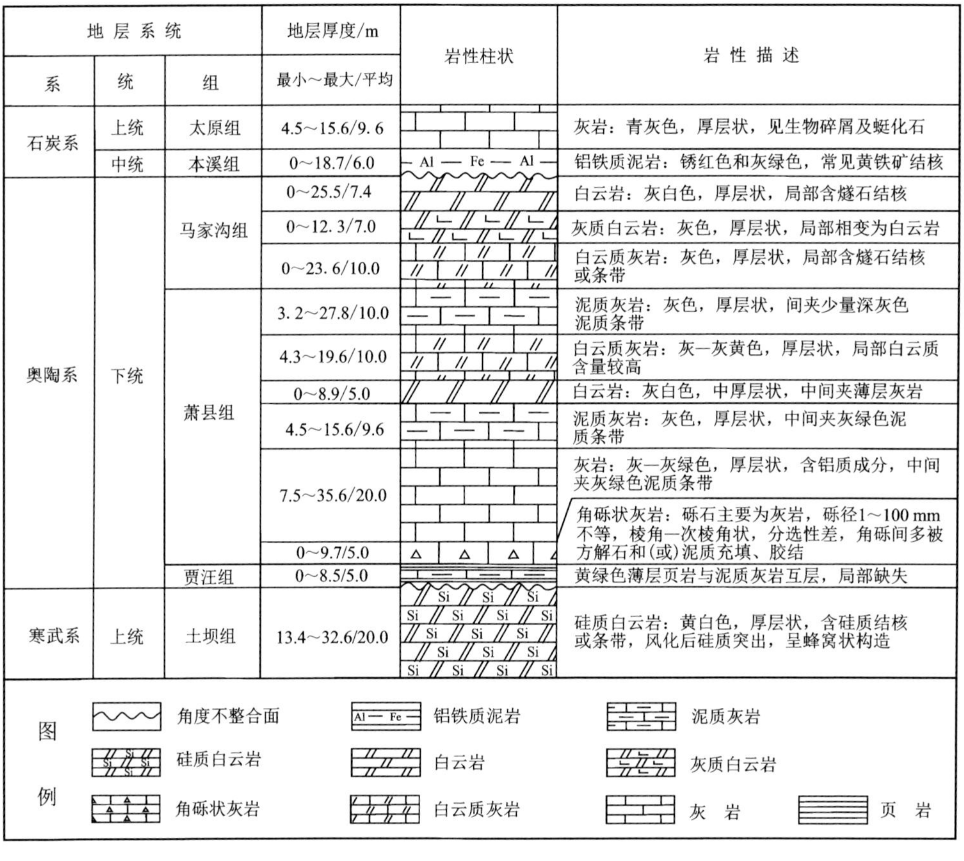

图 3－4　淮南煤田奥陶纪地层综合柱状图

奥陶系地层之下为寒武系地层，地层层序完整，从下到上依次为下寒武统凤台组、猴家山组、馒头组，中寒武系统毛庄组、徐庄组、张夏组，上寒武统崮山组、土坝组。寒武系地层主要由白云岩、鲕粒灰岩、豹皮灰岩、石英砂岩等组成，为碳酸盐台地相沉积，平均厚度为 1060 m。下奥陶统马家沟组向上为中石炭统本溪组，平行不整合覆盖于马家沟组灰岩之上，主要由铝铁质泥岩组成，平均厚度为 6 m。本溪组向上依次为下石炭统太原组和二叠系煤系地层，主要由煤层、泥岩、砂岩组成，夹有数层薄层灰岩，为海陆交互相沉积，总平均厚度为 1076 m；中、新生代沉积以陆相砂岩和泥岩为主，总平均厚度约 930 m（表 2－1）。

3.1.2　岩性特征

露头区调查结果和 63 个揭穿奥陶系地层钻孔资料显示，淮南煤田奥陶系地层主要由可溶性碳酸盐岩组成，包括灰岩类和白云岩类（图 3－5）。其中，灰岩类包括纯灰岩、角砾状灰岩、泥质灰岩和白云质灰岩；白云岩类包括纯白云岩和灰质白云岩。淮南煤田奥陶系碳酸盐岩主要化学成分含量见表 3－1 所列。

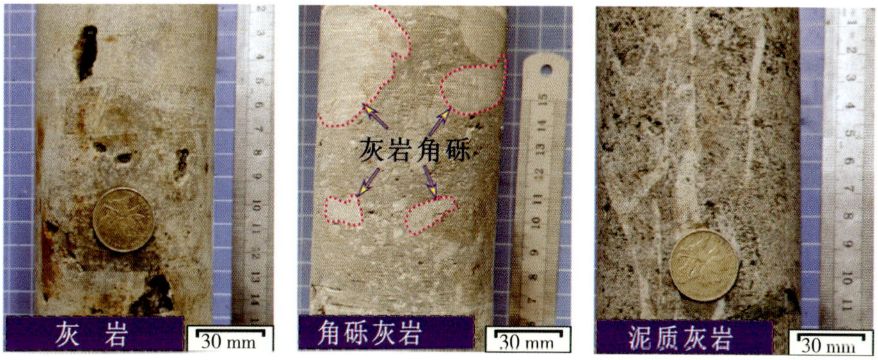

（a）灰岩，T4孔，深度963.15 m　（b）角砾灰岩，T1孔，深度980.82 m　（c）泥质灰岩，T3孔，深度798.13 m

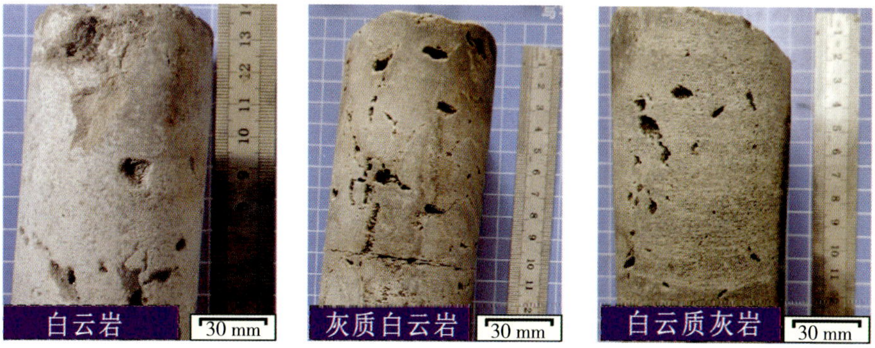

（d）白云岩，T1孔，深度876.34 m　（e）灰质白云岩，T1孔，深度885.23 m　（f）白云质灰岩，T3孔，深度850.25 m

图 3－5　淮南煤田奥陶系地层主要岩性照片

表 3-1　淮南煤田奥陶系碳酸盐岩主要化学成分含量

序号	岩性	地层	主要化学成分含量/%										
			CaO	MgO	SiO_2	Na_2O	K_2O	Al_2O_3	Fe_2O_3	MnO	TiO_2	P_2O_5	CO_2
1	灰岩	萧县组	54.95	0.30	0.20	0.33	0.22	0.32	0.06	0.01	0.01	0.07	43.53
2	泥质灰岩	萧县组	50.71	1.30	0.23	0.42	0.31	0.26	0.16	0.01	0.01	0.06	46.53
3	白云质灰岩	萧县组	41.05	12.60	0.18	0.38	0.20	0.27	0.27	0.01	0.02	0.07	44.95
4	角砾灰岩	萧县组	53.83	1.93	0.22	0.42	0.22	0.26	0.09	0.01	0.01	0.07	42.94
5	白云岩	马家沟组	31.38	20.27	1.07	0.01	0.04	0.48	0.31	0.01	0.02	0.01	46.40
6	灰质白云岩	马家沟组	34.63	18.06	0.16	0.40	0.13	0.22	0.24	0.01	0.01	0.08	46.06

3.1.3　岩石矿物特征

淮南煤田奥陶系灰岩和泥质灰岩主要由小于 10 μm 的泥晶或 50 μm 的微晶方解石组成［图 3-6（a）］，含少量白云石和生物碎屑，方解石含量大于 80%。白云质灰岩主要以微-中细晶方解石为主［图 3-6（b）］，含大量微、细晶白云石，方解石含量超过 60%；局部因白云石聚集而呈豹皮状，故称为豹皮状白云质灰岩。角砾灰岩主要由碳酸盐岩角砾组成，被细至中粗晶方解石充填胶结［图 3-6（c）］。碳酸盐岩角砾成分主要为泥质灰岩和白云质灰岩，砾径大小为 1～100 mm［图 3-6（b）］，分选性差，部分磨圆度较好，呈亚圆形，表明这些角砾岩是经过地下水长期溶蚀后胶结成岩的。角砾灰岩中方解石的含量变化很大，为 50%～80%。

白云岩主要发育在马家沟组中，由微-中细晶白云石组成［图 3-6（d）、（e）］，白云石含量大于 80%。灰质白云岩主要由细-中晶白云石组成［图 3-6（f）］，含少量方解石和生物碎屑，白云石含量大于 60%。

（a）泥晶灰岩，T4孔，深度963.15 m　（b）中-细晶白云质灰岩，T3孔，深度850.25 m　（c）中-粗晶角砾灰岩，T1孔，深度980.82 m

（d）细晶白云岩，T1孔，深度876.34 m　（e）中晶白云岩，T3孔，深度786.56 m　（f）中-细晶灰质白云岩，T1孔，深度885.23 m

图 3－6　奥陶系碳酸盐岩颗粒（晶体）显微照片

3.2　奥陶系古岩溶发育类型及特征

根据野外露头区调查、工作面揭露、钻孔岩芯、常规测井曲线和三维地震等资料分析，淮南煤田奥陶系碳酸盐岩中主要发育溶孔、裂缝、溶洞和岩溶陷落柱 4 种古岩溶类型。不同类型古岩溶的形态特征、充填特征和充填程度等存在明显差异。

3.2.1　溶孔

溶孔是指孔径小于 2 mm 的溶蚀孔隙。根据镜下薄片观察，淮南煤田奥陶系碳酸盐岩中发育的溶孔主要有粒（晶）间溶孔、粒（晶）内溶孔和铸模孔等。粒间溶孔是指碳酸盐岩颗粒之间的胶结物或基质被溶蚀后而形成的溶孔；晶间溶孔是指方解石或白云石晶体之间的胶结物或基质被溶蚀后而形成的溶孔。粒内溶孔是指碳酸盐颗粒内部局部被溶蚀而形成的溶孔；晶内溶孔是指方解石或白云石晶体内部被局部溶蚀而形成的溶孔。铸模孔是指碳酸盐岩颗粒或晶体被完全溶蚀，形成了与原颗粒或晶体形状、大小完全一样的溶孔。粒（晶）间溶孔、粒（晶）内溶孔和铸模孔都是选择性溶蚀的标志。

淮南煤田奥陶系碳酸盐岩中粒内溶孔和粒间溶孔主要发育在灰岩和白云质灰岩中，孔径从 20 μm 到 500 μm 不等，如图 3－7（a）所示；晶内溶孔、晶间溶孔和晶体铸模孔主要发育在中—粗晶白云岩中，孔径从 20 μm 到 400 μm 不等，如图 3－7（b）所示。区内奥陶系碳酸盐岩地层中虽未发现完整的石膏层，但从岩芯薄片中可以发现少量膏模孔，如图 3－7（c）所示。李定龙根据皖北煤田奥陶系古岩溶研究成果认为，淮南煤田和皖北煤田一样，在奥陶系地层沉积过程中也可能存在石膏层的沉积历史。此外，在少数灰岩薄片中还发现了铸模孔的示底构造，其特征是铸模孔下部被泥晶碳酸盐矿物充填而呈现暗色，而上部被亮晶方解石充填呈现亮色，如图 3－7（d）所示。膏模孔和铸模孔的示底构造，都是沉积岩溶的典型标志。

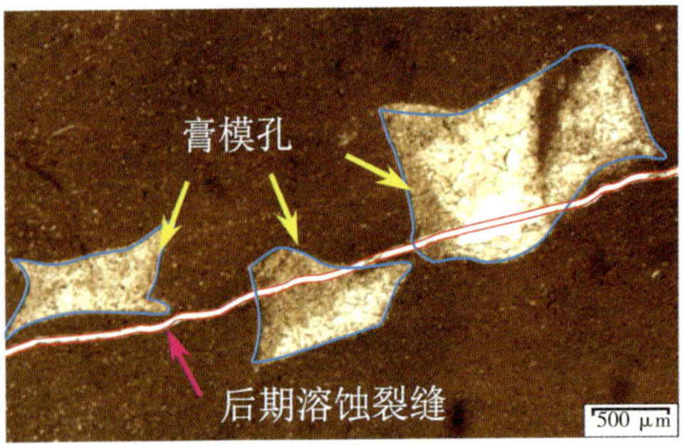

（a）粒内溶孔和粒间溶孔，T1孔，深度978.56 m

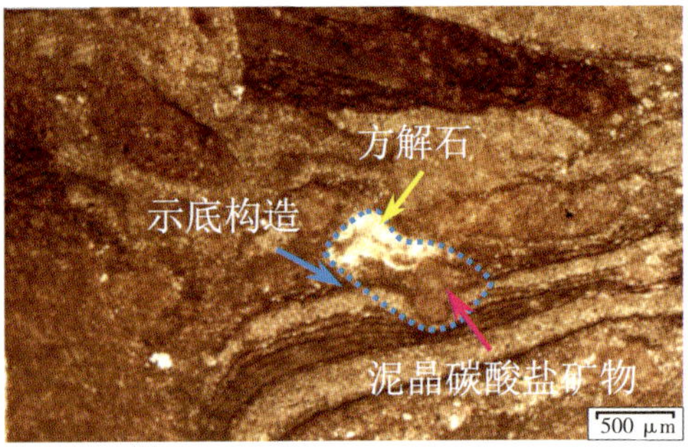

（b）晶内溶孔和晶间溶孔，T3孔，深度850.25 m

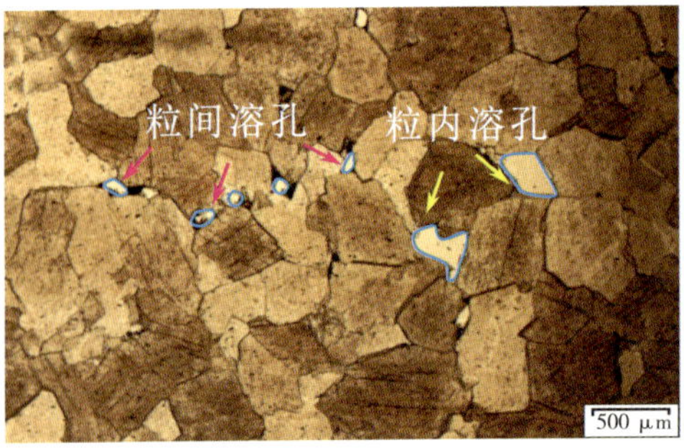

（c）膏模孔，T4孔，深度1007.36 m

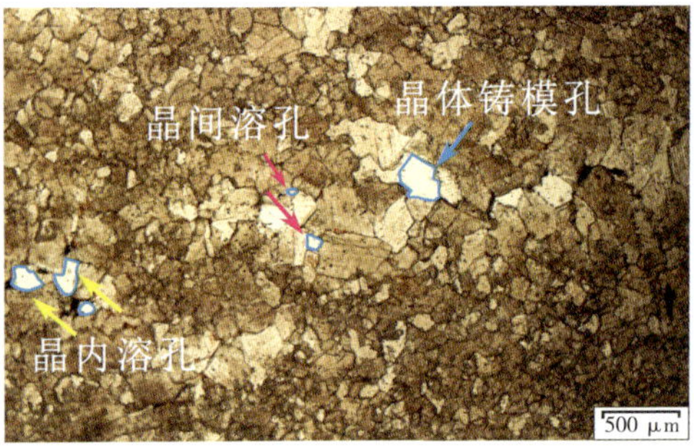

（d）铸模孔的示底构造，T4孔，深度1008.05 m

图 3－7　奥陶系碳酸盐岩中各类溶孔特征

3.2.2　裂缝

裂缝按照其成因可分为构造裂缝和非构造裂缝，淮南煤田奥陶系碳酸盐岩地层中以构造裂缝为主，非构造裂缝次之，主要包括风化裂缝、溶蚀裂缝和缝合线。

3.2.2.1　构造裂缝

构造裂缝是指地质构造运动过程中岩石承受的应力超过其弹性极限强度时，发生塑性破裂而形成的缝隙，其产状受构造应力控制。淮南煤田中构造裂缝的形成主要与中生代多期构造运动有关，主要分布在断层带和褶皱带周围。

根据构造裂缝的产状特征，可将其细分为垂直裂缝（倾角 90°～70°）、高角度裂缝（倾角 70°～40°）、低角度裂缝（倾角 40°～10°）和水平裂缝（倾角 10°～0°）。通过对野外露头区调查及本次 5 个取芯钻孔的岩芯观测发现，淮南煤田奥陶系地层中垂直裂缝和高角度裂缝十分发育，其裂隙宽度为 0.1～300 mm，延伸长度从几厘米到几米不等，如图 3－8 所示。低角度裂缝和水平裂缝发育相对较弱，与地层层面近乎平行或呈低角度斜交。垂直裂缝、高角度裂缝、低角度裂缝和水平裂缝之间相互切割现象非常普遍，这主要与研究区多期构造运动的地质背景有关。通过对淮南煤田南部露头区 692 条裂缝统计发现，区内裂缝主要以高角度裂缝（46.53％）和垂直裂缝（35.55％）为主，含少量低角度裂缝（17.63％）和水平裂缝（0.29％），如图 3－9（a）所示。按裂缝走向划分，主要为 NE－SW、NNE－SSW 和 NEE－SWW 向，其次为 NWW－SEE 和 NNW－SSE 向，如图 3－9（b）所示。

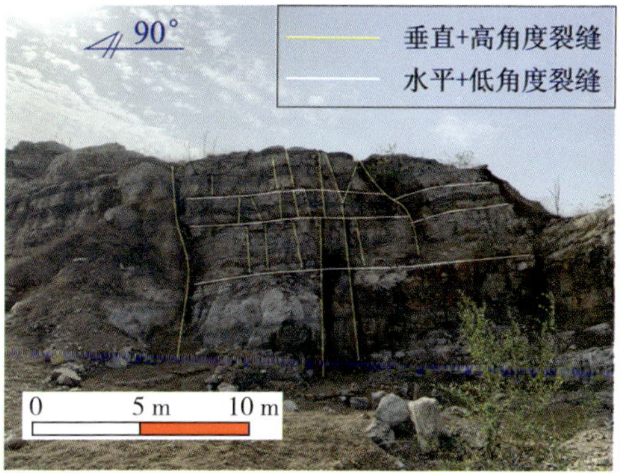

（a）淮南蔡家岗奥陶系露头区构造裂缝

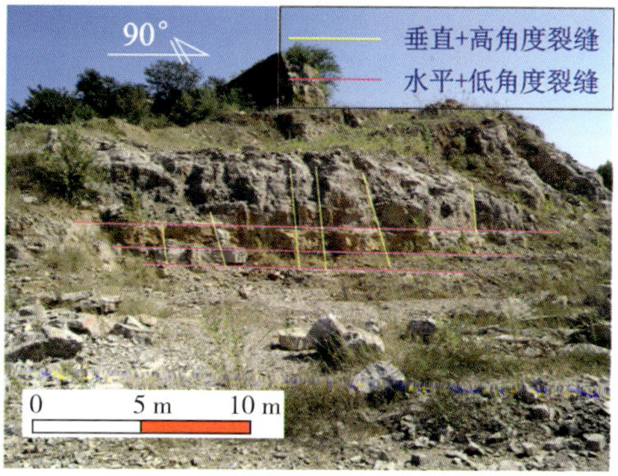

（b）淮南蔡家岗奥陶系露头区构造裂缝

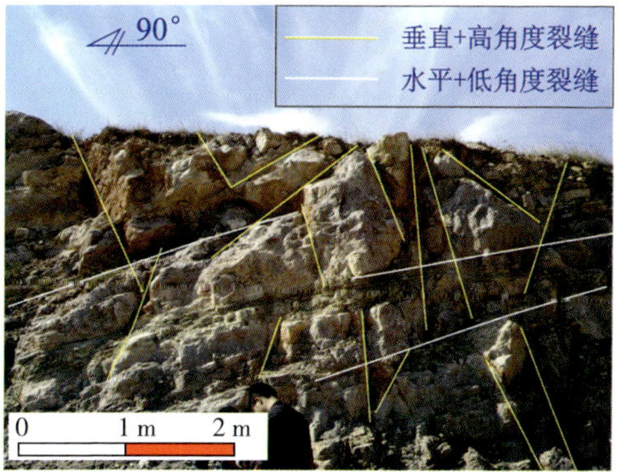

（c）淮南蔡家岗奥陶系露头区构造裂缝

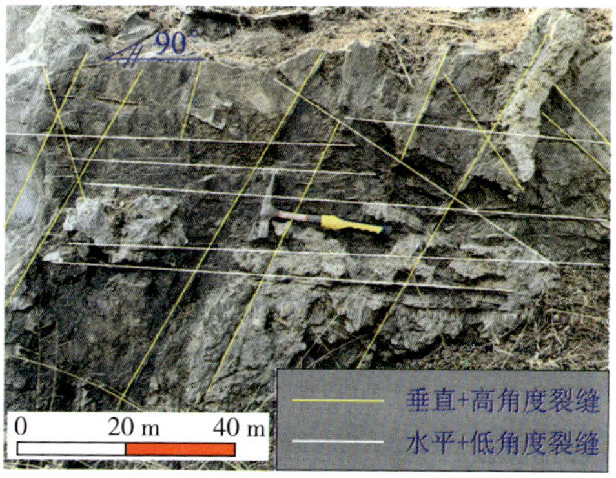

（d）淮南九龙岗奥陶系露头区构造裂缝

（e）垂直裂缝，T1孔，深度893.45 m　（f）垂直裂缝，T3孔，深度783.05 m　（g）高角度裂缝，T3孔，深度811.23 m　（h）高角度裂缝，T4孔，深度952.76 m

图 3－8　奥陶系碳酸盐岩中构造裂缝发育特征

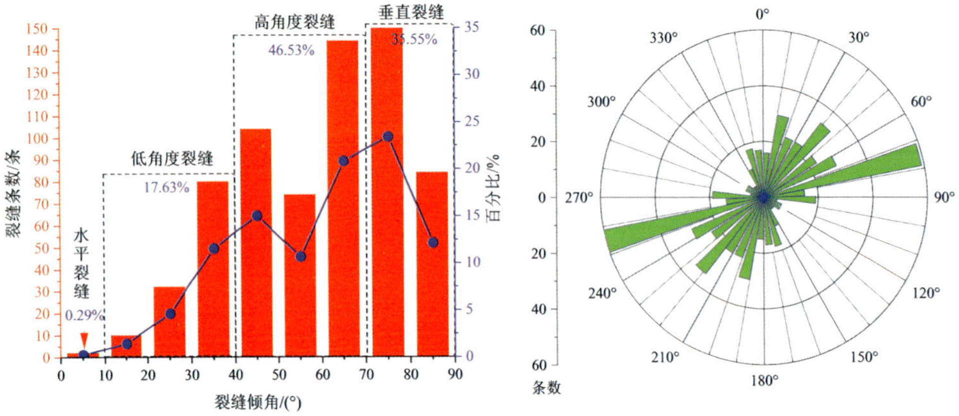

（a）四类裂缝百分比例　（b）裂缝走向玫瑰花图

图 3－9　淮南煤田南部露头区构造裂缝统计

3.2.2.2　风化裂缝

风化裂缝是指岩石长期遭受风化剥蚀作用，发生机械破裂而形成的裂缝。风化裂缝一般呈网状不规则发育，且以垂直裂缝和高角度裂缝为主，其宽度从几毫米到几十厘米不等，延伸长度从几厘米到数米不等。淮南煤田风化裂缝主要发育在两个位置：一是奥陶系地层风化壳中［图 3－10（a）～（c）］，另一处是潘集和陈桥背斜核部的碳酸盐岩地层露头区。

3.2.2.3　溶蚀裂缝

溶蚀裂缝是指侵蚀性流体沿着早期形成的裂缝进一步溶蚀改造而形成的溶蚀

扩大缝。淮南煤田溶蚀裂缝中多为构造裂缝、风化裂缝和缝合线溶蚀改造形成，裂缝面多起伏不平，宽度变化较大，从几毫米到十几厘米不等，多被方解石、泥质等充填［图 3－10（d）～（f）］。区内奥陶系萧县组灰岩中溶蚀裂缝尤为发育，这可能与灰岩具有较强溶蚀能力有关。

3.2.2.4　缝合线

缝合线是压溶构造作用形成的一种裂缝。根据缝合线与地层层面夹角的大小，可将其分为水平缝合线、垂直缝合线和斜交缝合线。淮南煤田奥陶系地层中主要发育水平缝合线，局部可见垂直缝合线和斜交缝合线［图 3－10（g）～（i）］。研究表明，垂直缝合线和斜交缝合线的形成主要与水平挤压作用有关。缝合线宽度一般为几毫米，延伸长度从几毫米到几十厘米不等，多被泥质、黄铁矿和有机质等充填。

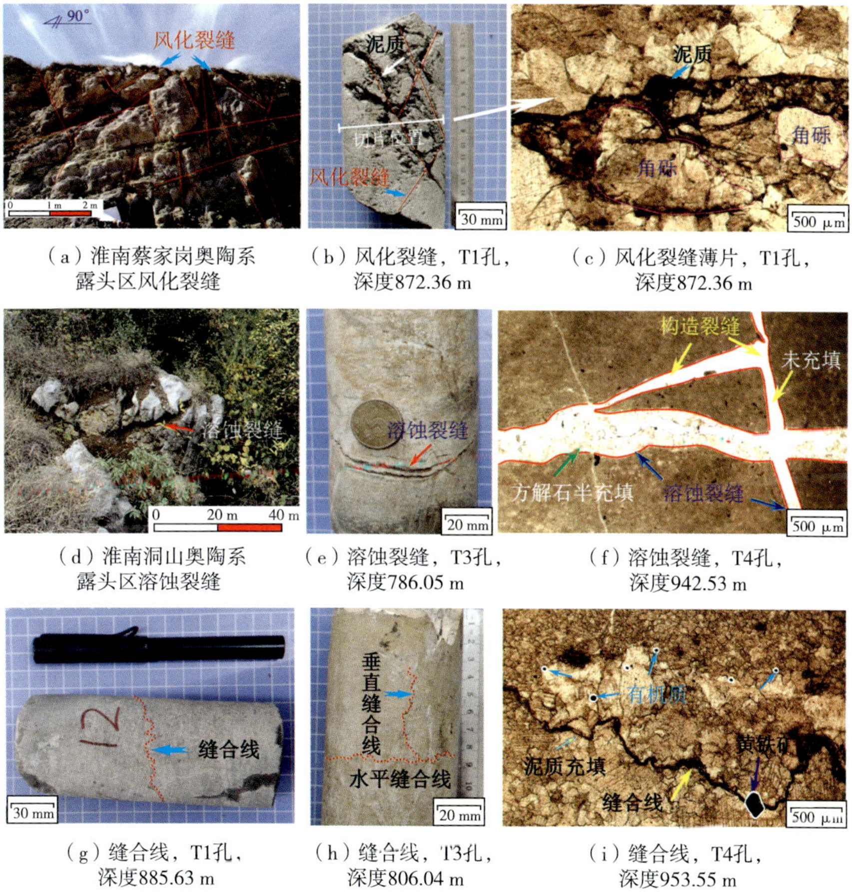

（a）淮南蔡家岗奥陶系露头区风化裂缝　（b）风化裂缝，T1孔，深度872.36 m　（c）风化裂缝薄片，T1孔，深度872.36 m

（d）淮南洞山奥陶系露头区溶蚀裂缝　（e）溶蚀裂缝，T3孔，深度786.05 m　（f）溶蚀裂缝，T4孔，深度942.53 m

（g）缝合线，T1孔，深度885.63 m　（h）缝合线，T3孔，深度806.04 m　（i）缝合线，T4孔，深度953.55 m

图 3－10　奥陶系碳酸盐岩中非构造裂缝的发育特征

3.2.3 溶洞

溶洞是指洞径大于 2 mm 的孔洞。根据石油行业内碳酸盐岩溶洞分类标准（表 3－2），淮南煤田奥陶系地层中主要发育有洞径为 2～20 mm 的小型溶洞［图 3－11（a）～（d）］和洞径大于 100 mm 的大一巨型溶洞［图 3－11（e）～（g）］。小型溶洞能够呈现在岩芯上，但在钻井、常规测井曲线（图 3－12）和三维地震上没有明显特征。洞径大于 100 mm 的大一巨型溶洞由于洞径较大，难以呈现在岩芯上，但是可以通过充填物类型来判断，如溶洞通常被角砾岩和泥质充填胶结，或被角砾岩和方解石充填胶结，或溶洞内岩石极其松散破碎。在钻井、常规测井曲线和三维地震上，大一巨型溶洞也具有明显特征：钻井过程中常见泥浆大量漏失、钻速增大、放空和卡钻等现象；常规测井曲线中电阻率值明显降低，密度测井差幅值降低，声波时差幅值升高，井径有不规则增大等现象；三维地震剖面上呈现“串珠状”特征，平面上表现为“椭圆形、条带状异常”等特征（图 3－13）。

表 3－2　石油行业内碳酸盐岩溶洞分类标准（SY/T 5779.3—2008）

溶洞类型	洞径/mm	溶洞类型	洞径/mm
小型溶洞	2～20	大型溶洞	100～1000
中型溶洞	20～100	巨型溶洞	>1000

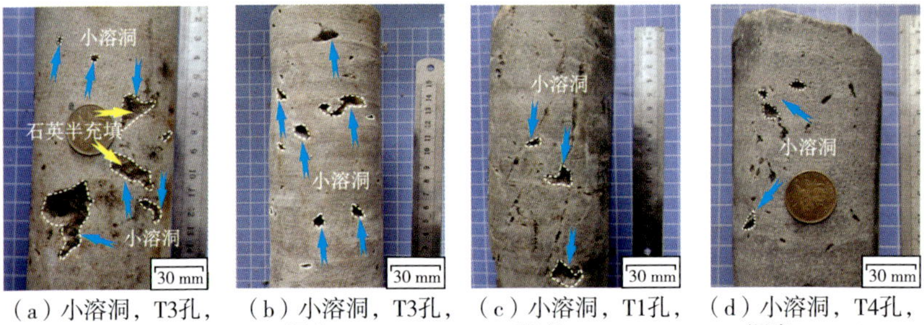

（a）小溶洞，T3孔，深度869.15 m　（b）小溶洞，T3孔，深度872.14 m　（c）小溶洞，T1孔，深度892.30 m　（d）小溶洞，T4孔，深度927.06 m

（e）淮南原李一矿附近奥陶系露头区大溶洞　（f）淮南蔡家岗奥陶系露头区大溶洞　（g）淮南蔡家岗奥陶系露头区大溶洞

图 3－11　奥陶系碳酸盐岩中溶洞发育特征

古岩溶类型	充填特征	岩心特征	常规测井曲线响应 GR/API 0 150; CAL/cm 0 10 | DEN/(g/cm) 102 34; AC/(us/ft) 2.03 2.88 | RS/(Ω·m) 1 3000; RD/(Ω·m) 1 3000
大溶洞	未充填	无法取芯	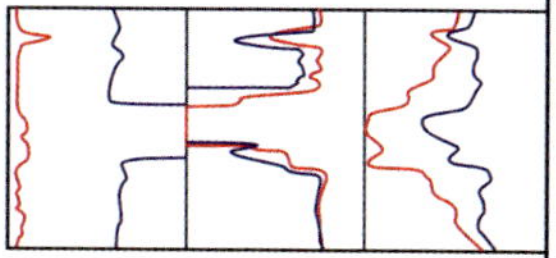
大溶洞	砂泥质全充填		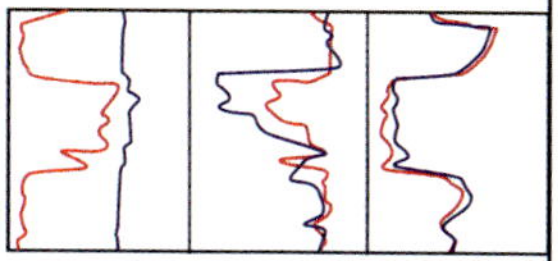
大溶洞	角砾岩全充填		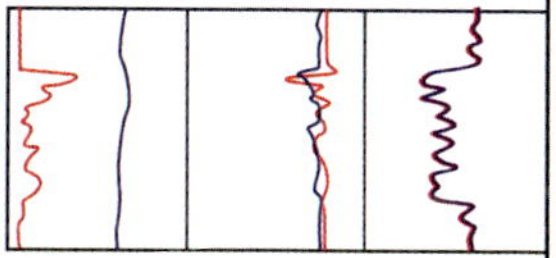
小溶洞	半充填		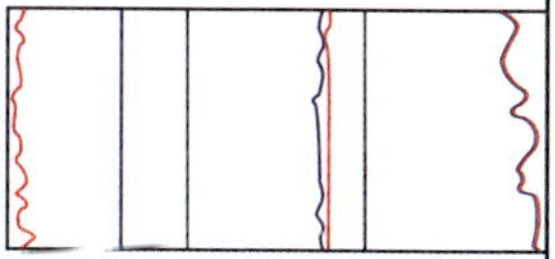
裂缝+小溶洞	半充填	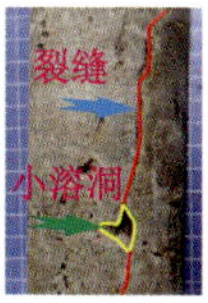	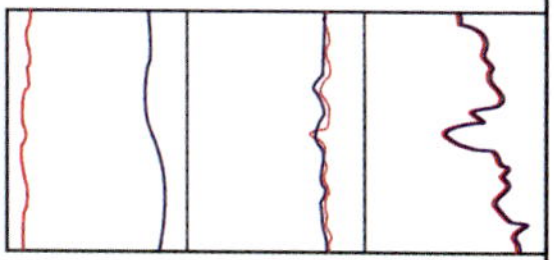
裂缝	半充填		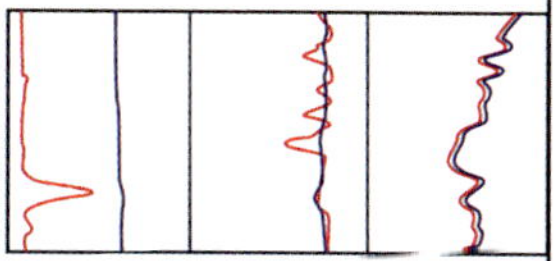

图 3-12 不同类型溶洞的常规测井曲线响应

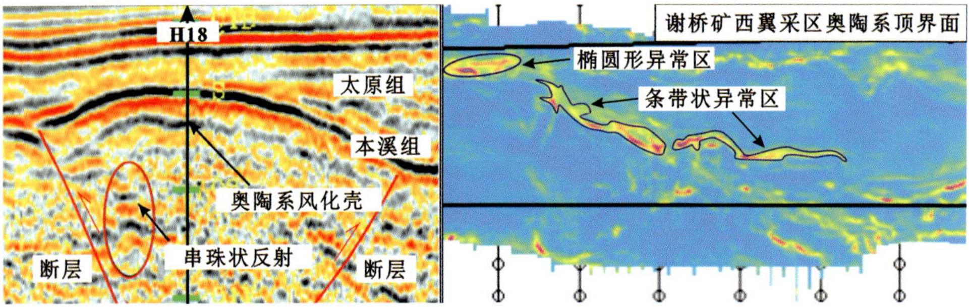

（a）大溶洞在三维地震剖面上的响应特征　　（b）大溶洞在三维地震属性切片上的响应特征

图 3-13　大溶洞的三维地震响应

3.2.4　岩溶陷落柱

岩溶陷落柱是我国华北煤田最早发现的，是一种特殊的地质现象。KCC 根部多发育于奥陶系或寒武系碳酸盐岩中，向上穿过煤系地层的陷落充填体，属于古岩溶范畴。截至 2020 年底，淮南煤田内已发现 7 个 KCC（KCC 1＃、KCC 2＃、KCC 3＃、KCC 4＃、KCC 5＃、KCC 6＃和 KCC 7＃），分布在煤田中部矿区的潘二、潘三、顾北、张集、谢桥和刘庄井田内，这 7 个 KCC 主要沿着潘集背斜和陈桥背斜的南翼分布，如图 3-14 所示。

淮南煤田已发现的 7 个 KCC 中，KCC 1＃、KCC 2＃和 KCC 3＃根部发育于奥陶系碳酸盐岩地层中，向上穿过整个奥陶系进入石炭系甚至二叠系地层中；KCC 4＃、KCC 5＃、KCC 6＃和 KCC 7＃根部发育于寒武系碳酸盐岩地层中，向上穿过整个奥陶系、石炭系进入二叠系地层中。三维地震勘探和钻探资料显示，淮南煤田 KCC 以椭圆形为主，其次为长条形。KCC 长轴方向主要为 NWW-SEE和 NNW-SSE 向，其次为 NNE-SSW 向，长度一般从几十米到几百米不等，最大可以达到1150 m（谢桥矿的 KCC 6＃）；长轴与短轴比率一般为 1.2∶1～3∶1，最大可达 11.3∶1（谢桥矿 KCC 6＃），详见表 3-3 所列。KCC 剖面上多呈上小下大的圆锥体，其底界标高为－1300～－570 m，柱体高度从 100 m 到 800 m 不等，详见表 3-3 所列。其中，谢桥煤矿 KCC 6＃由 3 个小型的 KCC 组成，平面上呈串珠状，剖面上呈驼峰状［图 3-15（a）、（b）］。程广琪、刘登宪等认为，谢桥矿 KCC 6＃的形成可能与区域 NNW 和 NWW 向断裂构造和地下水活动有直接关系。

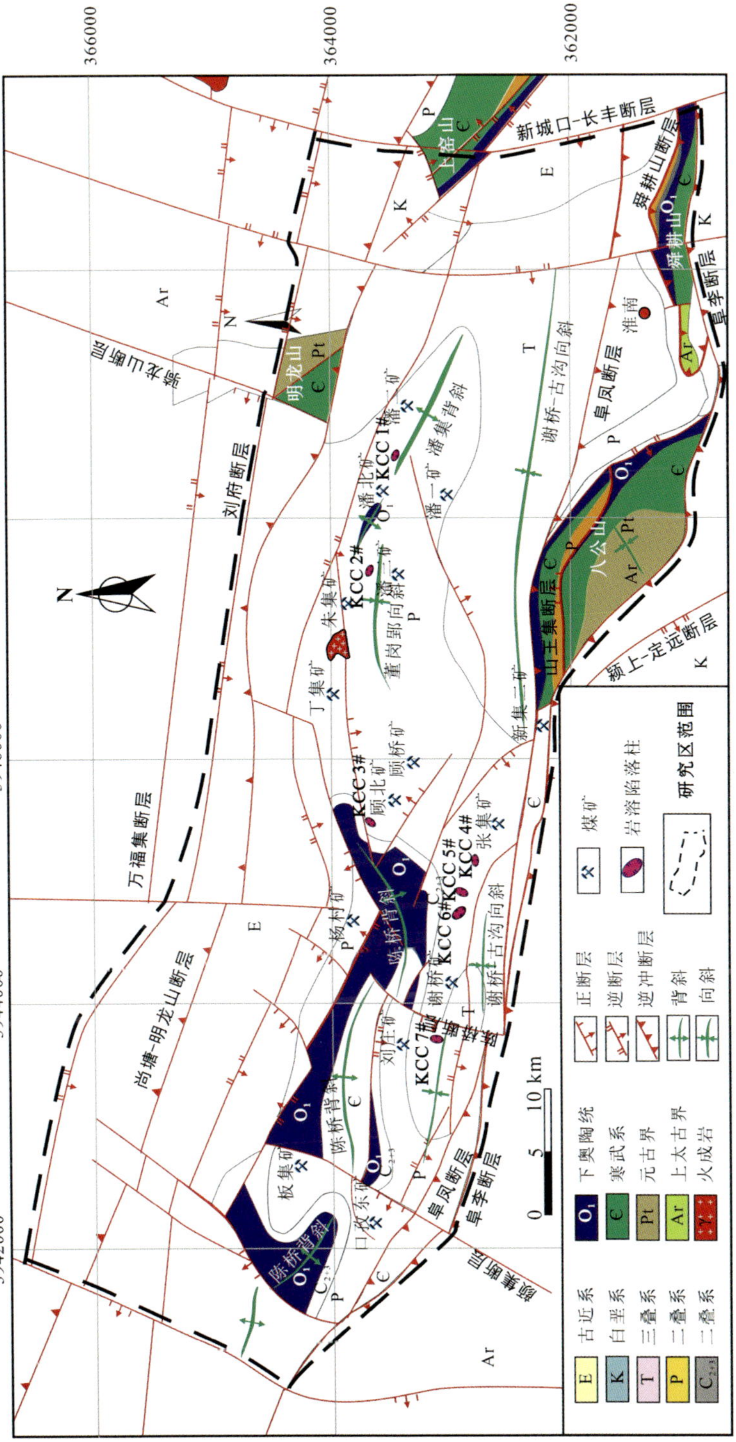

图3-14　淮南煤田岩溶陷落柱分布情况

表 3-3 淮南煤田内 7 个 KCC 的平、剖面特征

矿井名称	岩溶陷落柱	平面特征	剖面特征
潘二矿	KCC 1#	长轴长 50 m，长轴方向 NWW-SEE，短轴长 25 m，短轴方向 NNE-SSW，近椭圆形	根部发育于奥陶系（标高 −570 m），顶板位于石炭系（标高 −470 m），呈上小下大的圆锥体
潘三矿	KCC 2#	长轴长 75 m，长轴方向 NWW-SEE，短轴长 25 m，短轴方向 NNE-SSW，近椭圆形	根部发育于奥陶系（标高 −900 m），顶板位于 11-2 煤层底板（标高 −560 m），呈上小下大的圆锥体
顾北矿	KCC 3#	长轴长 100 m，长轴方向 NWW-SEE，短轴长 50 m，短轴方向 NNE-SSW，近椭圆形	根部发育于奥陶系（标高 −780 m），顶板位于 1 煤层中（标高 −600 m），呈上小下大的圆锥体
张集矿	KCC 4#	长轴长 170 m，长轴方向 NNW-SSE，短轴长 90 m，短轴方向 NEE-SWW，近椭圆形	根部发育于寒武系（标高 −1300 m），顶板位于石炭系（标高 −780 m），呈上小下大的圆锥体
谢桥矿	KCC 5#	长轴长 310 m，长轴方向 NNE-SSW，短轴长 266 m，短轴方向 NWW-SEE，近椭圆形	根部发育于寒武系系（标高 −1000 m），顶板位于 11-2 煤层底板（标高 −400 m），呈上小下大的圆锥体
	KCC 6#	由 3 个近椭圆形小型 KCC 组成，长轴长 1150 m，长轴方向 NNW-SSE，短轴长 102 m，短轴方向 NEE-SWW，呈串珠状	根部发育于寒武系（标高 −1000 m），顶板位于 11-2 煤层底板（标高 −400 m），呈驼峰状
刘庄矿	KCC 7#	长轴长 49 m，长轴方向 NNW-SSE，短轴长 25 m，短轴方向 NEE-SWW，近椭圆形	根部发育于寒武系（标高 −1300 m），顶板位于 4 煤层底板（标高 −550 m），呈上小下大的圆锥体

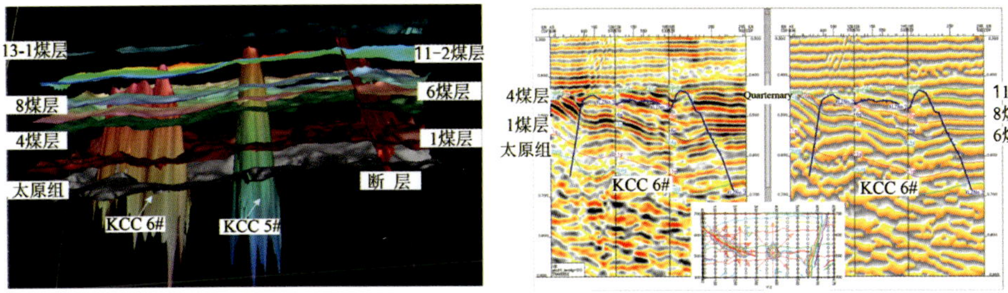

(a)　　　　　　　　　　(b)

图 3 - 15　谢桥矿 KCC 5♯和 KCC 6♯的三维地震响应

3.3　奥陶系古岩溶充填特征

根据野外露头区调查、岩芯观测和薄片鉴定分析，淮南煤田奥陶系地层中溶孔、裂缝、溶洞和岩溶陷落柱的充填物主要包括三大类，即化学淀积物、垮塌充填物和沉积充填物。

3.3.1　充填物类型

3.3.1.1　化学淀积物

化学淀积物是指侵蚀性流体在运移过程中，与可溶性岩石发生化学反应而形成的沉积物。淮南煤田奥陶系古岩溶的化学淀积物主要是方解石，其次还有黄铁矿、有机质、石英等热液矿物。化学淀积物在溶孔、裂缝、溶洞和 KCC 中都有分布，它是侵蚀性流体与可溶性岩石长期化学作用的结果。

3.3.1.2　垮塌充填物

垮塌充填物主要是指溶洞和 KCC 围岩在构造应力和（或）重力等作用下，发生变形、破碎、垮塌而形成的堆积物。淮南煤田溶洞和 KCC 在奥陶系地层中的垮塌充填物主要由灰岩角砾组成，夹有少量白云质灰岩和白云岩角砾如图 3 - 16（a）所示；角砾大小不一，粒径从几毫米到十几厘米不等，磨圆度较差，多呈棱角状或次棱角状，分选差。由于受多期构造运动和长期水流作用，角砾之间的空隙多被泥质、钙质、硅质中一种或几种充填胶结，如图 3 - 16（b）、（c）所示。

（a）塌陷角砾岩，淮南洞山奥陶系萧县组　（b）塌陷角砾岩被钙质充填胶结，T3孔，深度878.56 m　（c）塌陷角砾岩被泥质充填，T3孔，深度802.05 m

图 3－16　溶洞中垮塌充填物特征

3.3.1.3　沉积充填物

沉积充填物主要是指通过水流作用搬运来的异地沉积物，主要包括泥质、砂质和部分细角砾质。这类沉积物一部分来自地表水渗流携带的地表泥砂质，主要分布在奥陶系风化壳和碳酸盐岩露头区的裂缝和溶洞中，如图 3－17（a）所示；另一部分来自溶洞内部分垮塌细角砾，其经地下水流的二次搬运作用，在合适的位置沉积下来，后期被泥质或钙质或硅质充填胶结。岩芯或薄片上可见在流水和重力分异作用下形成的多种沉积构造特征，如图 3－17（b）所示。

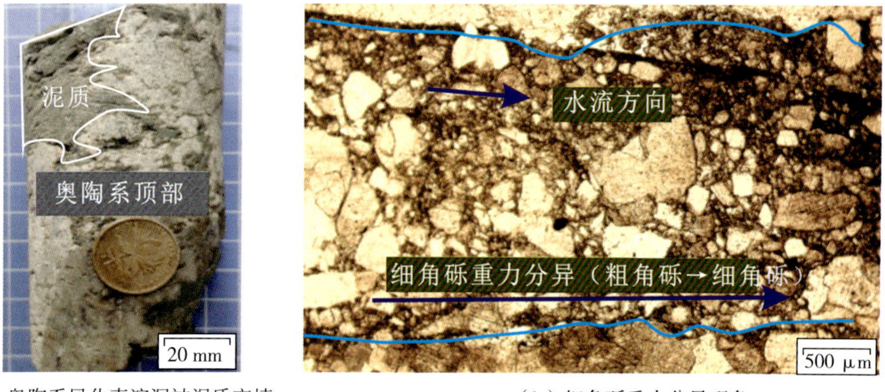

（a）奥陶系风化壳溶洞被泥质充填，T1孔，深度870.36 m　（b）细角砾重力分异现象，T4孔，深度990.23 m

图 3－17　沉积充填物特征

3.3.2 充填特征

淮南煤田奥陶系古岩溶的充填程度可分为三种类型，即未充填型、半充填型和全充填型。不同类型的古岩溶充填程度存在较大差异。

3.3.2.1 溶孔充填特征

粒（晶）间溶孔和粒（晶）内溶孔的孔径很小（<500 μm）且连通性差，一般情况下不会成为流体优先运移通道而未被充填胶结；膏模孔和铸模孔的孔径一般较大（>1000 μm），可以成为水流运移通道，多被钙质或泥质全充填胶结。

3.3.2.2 裂缝充填特征

淮南煤田奥陶系地层中裂缝的充填程度较为复杂。在本次统计的692条裂缝中，垂直裂缝和高角度裂缝共有568个（表3-4），其中，全充填裂缝280条，半充填裂缝157条，未充填裂缝131条，分别占垂直裂缝+高角度裂缝总数的49.30%、27.64%、23.06%，如图3-18（a）所示；低角度+水平裂缝共124条，其中，全充填裂缝67条，半充填裂缝45条，未充填裂缝12条，分别占低角度裂缝+水平裂缝总数的54.03%、36.29%、9.68%，如图3-18（b）所示。因此，根据上述统计发现：淮南煤田奥陶系地层中的裂缝多为全充填型裂缝，占统计总数的50.15%；其次为半充填型裂缝，占统计总数的29.19%；未充填型裂缝最少，占统计总数的20.66%，且多为垂直裂缝和高角度裂缝，如图3-18（c）所示。裂缝充填物主要为方解石、泥质、石英、黄铁矿和有机质等，如图3-19所示。

表3-4 奥陶系地层中裂缝充填情况统计

充填类型	裂缝数量/条			占总数百分比/%
	垂直+高角度裂缝	低角度+水平裂缝	合计	
全充填	280	67	347	50.15
半充填	157	45	202	29.19
未充填	131	12	143	20.66
合计	568	124	692	100.00

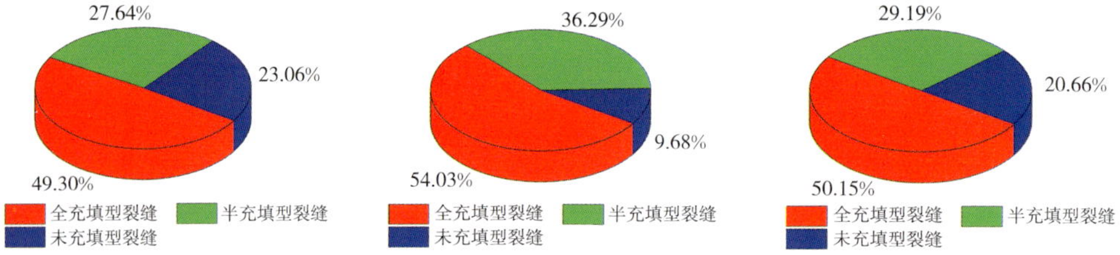

（a）垂直+高角度裂缝充填情况　（b）低角度+水平裂缝充填情况　（c）所有类型裂缝充填情况

图 3－18　奥陶系碳酸盐岩中裂缝充填情况

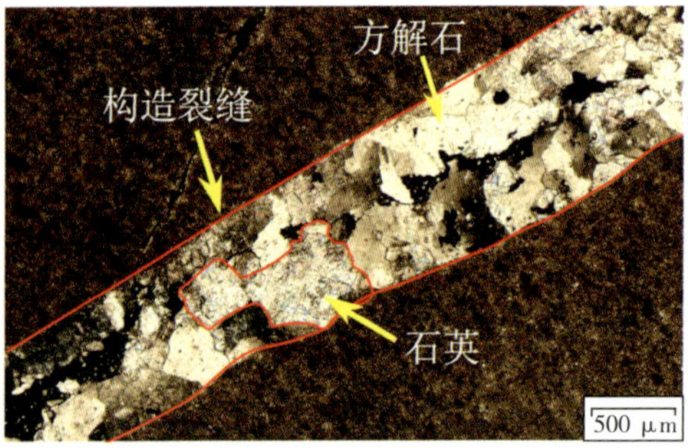

（a）裂缝被方解石和石英半充填，T2孔，深度780.40 m

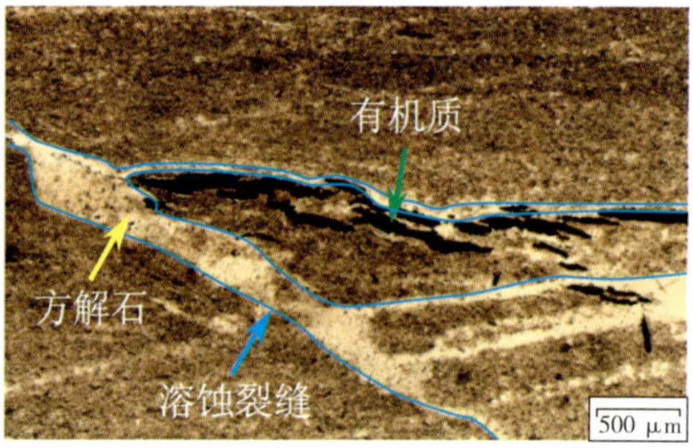

（b）裂缝被方解石和有机质全充填，T3孔，深度806.54 m

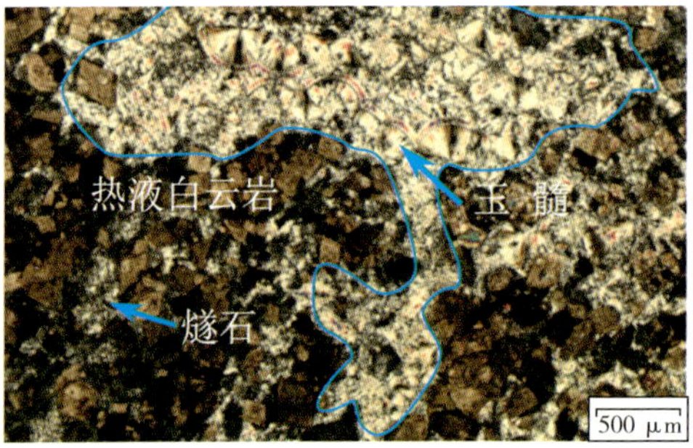

（c）小溶洞被玉髓和燧石全充填，T1孔，深度920.54 m

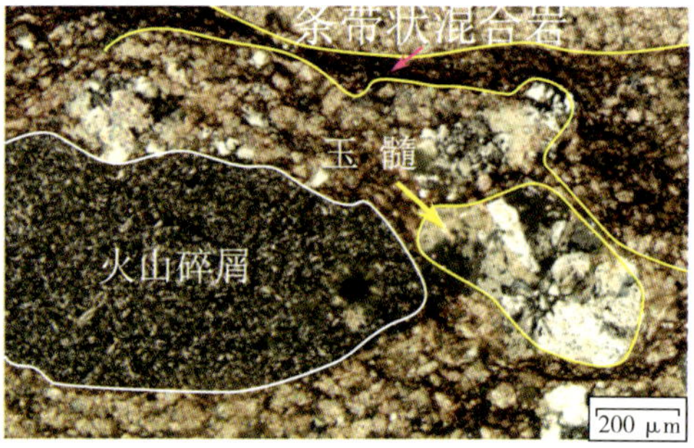

（d）小溶洞被火山碎屑和玉髓等热液矿物全充填，T5孔，深度975.63 m

图 3－19　裂缝中常见充填物类型

3.3.2.3　溶洞充填特征

本次共统计溶洞 403 个，其中大溶洞（洞径＞100 mm）113 个，小溶洞（洞径在 2～20 mm）290 个，详见表 3－5。113 个大溶洞中有 97 个为全充填型，占大溶洞总数的85.84%；有5个为半充填型，占大溶洞总数的4.42%；有11个为未充填型，占大溶洞总数的9.73%。290个小溶洞中仅有14个为全充填型，占小溶洞总数的4.83%；有167个为半充填型，占小溶洞总数的57.59%；有109个为未充填型，占小溶洞总数的37.59%。因此，淮南煤田奥陶系地层中大溶洞大多为全充填型，半充填和未充填型的大溶洞很少，充填物主要为角砾岩、钙质、泥质等；小溶洞则以半充填型为主，未充填型次之，全充填型最少，充填物主要是方解石、石英、黄铁矿等。奥陶系碳酸盐岩中溶洞充填情况如图3-20所示。

表3-5　奥陶系地层中溶洞充填情况统计

充填类型	溶洞数量/个			占总数百分比/%
	大溶洞	小溶洞	合计	
全充填	97	14	111	27.54
半充填	5	167	172	42.68
未充填	11	109	120	29.78
合计	113	290	403	100.00

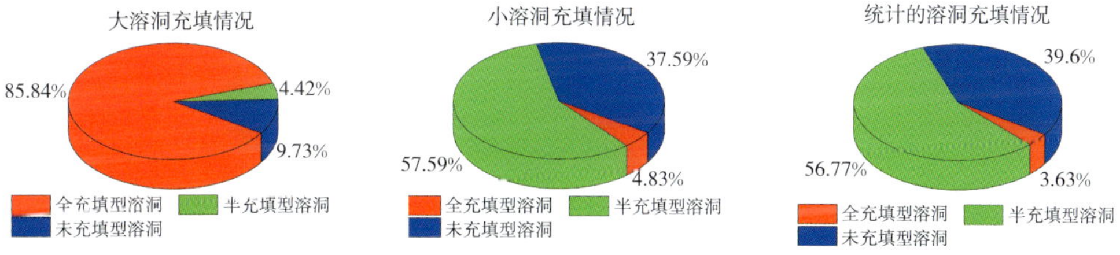

（a）大溶洞充填情况　（b）小溶洞充填情况　（c）所有溶洞充填情况

图3-20　奥陶系碳酸盐岩中溶洞充填情况

3.3.2.4　岩溶陷落柱充填特征

淮南煤田已发现的7个KCC中，有3个被回采工作面或采掘巷道从其内部穿过，分别是潘三矿KCC 2#、谢桥矿KCC 6#和刘庄矿KCC 7#。现场揭露资料显示：(1) 在煤系地层中，KCC柱体内部的地层多发生整体塌陷，高角度裂缝发育，但岩层层理明显，如图3-21 (a) 所示；(2) KCC柱体边缘地层层理混乱，岩块和煤块混杂、大小不一，岩块和煤块之间多被方解石和（或）黄铁矿等充填胶结，如图 3－21（b）所示。

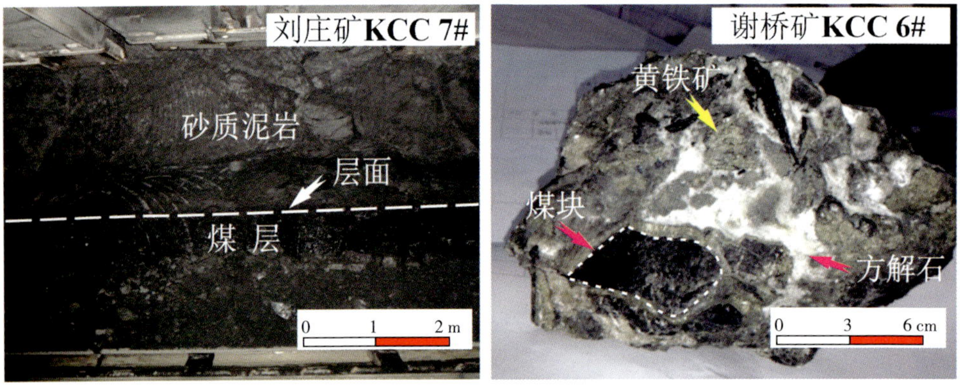

（a）（b）

图 3－21　煤系地层中 KCC 柱体内部充填物特征

地面钻孔资料揭示，在奥陶系和寒武系地层中，KCC 柱体内部的岩石极为破碎，裂缝和溶洞也极为发育。例如，谢桥矿 KCC 6＃的 5 个地面探查钻孔（xlz2～xlz6 钻孔），共取岩芯20000块，岩芯长度1750 m，共统计出裂缝 972 条，裂缝总长度 548m，发育溶洞1047个，详见表 3－6。这些溶洞多被塌陷角砾岩、巨晶方解石、黄铁矿和一些热液矿物全充填胶结或半充填胶结，如图 3－22 所示。其中，塌陷角砾岩是由 KCC 围岩的机械破碎和崩塌形成的，这些塌陷角砾岩大小一般在 10～500 mm，分选性和磨圆度都较差。角砾岩之间的裂缝多被方解石和（或）石英或泥质半填充，留有大量的有效空隙，成为地下水储存和运移通道。

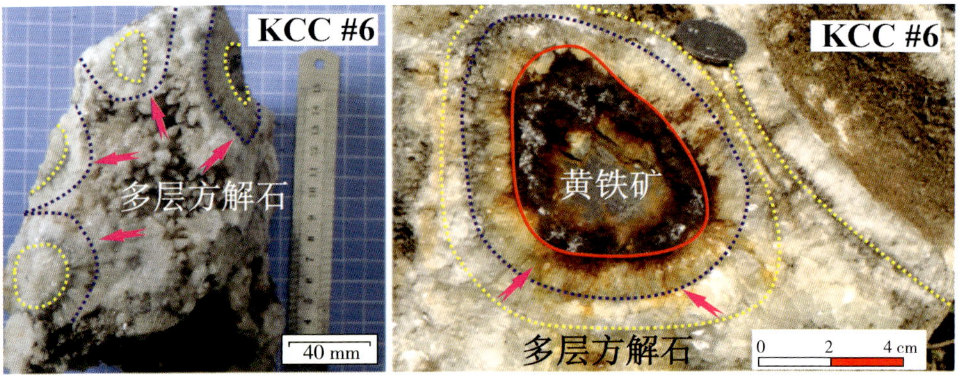

（a）（b）

(c)　　　　　　　　　　　　(d)

图 3－22　奥陶系和寒武系地层中 KCC 柱体内部充填物特征

表 3－6　谢桥矿 KCC 6＃地面探查孔中裂缝和溶洞情况统计

地层层位	钻孔名称	钻孔取芯情况			岩芯统计量			
		层厚/m	取芯长度/m	取芯率/%	岩芯块数/块	裂缝条数/条	累积裂缝长/m	溶洞个数/个
石炭系	xlz2	109.27	83.84	76.73	446	24	9.4	7
	xlz3	111.00	81.95	73.83	324	9	2.5	0
奥陶系	xlz2	69.43	59.20	85.27	693	40	19.4	98
	xlz3	94.20	70.50	74.84	894	29	21.2	14
	xlz5	153.10	103.00	67.28	1656	95	61.6	128
寒武系上统	xlz2	98.83	92.05	93.14	1223	71	40.5	343
	xlz3	127.80	115.70	90.53	1855	99	65.4	106
	xlz4	120.60	85.60	70.98	1023	71	39.5	226
	xlz6	129.51	76.96	59.42	804	54	33.9	0
寒武系中统张夏组	xlz2	194.93	146.17	74.99	1823	78	40.3	116
	xlz3	82.50	69.00	83.64	1446	43	26.3	1
	xlz4	308.38	242.63	78.68	2074	125	47.9	4
	xlz6	298.06	233.90	78.47	2113	124	46.8	0
寒武系中统徐庄组	xlz6	199.04	152.73	76.73	2087	48	17.5	0
寒武系中统毛庄组	xlz6	80.49	65.00	80.76	593	15	9.6	0

3.4 奥陶系古岩溶分布特征

3.4.1 平面分布特征

露头区调查结果和隐伏区钻探资料显示，淮南煤田奥陶系地层中裂缝、大溶洞和岩溶陷落柱主要沿着断层带两侧分布，如图 3-23 所示。

(1) 裂缝：本次共统计裂缝 692 条，其走向主要为 NE-SW、NNE-SSW 和 NEE-SWW 向，其次为 NWW-SEE 和 NNW-SSE 向，如图 3-24 (a) 所示，这与区内主要断层走向基本一致。此外，裂缝数量还与断层位置有关。本次统计的 692 条裂缝中，发育在断层带 0～0.1 km 的裂缝有 205 条，占总数的 29.62%；在断层带 0.1～0.2 km、0.2～0.3 km 和 0.3～0.4 km 的裂缝分别有 146 条、107 条和 85 条，分别占总数的 21.10%、15.46%和 12.28%，表现为随着距断层距离的增加，裂缝数量呈现出逐渐减少的趋势，如图 3-25 (a) 所示。由此表明，断层控制着裂缝的发育，裂缝数量与断层位置存在着明显的正相关性，即与断层距离越近，裂缝越发育；反之，与断层距离越远，裂缝数量越少。

(2) 大溶洞：通过野外调查发现，在研究区东南部露头区共发现 57 个地表溶洞，主要沿着 NNW 和 NWW 向断层呈条带状分布。隐伏区内揭穿奥陶系地层的 63 个钻孔中，有 26 个钻孔揭露 56 个大溶洞，平均每个钻孔可见 2.15 个大溶洞。本次统计的 113 个大溶洞中（包括地表溶洞 57 个和钻孔揭露溶洞 56 个），其长轴走向主要为 NWW-SEE、NNW-SSE 和 NW-SE 向，其次为 NE-SW 和 NEE-SWW 向，如图 3-24 (b) 所示。和裂缝发育情况一样，大溶洞数量也与断层位置有关。例如，在断层带 0～0.1 km，发育 32 个大溶洞，占总数的 28.32%；在断层带 0～0.2 km，共发育 60 个大溶洞，占总数的 53.10%；在断层带 0～0.3 km，共发育 80 个大溶洞，占总数的 70.80%；但在断层带 0.3～3.0 km，仅发育 33 个大溶洞，占总数的 29.20%，如图 3-25 (b) 所示。由此表明，断层也控制着大溶洞的产状和数量，大溶洞主要沿着 NNW 和 NWW 向断层分布，且与断层距离越近，大溶洞越发育。

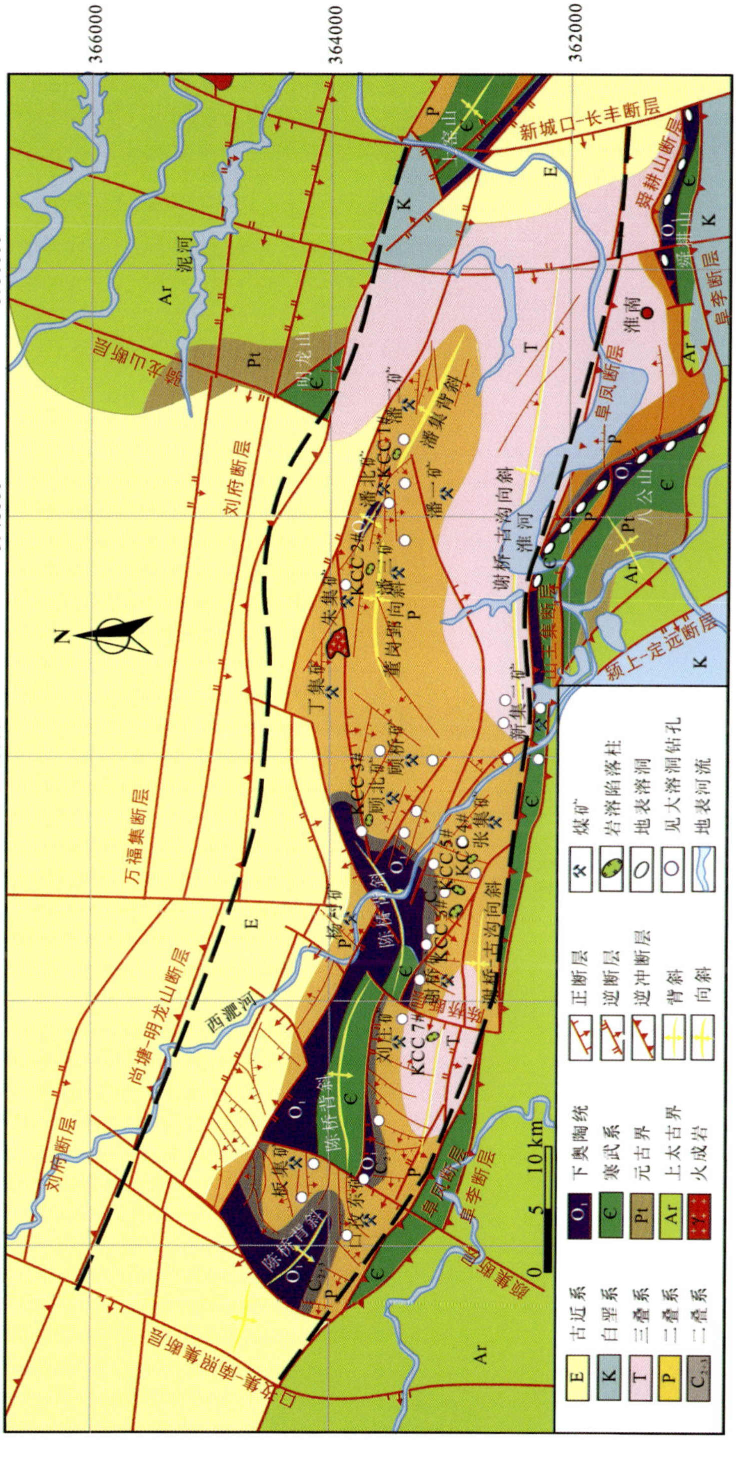

图3-23　淮南煤田大溶洞和岩溶陷落柱平面分布情况

（3）岩溶陷落柱：淮南煤田现已发现 7 个 KCC（KCC 1＃、KCC 2＃、KCC 3＃、KCC 4＃、KCC 5＃、KCC 6＃和 KCC 7＃）。在这 7 个 KCC 中，有 3 个 KCC 的长轴走向为 NWW－SEE 向，有 3 个 KCC 的长轴走向为 NNW－SSE 向，仅有 1 个 KCC（谢桥矿 KCC5＃）的长轴走向为 NNE－SSW 向，如图 3－24（c）所示，且所有 KCC 发育位置与断层距离均不超过 5 km，如图 3－25（c）所示。由此表明，淮南煤田 KCC 的形成与 NNW 和 NWW 向断裂构造关系较为密切，这与程广琪、刘登宪等研究成果完全一致。

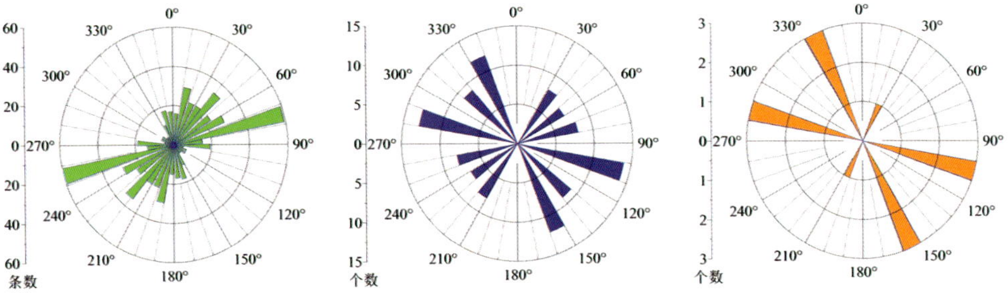

（a）裂缝走向玫瑰花图　（b）大溶洞长轴走向玫瑰花图　（c）KCC长轴走向玫瑰花图

图 3－24　裂缝、大溶洞和 KCC 走向展布特征

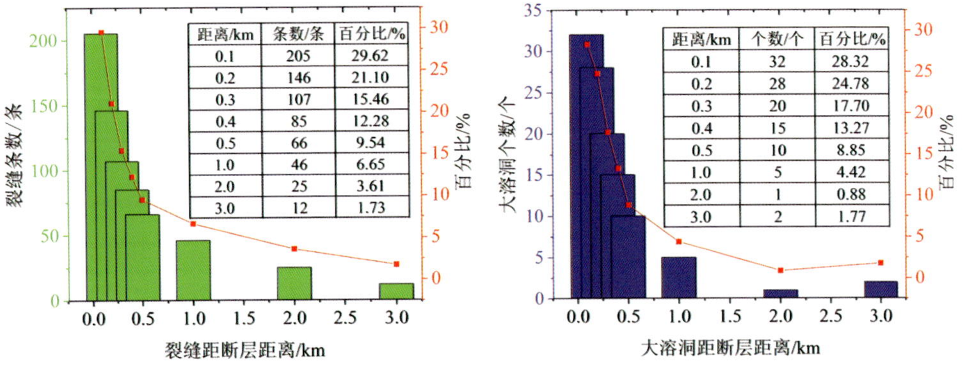

（a）裂缝距断层距离　（b）大溶洞距断层距离

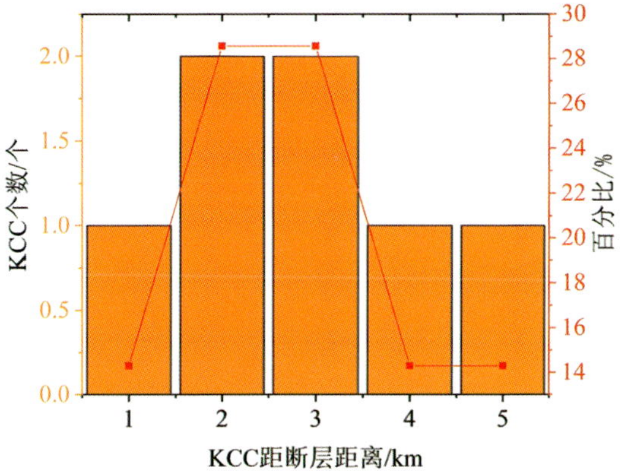

（c）KCC距断层距离

图 3-25 裂缝、大溶洞、KCC 与断层距离关系统计

3.4.2 垂向分布特征

截至 2020 年底，淮南煤田内共有 63 个地面钻孔揭穿奥陶系地层。根据钻孔岩芯、钻孔柱状描述、常规测井曲线和三维地震资料解释，从中识别并统计出裂缝 351 条、大溶洞 56 个和小溶洞 193 个，其中全充填型裂缝、大溶洞和小溶洞分别为 200 条、44 个和 6 个。不同深度裂缝、大溶洞和小溶洞发育情况详见表 3-7和图 3-26。

表 3-7 不同深度古岩溶发育情况统计

距奥陶系风化壳顶界面距离/m	裂缝			大溶洞			小溶洞		
	数量/条	裂缝率/%	全充填裂缝数量/条	数量/个	大溶洞率/%	全充填大溶洞数量/个	数量/个	小溶洞率/%	全充填小溶洞数量/个
0～10	64	18.23	26	4	7.14	2	13	6.74	0
10～20	46	13.11	21	2	3.57	1	12	6.22	0
20～30	33	9.40	16	3	5.36	2	12	6.22	0
30～40	32	9.12	15	6	10.71	5	15	7.77	0
40～50	28	7.98	16	10	17.86	8	23	11.92	0
50～60	22	6.27	11	8	14.29	7	19	9.84	0
60～70	16	4.56	8	8	14.29	6	21	10.88	0
70～80	18	5.13	10	6	10.71	5	23	11.92	0

（续表）

距奥陶系风化壳顶界面距离/m	裂缝			大溶洞			小溶洞		
	数量/条	裂缝率/%	全充填裂缝数量/条	数量/个	大溶洞率/%	全充填大溶洞数量/个	数量/个	小溶洞率/%	全充填小溶洞数量/个
80～90	12	3.42	7	3	5.36	2	14	7.25	0
90～100	13	3.70	10	2	3.57	2	9	4.66	1
100～110	14	3.99	10	1	1.79	1	7	3.63	1
110～120	14	3.99	13	1	1.79	1	8	4.15	1
120～130	14	3.99	12	1	1.79	1	8	4.15	1
130～140	12	3.42	12	1	1.79	1	6	3.11	1
140～150	13	3.70	13	0	0.00	0	3	1.55	1
合计	351	100	200	56	100	44	193	100	6

（1）裂缝：随着距奥陶系风化壳顶界面距离的增加，裂缝发育的数量逐渐减少，而全充填裂缝的数量逐渐增加，如图 3－26（a）所示。本次统计的 351 条裂缝中，有 110 条裂缝（占总数的 31.34%）发育在奥陶系风化壳顶界向下 0～20 m，且仅有 47 条为全充填型；有 149 条裂缝（占总数的 42.45%）发育在奥陶系风化壳顶界向下 20～80 m，且仅有 76 条为全充填型；有 92 条裂缝（占总数的 26.21%）发育在奥陶系风化壳顶界向下 80～150 m，且有 77 条为全充填型。因此，从裂缝随奥陶系地层深度变化特征分析可知，奥陶系风化壳顶界向下 0～20 m 为裂缝强发育带，20～80 m 为裂缝中等发育带，80～150 m 为裂缝弱发育带。

（2）大溶洞：从图 3－26（b）可知，大溶洞主要发育在奥陶系风化壳顶界向下 30～80 m，为大溶洞强发育带，带内大溶洞数量占总数的 67.86%；其次发育在奥陶系风化壳顶界向下 0～30 m，为大溶洞中等发育带，带内大溶洞数量占总数的 16.07%；奥陶系风化壳顶界向下 80～150 m，为大溶洞弱发育带，带内大溶洞数量占总数的 16.07%。本次统计的 56 个大溶洞中，有 44 个为全充填型，充填率高达 78.57%。

（3）小溶洞：小溶洞和大溶洞在垂向上分布有着类似的特征，如图 3－26（c）所示。小溶洞主要发育在奥陶系风化壳顶界向下 30～90 m，为小溶洞强发育带，带内小溶洞数量占总数的 59.59%；其次发育在奥陶系风化壳顶界向下 0～30 m，为小溶洞中等发育带，带内小溶洞数量占总数的 19.17%；奥陶系风化壳顶界向下 80～150 m，为小溶洞弱发育带，带内小溶洞数量占总数的 21.24%。本次统计的 193 个小溶洞中，仅有 6 个为全充填型，充填率仅为 3.11%。

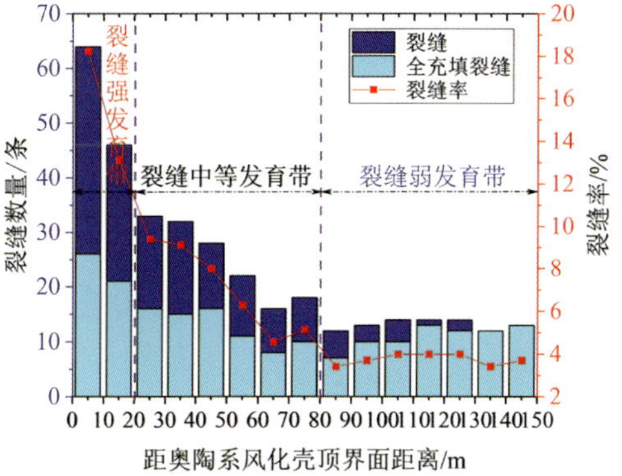

（a）裂缝随深度变化特征

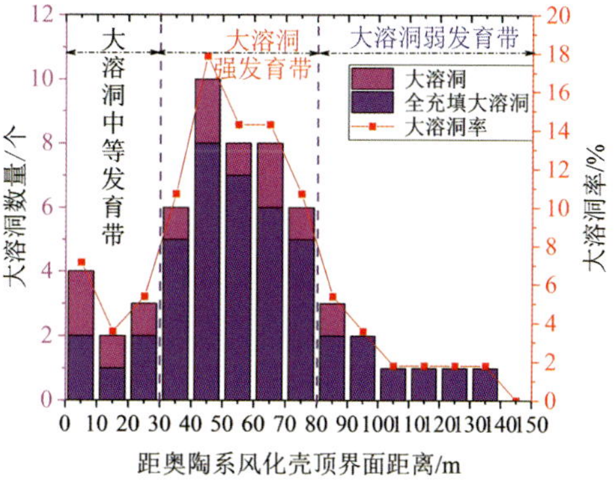

（b）大溶洞随深度变化特征

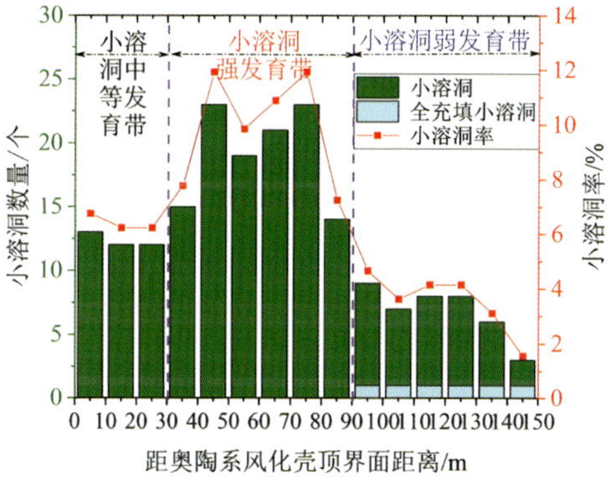

（c）小溶洞随深度变化特征

图 3-26　奥陶系古岩溶随深度变化特征

综合上述分析可知，淮南煤田奥陶系古岩溶在垂向上具有明显的分带性：(1) 奥陶系风化壳顶界向下 0～30 m，裂缝发育程度强，大溶洞和小溶洞发育程度中等，综合表现为古岩溶发育程度强；(2) 奥陶系风化壳顶界向下 30～90 m，裂缝发育程度中等，大溶洞和小溶洞发育程度强，综合表现为古岩溶发育程度强；(3) 奥陶系风化壳顶界向下 90～150 m，裂缝、大溶洞和小溶洞发育程度都相对较弱，综合表现为古岩溶发育程度弱。因此，淮南煤田奥陶系风化壳顶界向下 0～90 m，为奥陶系古岩溶强发育带，带内裂缝、小溶洞、大溶洞以及大溶洞塌陷后充填的塌陷角砾岩都十分发育；奥陶系风化壳顶界向下 90 m 以深，为奥陶系古岩溶弱发育带，带内裂缝、大溶洞和小溶洞发育程度都明显减弱，如图3－27所示。

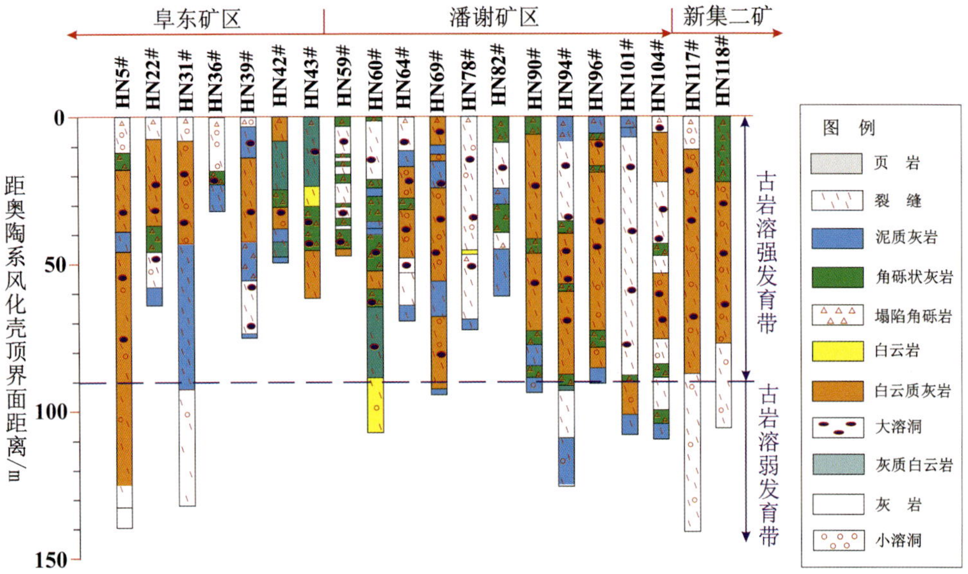

（a）奥陶系钻孔中古岩溶发育情况

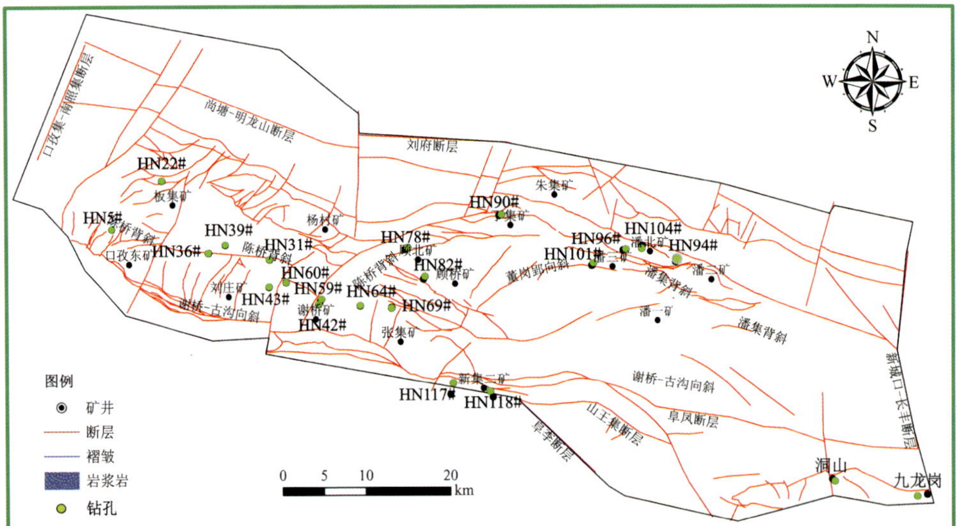

（b）奥陶系钻孔平面位置

图3－27 淮南煤田奥陶系古岩溶垂向发育特征

3.5 本章小结

（1）淮南煤田奥陶系地层厚度为25.80～242.50 m，平均厚度89.0 m，自下而上分别为下奥陶统贾汪组、萧县组、马家沟组。其中，下奥陶统贾汪组由紫、黄绿色页岩与含泥质灰岩互层，平均厚度5.0 m，局部缺失；萧县组位于下奥陶统中部，主要由灰色中厚层状泥质灰岩、白云质灰岩、角砾状灰岩组成，平均厚度59.6 m，全区分布稳定；马家沟组位于下奥陶统顶部，其下段为褐灰色豹皮状白云质灰岩，上段为深灰色厚层状灰质白云岩、白云岩，平均厚度24.4 m，中部地区多被剥蚀殆尽。

（2）研究区奥陶系碳酸盐岩中主要发育溶孔、裂缝、溶洞和岩溶陷落柱4种古岩溶类型。溶孔主要包括粒（晶）间溶孔、粒（晶）内溶孔和铸模孔；裂缝以构造裂缝为主，风化裂缝、溶蚀裂缝和缝合线次之；溶洞以小型溶洞和大一巨型溶洞为主；岩溶陷落柱主要分布在潘集和陈桥背斜南翼，其根部发育于奥陶系或寒武系碳酸盐岩中。

（3）野外露头区调查统计发现，淮南煤田以高角度裂缝（46.53%）和垂直裂缝（35.55%）为主，含少量低角度裂缝（17.63%）和水平裂缝（0.29%）；裂缝走向主要为NE-SW、NNE-SSW和NEE-SWW向，其次为NWW-SEE和NNW-SSE向。

（4）淮南煤田奥陶系古岩溶充填程度分为未充填型、半充填型和全充填型。裂缝中有50.15%为全充填型，有29.19%为半充填型，剩余20.66%为未充填型（多为垂直裂缝和高角度裂缝）。溶洞充填较为复杂，大溶洞中有85.84%为全充填型，有4.42%和9.73%分别为半充填型和未充填型；小溶洞中有57.59%为半充填型，有37.59%为未充填型，仅有4.83%为全充填型。在煤系地层中，岩溶陷落柱内部地层多发生整体塌陷，但岩层层理明显；在奥陶系和寒武系地层中，柱体内部岩石极为破碎，裂缝和溶洞都很发育。古岩溶充填物主要有塌陷角砾岩、钙质、泥质、石英、黄铁矿和有机质等。

（5）碳酸盐岩露头区调查结果和隐伏区钻探资料显示，淮南煤田奥陶系地层中裂缝、大溶洞和岩溶陷落柱主要沿着断层带两侧分布。地质统计发现，断层控制着裂缝和大溶洞的产状和数量，裂缝走向主要为NE-SW、NNE-SSW和

NEE－SWW 向，大溶洞主要沿着 NNW 和 NWW 向断层分布，且距断层越近，裂缝和大溶洞数量就越多；淮南煤田已发现的 7 个岩溶陷落柱中，分别有 3 个岩溶陷落柱长轴走向为 NWW－SEE 向和 NNW－SSE 向，仅有 1 个岩溶陷落柱长轴走向为 NNE－SSW 向，且所有岩溶陷落柱距断层均不超过 5 km。

（6）淮南煤田奥陶系古岩溶在垂向上具有明显的分带性：①奥陶系风化壳顶界向下 0～30 m，裂缝发育程度强，大溶洞和小溶洞发育程度中等，综合表现为古岩溶发育程度强；②奥陶系风化壳顶界向下 30～90 m，裂缝发育程度中等，大溶洞和小溶洞发育程度强，综合表现为古岩溶发育程度强；③奥陶系风化壳顶界向下 90～150 m，裂缝、大溶洞和小溶洞发育程度相对较弱，综合表现为古岩溶发育程度弱。因此，淮南煤田奥陶系风化壳顶界向下 0～90 m，为奥陶系古岩溶强发育带；奥陶系风化壳顶界向下 90 m 以深，为奥陶系古岩溶弱发育带。

4　奥陶系古岩溶形成期次确定

古岩溶形成期次是认识古岩溶演化的基础，也是古岩溶成因机制研究的前提。碳、氧同位素和微量元素在追踪侵蚀性流体来源、识别古岩溶形成环境和确定古岩溶形成期次等过程中起着十分重要的作用。因此，本章通过对古岩溶充填物地球化学特征和形成环境的系统分析，结合区域沉积构造演化史，确定出淮南煤田奥陶系古岩溶形成期次，为后续奥陶系古岩溶形成环境的恢复和发育模式的建立提供了重要依据。

4.1　奥陶系古岩溶形成背景

岩溶演化史实际上就是地层沉积和构造演化史，其形成与演化过程与地层沉积环境、区域构造演化和岩浆活动等密切相关。大量研究表明，我国北方地区奥陶系古岩溶的形成主要与碳酸盐岩早期的沉积环境和后期的地质构造活动以及岩浆活动等关系最为密切。因此，了解奥陶系地层的沉积构造演化史，对淮南煤田奥陶系古岩溶的形成期次划分具有重要的参考价值。

4.1.1　奥陶系地层沉积背景

古地磁资料显示，从早寒武世到中奥陶世，淮南地区处于一个近赤道的低纬度地区，气候高温多雨。从早寒武世开始，渐进式海侵在淮南地区建立了一个浅碳酸盐台地，沉积了厚度超过1000 m的巨大碳酸盐沉积物；到晚寒武世早期，这个碳酸盐台地逐渐演化为硅化蒸发台地系统，沉积了上寒武统土坝组硅质白云岩。由于寒武系末期怀远运动的发生，华北地台整体抬升，导致淮南地区寒武系地层暴露于地表，持续时间约 47 Ma。早奥陶世早期，受怀远运动的影响，黄淮海大部分地区上升成为陆地，致使早奥陶世早期沉积在淮南地区缺失。早奥陶世晚期（相当于贾汪组、萧县组、马家沟组的沉积时期），随着海水由北向南侵进，并向南扩大到淮南地区，沉积了一套碳酸盐岩地层，即下奥陶统萧县组和马家沟组碳酸盐岩。该套碳酸盐岩地层主要以深灰色中厚层灰岩、泥质灰岩、白云质灰岩、白云岩为主，层理不发育，以局限台地相和台地潮坪相沉积为主。淮南煤田东南部的九龙岗和洞山露头区，完整揭露了该套奥陶系地层的沉积特征。

以淮南洞山奥陶系地层为例（图 4 - 1），下奥陶统贾汪组主要由薄层页岩与泥质灰岩组成，厚度为 3.80 m，属于砂泥坪相沉积。萧县组主要由灰色中厚层状灰岩和白云质灰岩组成，厚度为 58.40 m，属于泻湖一云坪相沉积。马家沟组主要白云岩、灰岩和泥质灰岩组成，厚度为 119.55 m，属于灰泥坪一混合坪相沉积。早奥陶世以后，受加里东运动影响，海水又逐渐退出本区，未发生中奥陶世和晚奥陶世沉积。

4.1.2 区域构造演化背景

淮南煤田位于华北板块东南缘，处于大别造山带与郯庐走滑构造带两大构造体系交会部位，呈现出独特的构造演化特征。根据区域动力学演化背景及聚煤盆地构造特征，淮南煤田奥陶系地层主要经历了 5 个构造演化阶段，分别是抬升剥蚀阶段（O_2—C_1）、稳定沉降阶段（C_2—T_2）、挤压形变阶段（T_3—J）、伸展隆升阶段（K—E_1）和坳陷沉积阶段（E_2—Q），其演化过程如图 4 - 2 所示。

4.1.2.1 抬升剥蚀阶段（O_2—C_1）

早奥陶统马家沟组沉积以后，受加里东运动影响，海水逐渐从华北地区撤出，华北地台发生整体抬升，遭受大气降水的风化剥蚀，致使淮南地区普遍缺失中-晚奥陶世、志留纪、泥盆纪和早石炭世沉积。该阶段持续时间为 120～138 Ma，形成了华北地区典型的奥陶系风化壳岩溶。

4.1.2.2 稳定沉降阶段（C_2—T_2）

晚石炭世，华北板块南缘在经历了数亿年的风化剥蚀后再次发生沉降，并接受由东南向西北的海侵作用，在中石炭世-晚二叠世期间，沉积了一套厚度为 1076 m 的石炭-二叠系煤系地层。晚二叠世晚期，华北地区发生完全海退，至中三叠世，华北南部地区由板缘海陆交互相完全转变为克拉通内陆相，并沉积了一套河湖相的紫红色碎屑岩。然而，现今淮南煤田内中下三叠统地层大面积的缺失，可能与后期隆升剥蚀有关。

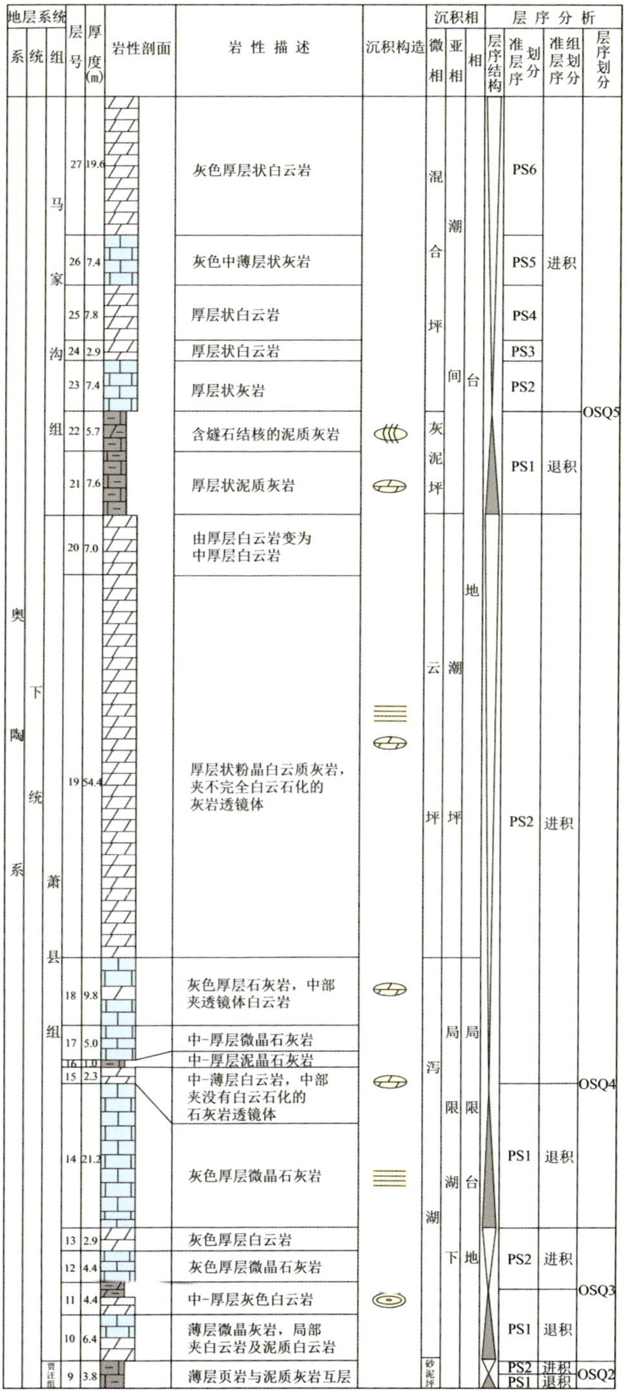

图 4－1　淮南洞山奥陶系地层沉积特征

4.1.2.3 挤压形变阶段（T_3—J）

中—晚三叠世的印支期，华北板块与华南板块发生了强烈的碰撞，在板块东南缘地区产生了强大的由南向北的挤压力。该挤压力使得造山带北侧的逆冲断层系不断地向着华北地台南缘地区推进，使得淮南产生大规模NWW向的逆冲推覆构造，而北翼推覆体的运动方向与南翼推覆方向相反，形成了淮南煤田复向斜两翼的对冲形式［图4-2（a）］。这一方向的构造形迹虽经历了后期多阶段的改造作用，但一直保留至今且影响深远，从而造就了煤田现今总体呈近EW向展布的显著特征。

侏罗纪的早燕山期，受太平洋板块向东亚大陆NW向斜向俯冲影响，在区域上形成了广泛的近EW向挤压变形，在华北板块东南缘形成了以郯庐断裂带为代表的一系列NNE向左行平移断裂构造。淮南煤田在区域挤压与郯庐断裂带强烈左行剪切作用下，承受了自SEE向NWW的压扭性构造应力场，产生了一系列NNE-NE向的左行压扭性断裂，并对印支期形成的NWW向逆冲断裂与褶皱系统进行切割和改造。煤田中部由于NNE-NE向的大兴集断裂左行平移活动，在张集、顾北井田西侧直接将地层左行牵引为NNE向，造成陈桥—潘集背斜轴迹呈“S”形展布［图4-2（b）］；同时，印支期形成的NWW向逆冲断层发生复活，并转变为右行压扭性断层。

4.1.2.4 伸展隆升阶段（K—E）

白垩纪到古近纪的晚燕山期，太平洋板块以高角度俯冲于东亚大陆之下，使华北板块下部地幔发生上隆。同时，受伊泽奈琦板块俯冲带后撤与海沟后退影响，华北东部出现了弧后拉张环境。华北板块区域上表现为NW-SE向的伸展作用，并出现了大量的断陷盆地、岩浆活动与伸展断层等。在此背景下，前期构造演化过程中出现的NW-NWW向、NNE-SSW向断层会进一步向张扭性断层转变，特别是NNE向的郯庐断裂、阜阳断裂、口孜集断裂、新城口-长丰断裂等由先期的压扭性断裂转变为伸展性断裂［图4-2（c）］，同时还出现了大量的中、小型近EW向正断层。煤田周边一些大型断裂在伸展作用下发生持续强烈的断陷活动，从而使淮南煤田发生相对抬升，造成区内潘集和陈桥背斜处的石炭-二叠系地层被完全剥蚀，部分奥陶系和寒武系地层再次暴露地表，遭受大气降水的二次淋滤作用。

4.1.2.5 坳陷沉积阶段（N—Q）

进入新近纪以后，淮南煤田构造格局基本稳定，整体上呈现为坳陷式均匀沉降特征［图 4－2（d）］，基岩上覆新生界地层沉积厚度与沉降幅度明显受基岩风化面起伏控制。

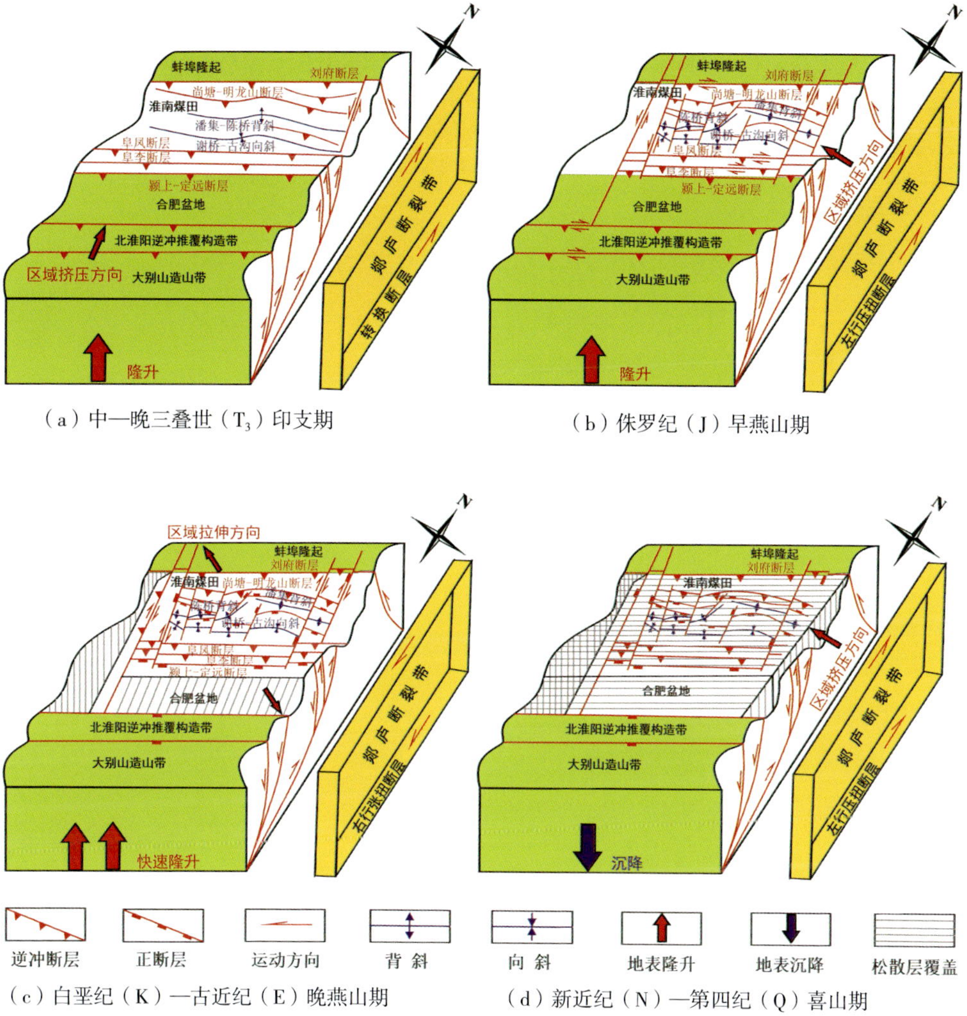

（a）中—晚三叠世（T_3）印支期

（b）侏罗纪（J）早燕山期

（c）白垩纪（K）—古近纪（E）晚燕山期

（d）新近纪（N）—第四纪（Q）喜山期

图 4－2　淮南煤田地质构造演化模型

4.1.3　岩浆活动

淮南煤田岩浆岩主要分布在明龙山北侧和上窑山东南角等山区。此外，在煤田内的丁集、潘三、朱集和潘二等煤矿的二叠系煤层中也发现了大面积岩浆侵入岩，岩性主要为细晶正长岩、正长斑岩、正长煌斑岩和细晶岩等，矿物以硅酸盐矿物和石英为主，Fe_2O_3 含量较高。李小明等研究发现，自晚古生代以来，淮南煤田至少经历了 3 次主要的岩浆活动。第一次岩浆活动发生在晚三叠世（240 Ma 前），持续时间达 60～120 Ma，第二次岩浆活动发生在早白垩世（115～140 Ma 前），第三次岩浆活动发生在晚白垩世（80 Ma 前）。早白垩世时期，淮南煤田主要断层构造已基本形成，深部断裂可成为岩浆和热液流体运移的主要通道。

4.2 古岩溶地球化学特征分析

C、O 同位素和微量元素是地球化学研究的重要示踪剂。在不同的古水文地质条件下，C、O 同位素和微量元素具有不同的丰度值。因此，它们常被用来追踪侵蚀性流体的来源和路径，识别古岩溶的形成环境，确定古岩溶的形成期次。

4.2.1 样品采集与测试

4.2.1.1 样品采集

碳酸盐岩基质及其岩溶充填物中 C、O 同位素特征的研究，对认识沉积物的形成环境、来源和成岩作用都具有重要意义。本次共对区内 3 个完整揭穿奥陶系地层钻孔（T1、T3、T4 钻孔）和 2 个揭露岩溶陷落柱影响带钻孔（T2、T5 钻孔）进行了取样测试，钻孔位置如图 3－1 所示；共采集 58 块岩芯样品用于 C、O 同位素测试，其中碳酸盐岩基质样品 5 块，岩溶充填物样品 40 块，岩溶陷落柱充填物样品 13 块。

此外，微量元素含量和组合上的差异是分析矿物和岩石形成环境的重要依据之一。根据前人研究发现，Ba、Mn、Sr 等三种微量元素是识别岩溶充填物形成环境的重要指示元素。因此，本次研究中对 C、O 同位素测试的 58 个样品也进行了 Ba、Mn、Sr 测试。

4.2.1.2 测试方法

本次 C、O 同位素和 Ba、Mn、Sr 微量元素测试分析都是在西南大学地球化学与同位素实验室中进行的。

C、O 同位素采用 Kiel IV 碳酸盐岩装置（Thermo Fisher Scientific,

Bremen，Germany）与 Mat 253 质谱仪（Thermo Finnigan，Bremen，Germany）联用测试分析。首先将测试样品均磨成 200 目粉末，将每份大约 200 mg 的粉末样品放入连接到真空系统的反应瓶中。每份样品在 70 ℃下与 100% H_3PO_4反应生成 CO_2，并在 −196 ℃下用液氮将其收集在 Trap1 中。然后将 Trap1 加热至 −90 ℃，并将释放的 CO_2 转移至 Trap2。最后将 Trap2 加热到 30 ℃，让释放出的 CO_2 通过毛细管扩散到 Mat 253 双路系统，采用双路进样方式进行同位素比值的测定。C 和 O 同位素值均采用 Pee Dee Belemnite（PDB）进行描述，并根据 NBS－18 和 NBS－19 标准进行校准。重复测试分析的结果表明，本次样品 C 同位素的分析精度为±0.1‰，O 同位素的分析精度为±0.2‰。C、O 同位素测试结果见表 4－1。

用于 C 和 O 同位素测试的 58 个样品也用于微量元素 Ba、Mn、Sr 测试。首先，将每种粉末状样品约 300 mg 放入装有 3 ml（1+1）HNO_3 的广口瓶中，将广口瓶放在热板上，并将温度在 120 ℃下保持 24 h。然后，将温度升至150 ℃并在此温度下再保持 24 h。将溶液蒸发至几乎干燥后，加入 2 ml（1+1）HNO_3，并将其在热板上放置 2 h 后，将该溶液蒸发至 1 ml，然后转移至 50 ml 的聚乙烯瓶中。在分析之前，将溶液用开水稀释至 20 g。最后，使用 ICP－OES 装置（Spectro Analytical CIROS，Kleve，Germany）和 ICP－MS 装置（Spectro Analytical CIROS，Kleve，Germany）联合测试分析微量元素 Ba、Mn、Sr，测试结果见表 4－1。

4.2.2　C 和 O 同位素特征

从表 4－1 可以看出，淮南煤田奥陶系碳酸盐岩基质的 $\delta^{13}C_{PDB}$ 值为 −2.49‰～−0.23‰，平均值为−1.29‰；$\delta^{18}O_{PDB}$值为−6.58‰～−4.33‰，平均值为−5.73‰。岩溶充填物的 $\delta^{13}C_{PDB}$ 值为−8.43‰～0.93‰，平均值为−3.98‰；$\delta^{18}O_{PDB}$值为−19.18‰～−4.58‰，平均值为−11.55‰。通常情况下，在沉积物形成期间，C 同位素主要受蒸发、动力分馏和早期碳酸盐沉积影响，而 O 同位素值主要与液体盐度、环境温度等密切相关。表 4－1 中岩溶充填物的 $\delta^{18}O_{PDB}$值远小于碳酸盐岩基质的 $\delta^{18}O_{PDB}$值，表明其形成环境复杂、多变，可能受到外界不同因素的影响，例如大气降水淋滤、地温升高、埋藏深度增加、热液活动等。

表 4－1　淮南煤田奥陶系碳酸盐岩基质和岩溶填充物样品的地球化学测试结果

样品编号	钻孔名称	取样深度/m	岩溶类型	充填物质	同位素/‰		微量元素/ppm			形成环境			聚类结果
					$\delta^{13}C_{PDB}$	$\delta^{18}O_{PDB}$	Ba	Mn	Sr	古盐度 Z	古温度 T/℃	古埋藏深度 H/m	
1	T1	980.82	角砾灰岩	CM	−0.23	−4.33	291.11	46.96	93.86	124.67	13.38	−190.53	Ⅰ
2	T3	798.13	泥质灰岩	CM	−1.98	−5.38	319.19	51.74	72.27	120.57	17.70	−46.58	
3	T3	850.25	白云质灰岩	CM	−2.49	−6.55	277.00	39.58	91.63	118.94	22.85	125.08	
4	T4	963.15	灰岩	CM	−1.24	−6.58	264.67	36.28	83.19	121.48	22.99	129.64	
5	T4	978.65	白云质灰岩	CM	−0.52	−5.81	286.55	35.13	85.93	123.34	19.55	15.13	
平均值					−1.29	−5.73	287.70	41.94	85.38	121.80	19.30	6.55	
6	T1	990.54	裂缝	CFs	−0.54	−4.58	265.37	45.86	87.29	123.91	14.39	−157.12	
7	T3	862.50	溶孔	CFs	−2.47	−5.73	260.19	51.29	97.29	119.39	19.21	3.53	
8	T4	1009.45	溶孔	CFs	−1.48	−5.20	306.83	39.99	98.02	121.68	16.94	−71.93	
9	T1	875.34	裂缝	CFs	−4.76	−7.76	165.44	26.50	51.42	113.69	26.86	258.82	Ⅱ
10	T1	888.30	溶洞	CFs	−5.70	−7.85	171.12	29.04	39.95	111.72	27.30	273.19	
11	T1	885.05	裂缝	CFs	−4.67	−8.89	148.70	22.58	50.23	113.31	32.43	444.30	
12	T1	892.76	溶洞	CFs	−6.67	−9.61	142.06	20.83	45.75	108.85	36.15	568.25	
13	T1	900.23	裂缝	CFs	−5.85	−6.95	153.75	20.22	47.20	111.86	23.08	132.68	
14	T3	788.06	裂缝	CFs	−6.94	−9.68	142.54	25.92	47.92	108.27	36.52	580.54	
15	T3	793.54	裂缝	CFs	−7.83	−7.00	139.78	28.80	53.24	107.78	23.31	140.30	
16	T3	802.64	溶洞	CFs	−4.85	−8.01	111.41	22.80	53.62	113.38	28.07	298.90	
17	T3	807.36	溶洞	CFs	−5.95	−9.12	151.10	24.46	47.17	110.57	33.60	483.40	
18	T3	811.23	裂缝	CFs	−4.75	−8.22	156.28	26.78	36.72	113.48	29.09	332.99	
19	T3	815.95	裂缝	CFs	−7.00	−9.30	135.85	20.89	46.09	108.33	34.53	514.33	

（续表）

样品编号	钻孔名称	取样深度/m	岩溶类型	充填物质	同位素/‰		微量元素/ppm			形成环境			聚类结果
					$\delta^{13}C_{PDB}$	$\delta^{18}O_{PDB}$	Ba	Mn	Sr	古盐度 Z	古温度 T/℃	古埋藏深度 H/m	
20	T4	928.60	溶洞	CFs	−7.43	−8.38	129.79	19.29	42.00	107.91	29.88	359.22	Ⅱ
21	T4	932.15	溶洞	CFs	−6.74	−7.18	140.45	18.73	43.33	109.92	24.14	167.92	
22	T4	945.13	裂缝	CFs	−5.05	−8.68	130.23	23.93	43.99	112.63	31.37	408.99	
23	T4	952.40	溶洞	CFs	−4.26	−7.26	127.71	26.56	48.83	114.96	24.51	180.29	
24	T4	955.76	裂缝	CFs	−7.25	−7.40	101.85	21.09	49.18	108.77	25.16	202.06	
25	T4	958.34	裂缝	CFs	−4.52	−9.40	133.26	20.70	57.35	113.36	35.05	531.63	
26	T1	876.06	溶孔	CFs	−0.74	−9.45	334.51	150.55	101.47	121.08	44.27	839.03	Ⅲ
27	T1	892.13	裂缝	CFs	0.31	−11.63	346.13	155.74	78.03	123.17	57.20	1269.87	
28	T3	806.54	裂缝	CFs	0.93	−8.68	286.74	168.95	89.89	124.88	40.00	696.69	
29	T3	809.20	溶孔	CFs	−0.11	−10.45	310.63	137.71	92.86	121.87	50.05	1031.55	
30	T3	812.65	裂缝	CFs	0.18	−9.32	332.17	149.28	99.12	123.03	43.54	814.63	
31	T4	945.55	溶孔	CFs	0.67	−10.40	343.79	154.47	90.68	123.49	49.75	1021.71	
32	T4	952.13	裂缝	CFs	0.55	−9.59	297.97	141.27	96.70	123.65	45.06	865.46	
33	T4	955.70	裂缝	CFs	−0.38	−12.45	284.40	157.68	87.54	120.32	62.38	1442.59	
34	T1	920.54	小溶洞	CFs	0.11	−17.32	484.12	299.91	123.62	118.90	88.75	2321.54	Ⅳ
35	T1	979.63	裂缝	CFs	−0.13	−15.57	443.79	278.11	106.36	119.28	76.17	1902.20	
36	T2	758.30	KCC 3#	CFs	−1.87	−16.84	459.17	342.83	110.62	115.08	85.22	2203.88	
37	T2	780.40	KCC 3#	CFs	−1.04	−18.21	433.96	309.87	149.79	116.10	95.45	2544.99	
38	T2	807.80	KCC 3#	CFs	−1.25	−15.45	496.98	314.01	129.33	117.05	75.33	1874.42	
39	T3	854.36	裂缝	CFs	−2.26	−17.03	393.88	295.14	163.99	114.19	86.61	2250.21	

（续表）

样品编号	钻孔名称	取样深度/m	岩溶类型	充填物质	同位素/‰		微量元素/ppm			形成环境			聚类结果
					$\delta^{13}C_{PDB}$	$\delta^{18}O_{PDB}$	Ba	Mn	Sr	古盐度 Z	古温度 T/℃	古埋藏深度 H/m	
40	T3	869.15	小溶洞	CFs	−2.26	−18.13	402.62	316.64	128.10	113.64	94.84	2524.62	Ⅳ
41	T4	1005.45	裂缝	CFs	−2.55	−19.18	385.86	280.46	132.09	112.53	102.99	2796.34	
42	T5	995.34	KCC 6#	CFs	−0.85	−15.74	441.45	276.84	144.01	117.72	77.35	1941.77	
43	T5	975.63	KCC 6#	CFs	−1.78	−18.51	456.83	341.56	138.27	114.44	97.76	2621.85	
44	T5	992.07	KCC 6#	CFs	−0.93	−16.87	431.62	308.60	147.44	116.99	85.44	2211.17	
45	T1	896.37	裂缝	CFs	−5.71	−12.38	250.03	124.41	86.18	109.44	66.28	1572.66	Ⅴ
46	T2	743.85	KCC 3#	CFs	−7.67	−14.46	255.97	136.09	82.05	104.39	80.53	2047.73	
47	T2	765.43	KCC 3#	CFs	−6.18	−13.70	238.94	143.74	85.79	107.82	75.19	1869.80	
48	T2	786.60	KCC 3#	CFs	−6.53	−14.36	243.06	145.43	66.65	106.78	79.82	2024.03	
49	T2	803.15	KCC 3#	CFs	−8.43	−13.29	262.36	132.63	74.39	103.42	72.38	1775.89	
50	T3	808.15	溶洞	CFs	−5.51	−13.44	247.98	142.22	77.05	109.32	73.40	1810.08	
51	T3	820.58	溶洞	CFs	−7.84	−12.25	207.77	113.62	66.22	105.14	65.43	1544.21	
52	T3	845.15	裂缝	CFs	−7.36	−13.33	229.39	116.69	67.78	105.59	72.65	1784.99	
53	T3	862.07	溶洞	CFs	−7.91	−13.57	242.62	126.05	62.37	104.34	74.30	1839.86	
54	T4	996.15	裂缝	CFs	−5.66	−13.97	240.19	119.73	70.89	108.75	77.07	1932.44	
55	T4	1001.90	溶洞	CFs	−5.25	−11.76	197.32	113.04	54.56	110.69	62.25	1438.30	
56	T5	970.80	KCC 6#	CFs	−6.74	−13.31	172.98	105.34	56.67	106.87	72.51	1780.44	
57	T5	981.34	KCC 6#	CFs	−6.09	−13.13	208.70	112.81	51.84	108.29	71.29	1739.64	
58	T5	995.36	KCC 6#	CFs	−6.63	−12.43	213.36	123.25	44.00	107.53	66.61	1583.64	
平均值					−3.98	−11.55	260.21	129.64	80.06	113.39	55.08	1199.44	

注：CM 表示奥陶系碳酸盐岩基质，CFs 表示方解石充填物。

4.2.3 微量元素特征

从表 4-1 可以看出，淮南煤田奥陶系碳酸盐岩基质中 Ba、Mn、Sr 含量相差不大，但岩溶充填物中 Ba、Mn、Sr 含量却存在显著差异。碳酸盐岩基质中的 Ba 含量为 264.67～319.19 ppm，平均值为 287.70 ppm，而岩溶充填物中的 Ba 含量为 101.85～496.98 ppm，平均值为 260.21 ppm。碳酸盐岩基质中的 Mn 含量为 35.13～51.74 ppm，平均值为 41.94 ppm，而岩溶充填物中的 Mn 含量为 18.73～342.83 ppm，平均值为 129.64 ppm。碳酸盐岩基质中的 Sr 含量为 72.27～93.86 ppm，平均值为 85.38 ppm，而岩溶充填物中的 Sr 含量为 36.72～163.99 ppm，平均为 80.06 ppm。

大量研究表明，岩溶充填物中高含量的 Ba、Mn、Sr 主要与热液流体有关，而低含量的 Ba、Mn、Sr 可能与大气降水的长期淋滤作用有关。表 4-1 中微量元素 Ba、Mn、Sr 含量和 C、O 同位素值的显著变化，表明淮南煤田奥陶系碳酸盐岩古岩溶的形成环境极其复杂、多变，可能是多源侵蚀性流体、多期岩溶作用改造和叠加的结果。

4.3 古岩溶充填物形成环境分析

C、O 同位素是重要的地球化学示踪剂，可以为古岩溶充填物沉积环境（如盐度、温度、深度等）的识别提供重要信息。因此，它们常被用来反映古岩溶充填物的形成环境。

4.3.1 盐度－温度－深度计算

4.3.1.1 盐度计算公式

通常情况下，$\delta^{13}C$ 和 $\delta^{18}O$ 同位素均随介质盐度升高而升高，其中 $\delta^{13}C$ 与盐度的关系最为密切，且受温度影响较小。Keith 和 Webber 提出了一个基于 $\delta^{13}C_{PDB}$ 和 $\delta^{18}O_{PDB}$ 值计算盐度（Z）的经验公式，用于区分人陆和海洋沉积环境。经验公式和判别标准如下：

$$Z=2.048\times(\delta^{13}C_{PDB}+50)+0.498\times(\delta^{18}O_{PDB}+50) \quad (4-1)$$

当 $Z>120$ 时，为海洋沉积物；当 $Z<120$ 时，为淡水沉积物；当 Z 接近 120 时，沉积物可能同时受到海水和淡水的影响。由于古代碳酸盐岩形成后，其 C 同位素难以交换而使 $\delta^{13}C_{PDB}$ 值稳定，并且 Z 值主要取决于 $\delta^{13}C_{PDB}$ 值，因此，公式（4-1）中 $\delta^{13}C_{PDB}$ 和 $\delta^{18}O_{PDB}$ 值均不需要进行“年代效应”校正而直接用于计算 Z 值。这一经验公式和判别标准已在世界范围内得到了广泛推广和应用。

4.3.1.2 温度计算公式

与水体温度关系比较密切的是 $\delta^{18}O$ 同位素，$\delta^{18}O_{PDB}$ 值随着温度升高而降低。Urey 根据 $\delta^{18}O$ 与水体温度关系，提出了一种基于 $\delta^{18}O_{PDB}$ 值计算温度的方法，Epstein 和 Mayeda 对此作了进一步的阐述，后经 Craig 进行了修改和完善。完善后的温度（T）计算公式为：

$$T=16.9-4.2\times(\delta_C-\delta_W)+0.13\times(\delta_C-\delta_W)^2 \tag{4-2}$$

式中：T 是指沉积物形成的温度，℃；$(\delta_C-\delta_W)$ 是指 $CaCO_3$ 和 H_3PO_4 在 25℃作用下生成的 CO_2 以及与 H_2O 平衡的 CO_2 之间的 O 同位素的千分偏差，‰。$(\delta_C-\delta_W)$ 之间的关系近似为：

$$\delta_C-\delta_W=(\delta^{18}O_{CaCO_3}-\delta^{18}O_{H_2O})+0.22 \tag{4-3}$$

式中：$\delta^{18}O_{CaCO3}$ 是经过“年代效应”校正后的 $\delta^{18}O$ 值，根据 Keith 和 Weber 总结出 $\delta^{18}O$ 与地质年代的关系，用不同地质年代形成的 $\delta^{18}O$ 值与第四纪 $\delta^{18}O$ 值之差 $\Delta\delta^{18}O_{PDB}$（见表 4-2），再与实测的以 PDB 为标准的样品的 $\delta^{18}O_{PDB}$ 值相加即得出 $\delta^{18}O_{CaCO_3}$ 值，‰；$\delta^{18}O_{H_2O}$ 是以 SMOW 为标准的水的 $\delta^{18}O$ 值，‰。目前，各时代古大洋水的 $\delta^{18}O$ 值均为未知数，只能暂时假定与现代大洋水的 $\delta^{18}O$ 值相同，即取 $\delta^{18}O_{H2O}=0$（SMOW 标准），所以公式（4-3）变为：

$$\delta_C-\delta_W=\delta^{18}O_{CaCO_3}+0.22 \tag{4-4}$$

因此，古岩溶形成时的温度（T）计算公式为：

$$T=16.9-4.2\times(\delta^{18}O_{CaCO_3}+0.22)+0.13\times(\delta^{18}O_{CaCO_3}+0.22)^2 \tag{4-5}$$

或

$$T=16.9-4.2\times[(\Delta\delta^{18}O_{PDB}+\delta^{18}O_{PDB})+0.22]$$
$$+0.13\times[(\Delta\delta^{18}O_{PDB}+\delta^{18}O_{PDB})]+0.22)^2 \tag{4-6}$$

表 4-2 不同地质年代碳酸盐岩 $\delta^{18}O_{PDB}$ 和 $\Delta\delta^{18}O_{PDB}$ 值

地质年代	$\delta^{18}O_{PDB}$/‰	$\Delta\delta^{18}O_{PDB}$/‰	地质年代	$\delta^{18}O_{PDB}$/‰	$\Delta\delta^{18}O_{PDB}$/‰
寒武纪	−9.72	8.54	三叠纪	−8.56	7.38
奥陶纪	−6.15	4.97	侏罗纪	−4.98	3.8
志留纪	−6.64	5.46	白垩纪	−4.18	3
泥盆纪	−7.01	5.83	第三纪	−2.33	1.15
石炭纪	−6.21	5.03	第四纪	−1.18	0
二叠纪	−3.49	2.31			

4.3.1.3 埋藏深度计算公式

研究发现，淮南煤田地表古温度约 20 ℃，恒温带的古深度为 30 m，古地温梯度为 30 ℃/km，则奥陶系古岩溶充填物的形成深度（H）计算公式为：

$$H=\frac{(T-20)\times 1000}{30}+30 \tag{4-7}$$

式中：H 是指标奥陶系古岩溶充填物的形成深度，m；T 是指古岩溶充填物的形成温度，通过公式（4-6）计算得出，℃。

4.3.2 形成环境分析

利用公式（4-1）、公式（4-6）和公式（4-7）可以分别计算得出表 4-1 中所有样品的 Z、T、H 值。

从表 4-1 可知，淮南煤田奥陶系碳酸盐岩基质的盐度 Z 值在 118.94～124.67，平均值为 118.94，表明其形成过程同时受到了海水和大气降水的共同影响和作用；酸盐岩基质的温度 T 值在 13.38～22.99 ℃，平均值为 19.30 ℃，这与当时大气平均温度 20 ℃很接近，表明其形成于相对开阔的近地表环境中（平均深度 H 为 6.55 m）。

与奥陶系碳酸盐岩基质相比，淮南煤田奥陶系古岩溶充填物的盐度 Z、温度 T 和深度 H 值变化幅度都较大。从表 4-1 可知，淮南煤田奥陶系古岩溶充填物的 Z 值在 103.42～124.88，平均值为 113.39；T 值在 14.39～102.99 ℃，平均值为 55.08 ℃；H 值在 −157.12（表示地表）～2796.34 m，平均值为 1199.44 m；表明淮南煤田奥陶系古岩溶形成环境十分复杂、多变，其侵蚀性流体可能来源于大气降水、地表水到地下水深部的高温热液流体等。因此，需要选择合适的方法来科学确定淮南煤田奥陶系古岩溶的形成期次、形成环境和侵蚀性流体来源。

4.4 奥陶系古岩溶形成期次确定

层次聚类分析（Hierarchical Cluster Analysis，简称 HCA）是地球化学分析中最常用的聚类分析方法之一，它可以通过对数据集在不同层次进行划分从而获得树形的聚类结构。为了准确识别淮南煤田奥陶系碳酸盐岩古岩溶的形成期次，本文基于 HCA 中的 Ward 方法和欧几里德距离，对所测试的 58 组地球化学数据（包括 C、O 同位素，微量元素）和利用经验公式计算得出的盐度 Z、温度 T 和深度 H 等数据进行了综合聚类分析。根据层次聚类分析结果，以基准线 2.0 为参考线，并结合前人对我国北方奥陶系古岩溶形成期次划分所开展的工作，识别出淮南煤田奥陶系碳酸盐岩中存在 5 期（组）古岩溶，如图 4－3 所示。每期古岩溶对应的 C、O 同位素和微量元素值见表 4－3、图 4－4 和图 4－5。结合淮南煤田奥陶系地层演化史，可以得出研究区奥陶系 5 期古岩溶的形成环境（表 4－4）和形成年代（图 4－6）。

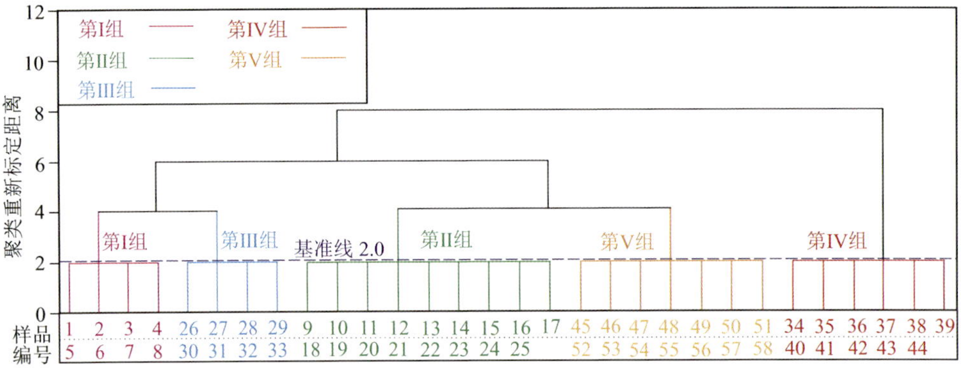

图 4－3　C、O 同位素和微量元素聚类分析结果

第Ⅰ期（组）包含 5 组奥陶系碳酸盐岩基质样品和 3 组古岩溶充填物样品。本组中的古岩溶充填物样品的 $\delta^{13}C_{PDB}$ 和 $\delta^{18}O_{PDB}$ 值与碳酸盐岩基质的 $\delta^{13}C_{PDB}$ 和 $\delta^{18}O_{PDB}$ 值非常接近，且这两类样品的微量元素 Sr、Ba、Mn 值也非常接近，表明该组古岩溶充填物与奥陶系碳酸盐基质可能形成于同一个时期。该组的 Z 值为

118.94～124.67，平均值为120.75，T值在13.38～22.99 ℃，平均值为18.38 ℃，表明其形成同时受到海水和大气降水的共同影响作用，且形成于相对开阔的近地表环境中。因此，第Ⅰ期（组）代表沉积岩溶。奥陶系碳酸盐岩中发现的膏模孔和铸模孔的示底构造［图3－7（c）、（d）］，也证实了沉积岩溶存在。根据图4－6所示，淮南煤田奥陶系沉积岩溶形成于早奥陶世到中奥陶世，历时约50 Ma。由于沉积岩溶期陆地暴露面积有限，以及后期的岩溶改造作用，区内奥陶系地层中得以保存下来的沉积岩溶较少。

第Ⅱ期（组）包含17组古岩溶充填物样品。与第Ⅰ期（组）相比，本组中充填物样品的$\delta^{13}C_{PDB}$和$\delta^{18}O_{PDB}$值呈现显著负漂移，且微量元素Sr、Ba、Mn的含量也呈急剧下降，这是风化壳岩溶的典型特征。晚奥陶世至早石炭世末，华北地区奥陶系地层经历了长达120～138 Ma的大气降水淋滤作用，导致风化壳中沉积充填物的微量元素（如Sr、Ba、Mn）发生严重迁移贫化；同时，由于大气淡水中贫$\delta^{18}O$、富$\delta^{12}C$，导致在同位素分馏交换的过程中，风化壳沉积充填物中$\delta^{13}C$和$\delta^{18}O$都发生负漂移，尤其是$\delta^{18}O$。本组的Z值为107.78～114.96，平均值为111.11，表明主要受到大气降水的淋滤作用；T值为23.08～36.52 ℃，平均值为29.47 ℃，比当时古地表温度（20℃）高10 ℃左右，根据公式（4－7）推算区内奥陶系地层的剥蚀厚度约300 m，这与本组岩溶形成时埋藏深度H的平均值（345.75 m）基本相同，表明区内奥陶系地层剥蚀厚度约300 m。这可能也是淮南煤田奥陶系地层厚度比邻近皖北煤田（两者相距约200 km）奥陶系地层厚度小300 m的原因之一。根据图4－6所示，淮南煤田奥陶系风化壳岩溶形成于晚奥陶世到早石炭世，历时约120 Ma，发育时间很长。因此，淮南煤田奥陶系风化壳岩溶十分发育，主要以溶洞和高角度裂隙为主［图3－10（a）、（b）］，且溶洞常被塌陷角砾岩、铝铁质泥岩和（或）方解石充填。

表4－3　淮南煤田奥陶系各期（组）古岩溶C、O同位素和微量元素值

岩溶期次	同位素/‰		微量元素/ppm		
	$\delta^{13}C_{PDB}$	$\delta^{18}O_{PDB}$	Ba	Mn	Sr
	最小值～最大值/平均值	最小值～最大值/平均值	最小值～最大值/平均值	最小值～最大值/平均值	最小值～最大值/平均值
第Ⅰ期（组）	－2.49～－0.23/－1.37	－6.58～－4.33/－5.52	260.19～319.19/283.86	35.13～51.74/43.35	72.27～98.02/88.69

（续表）

岩溶期次	同位素/‰		微量元素/ppm		
	$\delta^{13}C_{PDB}$	$\delta^{18}O_{PDB}$	Ba	Mn	Sr
	最小值～最大值/平均值	最小值～最大值/平均值	最小值～最大值/平均值	最小值～最大值/平均值	最小值～最大值/平均值
第Ⅱ期（组）	－7.83～－4.26/－5.90	－9.68～－6.95/－8.28	101.85～171.12/140.08	18.73～29.04/23.48	36.72～57.35/47.29
第Ⅲ期（组）	－0.74～0.93/0.24	－12.45～－8.68/－10.25	284.40～346.13/317.04	137.71～168.95/151.96	78.03～101.47/92.04
第Ⅳ期（组）	－2.55～0.11/－1.35	－19.18～－15.45/－17.17	385.86～496.98/439.12	276.84～342.83/305.82	106.36～163.99/133.97
第Ⅴ期（组）	－8.43～－5.25/－6.68	－14.46～－11.76/－13.24	172.98～262.36/229.33	105.34～145.43/125.36	44.00～86.18/67.60

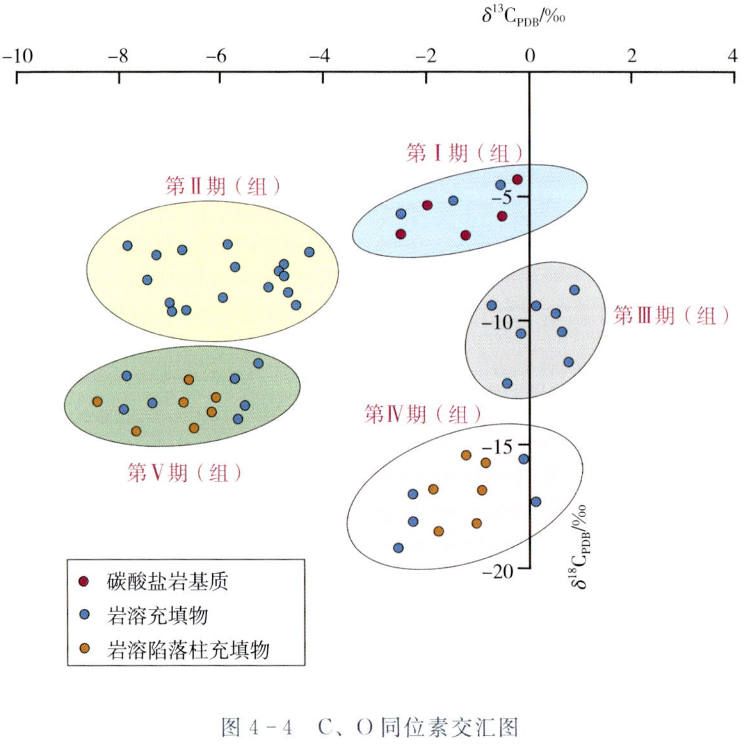

图 4－4　C、O 同位素交汇图

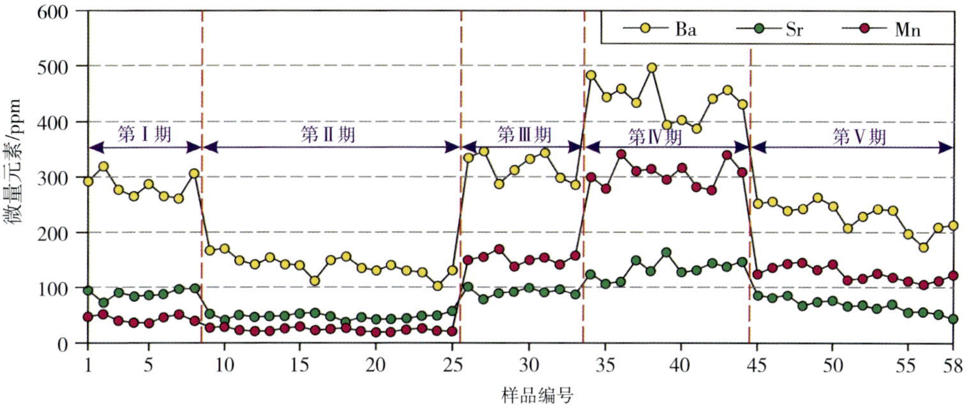

图 4-5　微量元素 Sr、Ba、Mn 的含量

第Ⅲ期（组）包含 8 组古岩溶充填物样品。与第Ⅰ期（组）相比，本组充填物样品的 $\delta^{13}C_{PDB}$ 值呈现轻微的正漂移，而 $\delta^{18}O_{PDB}$ 值则呈现轻微的负漂移，这是压释水岩溶的典型特征。奥陶系碳酸盐岩的溶孔和裂缝中发现有残留有机质和黄铁矿，再次验证了压释水岩溶的存在。Mazzullo 和 Harris 研究发现，埋藏岩溶充填物的 $\delta^{13}C_{PDB}$ 值呈正漂移，主要与上覆石炭-二叠系地层中有机物分解有关，即 $2CH_2O \rightarrow CH_4 + CO_2$，该反应过程形成的 CH_4 富含 $\delta^{12}C$，而 CO_2 富含 $\delta^{13}C$。由于部分富含 $\delta^{13}C$ 的 CO_2 参与了岩溶化作用，从而使得该期岩溶充填物中 $\delta^{13}C$ 相对富集，表现出正漂移。此外，该组中 $\delta^{18}O_{PDB}$ 值呈轻微负漂移，主要与该期岩溶形成的深度和温度有关，因为 $\delta^{18}O_{PDB}$ 值一般会随着深度的增加和温度的升高而减小。与第Ⅱ期（组）相比，本组中微量元素 Sr、Ba、Mn 含量都有大幅度的增加，表明其主要来自上覆石炭-二叠系地层中。本组的 Z 值为 120.32～124.88，平均值为 122.69（>120），这可能与石炭-二叠系煤系地层在压实成岩环境中释放的高盐度卤水有关。高盐度卤水可通过溶孔、裂缝和溶洞等下渗到奥陶系碳酸盐岩中，形成高盐分的岩溶充填物，致使 Z 值增大。本组的 T 值为 40.00～62.38 ℃，平均值为 49.03 ℃，H 值为 696.69～1442.59 m，平均值为 997.69 m，说明压释水岩溶形成于地下中高温、封闭埋藏环境中。根据图 4-6 所示，淮南煤田奥陶系压释水岩溶形成于中石炭世至早三叠世，历时约 100 Ma。由于该期岩溶主要形成于成岩压实环境中，且多被方解石、黄铁矿、泥质等矿物充填或半充填，因此，压释水岩溶对区内奥陶系地下水运移和储存影响很小。

表 4-4 淮南煤田奥陶系五期古岩溶的形成环境

岩溶期次	同位素/‰		形成环境		
	$\delta^{13}C_{PDB}$	$\delta^{18}O_{PDB}$	盐度 Z	温度 T/℃	埋藏深度 H/m
	最小值～最大值/平均值	最小值～最大值/平均值	最小值～最大值/平均值	最小值～最大值/平均值	最小值～最大值/平均值
第Ⅰ期	－2.49～－0.23/－1.37	－6.58～－4.33/－5.52	118.94～124.67/120.75	13.38～22.99/18.38	－190.53～129.64/－24.10
第Ⅱ期	－7.83～－4.26/－5.90	－9.68～－6.95/－8.28	107.78～114.96/111.11	23.08～36.52/29.47	131.68～580.54/345.75
第Ⅲ期	－0.74～0.93/0.24	－12.45～－8.68/－10.25	120.32～124.88/122.69	40.00～62.38/49.03	686.69～1442.59/997.69
第Ⅳ期	－2.55～0.11/－1.35	－19.18～－15.45/－17.17	112.53～119.28/115.99	75.33～102.99/87.81	1874.42～2796.34/2290.27
第Ⅴ期	－8.43～－5.25/－6.68	－14.46～－11.76/－13.24	103.42～110.69/107.03	62.25～80.53/72.12	1438.30～2047.73/1767.41

第Ⅳ期（组）包含11组古岩溶充填物样品，其中有6组来自岩溶陷落柱中的方解石充填物。大量研究表明，在50℃以下的大气或地下水环境中，岩溶充填物的$\delta^{18}O_{PDB}$值不可能小于－15‰。但是，本组充填物样品的$\delta^{18}O_{PDB}$值都小于－15‰，表明该组岩溶充填物的形成主要受到深部热液流体的影响，高温热液流体增强了热力学分馏作用，从而造成充填物的$\delta^{18}O_{PDB}$值急剧减小。一般情况下，碳酸盐岩基质中的Sr、Ba、Mn含量都比较低，而本组中高含量的Sr、Ba、Mn很可能是来自深部热液流体，这一点已被前人大量研究所证实。因此，第Ⅳ期（组）代表热液岩溶。在奥陶系碳酸盐岩的溶孔和溶蚀裂缝中，我们还发现了大量热液矿物，如燧石、石英、火山碎屑、玉髓等，再次验证了热液岩溶的存在。本组的H值在1874.42～2796.34 m之间，平均值为2290.27m，T值为75.33～102.99℃，平均87.81℃（表4-4），均超过了淮南煤田奥陶系地层的最大埋深(2000 m)和最高温度（85℃），表明热液主要来自地下深部；热液岩溶的Z值为112.53～119.28，平均值为115.99，表明本次热液的盐度并不高，这与前人的研究结果也是一致的。根据淮南煤田岩浆活动研究成果，区内热液岩溶可能发生在晚三叠世至晚白垩世期间，经历了三次热液岩溶作用，但最主要可能还

是发生在早白垩世的岩浆热液活动期间。虽然淮南煤田奥陶系碳酸盐岩中的热液孔缝多被热液矿物完全充填，但区内寒武系碳酸盐岩中热液溶蚀形成的孔缝多为未充填或半充填，且热液岩溶对区内 KCC 的形成和发展具有重要作用。

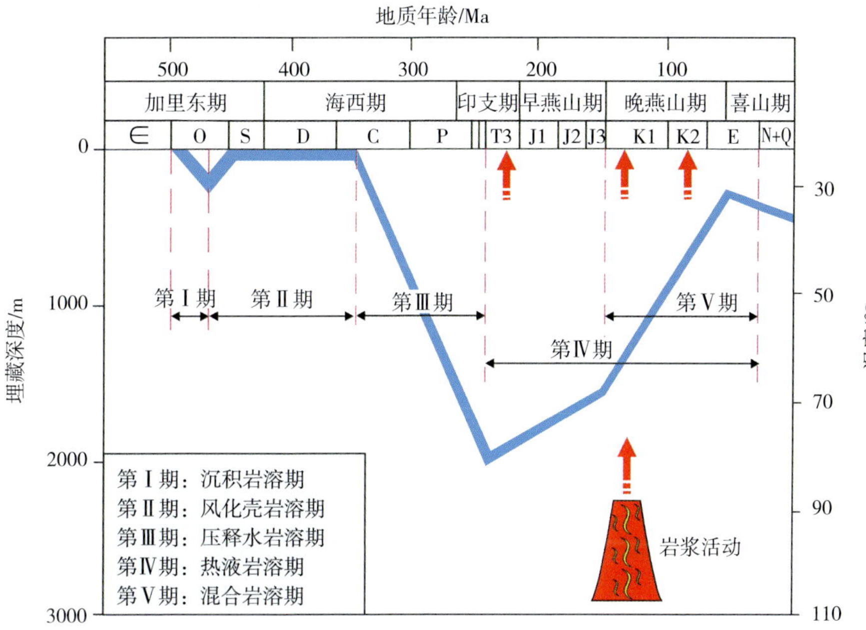

图 4－6 淮南煤田奥陶系地层埋藏及古岩溶演化史

第Ⅴ期（组）包含 14 组古岩溶充填物样品，其中有 6 组来自 KCC 充填物。本组中充填物样品的 $\delta^{13}C_{PDB}$ 和 $\delta^{18}O_{PDB}$ 值均为负值，微量元素 Sr、Ba、Mn 的含量也相对较低，且 Z 值为 103.42～110.69，平均值为 107.03，表明其形成受到了大气淡水（大气降水、地表水和地下水）的影响和作用。本组的 T 值为 62.25～80.53 ℃，平均值为 72.12 ℃，H 值为 1438.30～2047.73 m，平均值为 1767.41 m，表明混合岩溶的形成还受到深部地层水和热液流体的影响。根据聚类分析结果，第Ⅴ期（组）岩溶先以基准线 2.0 与第Ⅱ期（组）风化壳岩溶聚成一类，表明第Ⅴ期岩溶的形成环境与第Ⅱ期风化壳岩溶较为相似，都与大气降水有关系；后分别以基准线 4.0 与第Ⅰ、Ⅲ期（组）岩溶聚类，以基准线 6.0 与第Ⅳ期（组）岩溶聚类，表明第Ⅴ期（组）岩溶的形成还与深部地层水和热液流体有关。结合淮南煤田构造演化史分析，在侏罗纪到古近纪的晚燕山期，区内潘集和陈桥背斜的隆起区发生了强烈剥蚀作用，致使背斜核部的奥陶系地层再次暴露地表遭受大气降水的二次淋滤作用。因此，第Ⅴ期（组）岩溶就是形成于晚燕山期的混合岩溶，这与李定龙对皖北煤田奥陶系半暴露期混合岩溶研究的结果也是一致的。该期碳酸盐岩露头区的大气降水和地表水通过断层和裂缝向下入渗，与深部地层水和热液流体发生混合溶蚀作用，致使该期岩溶充填物 $\delta^{18}O$ 和 Sr、Ba、Mn 值都很小。根据图 4-6 所示，淮南煤田奥陶系混合岩溶形成于白垩纪至古近纪，历时约 120 Ma。在淮南煤田奥陶系碳酸盐岩地层中混合岩溶普遍发育，且对奥陶系含水层的富水性和渗透性起着重要作用。

4.5 本章小结

（1）淮南煤田奥陶系地层以局限台地相和台地潮坪相沉积为主，其中，下奥陶统贾汪组属于砂泥坪相沉积，萧县组属于泻湖-云坪相沉积，马家沟组属于灰泥坪-混合坪相沉积。

（2）自奥陶系地层沉积以来，淮南煤田主要经历了 5 次构造演化阶段，分别是抬升剥蚀阶段（O_2—C_1）、稳定沉降阶段（C_2—T_2）、挤压形变阶段（T_3—J）、伸展隆升阶段（K—E_1）和坳陷沉积阶段（E_2—Q）。其中，中生代多期构造运动在区内形成了大量断层、褶皱和裂缝，成为地下水和热液流体运移的主要通道。

（3）自晚古生代以来，淮南煤田至少经历了 3 次岩浆活动，分别是晚三叠世、早白垩世和晚白垩世岩浆活动。其中，早白垩世岩浆活动最为强烈，对热液岩溶的形成影响较大。

（4）淮南煤田奥陶系碳酸盐岩基质的 $\delta^{18}C_{PDB}$ 值为-2.49‰～-0.23‰，平均值为-1.29‰；$\delta^{18}O_{PDB}$ 值为-6.58‰～-4.33‰，平均值为-5.73‰；微量元素 Ba 含量为 264.67～319.19 ppm，平均值为 287.70 ppm；Mn 含量为 35.13～51.74 ppm，平均值为 41.94 ppm；Sr 含量为 72.27～93.86 ppm，平均值为 85.38 ppm。奥陶系古岩溶充填物的 $\delta^{13}C_{PDB}$ 值为-8.43‰～0.93‰，平均值为-3.98‰；$\delta^{18}O_{PDB}$ 值为-19.18‰～-4.58‰，平均值为-11.55‰；微量元素 Ba 含量为 101.85～496.98 ppm，平均值为 260.21 ppm；Mn 含量为 18.73～342.83 ppm，平均值为 129.64 ppm；Sr 含量为 36.72～163.99 ppm，平均值为 80.06 ppm。

（5）基于 C、O 同位素和微量元素的对比分析和层次聚类分析，确定了淮南煤田奥陶系碳酸盐岩中存在5期古岩溶，分别是沉积岩溶、风化壳岩溶、压释水岩溶、热液岩溶和混合岩溶。

（6）沉积岩溶的$\delta^{13}C_{PDB}$、$\delta^{18}O_{PDB}$值和微量元素Sr、Ba、Mn的含量与碳酸盐岩基质中的非常接近；风化壳岩溶的$\delta^{13}C_{PDB}$和$\delta^{18}O_{PDB}$值呈显著负漂移，微量元素Sr、Ba、Mn的含量也发生明显下降；与风化壳岩溶相比，压释水岩溶的$\delta^{13}C_{PDB}$值发生正漂移，微量元素Sr、Ba、Mn含量也有所增高；热液岩溶的$\delta^{18}O_{PDB}$值都小于－15‰，但微量元素Sr、Ba、Mn的含量很高；混合岩溶的$\delta^{18}O$同位素和微量元素Sr、Ba、Mn值都较小。

（7）根据各期次古岩溶充填物的盐度-温度-深度经验公式计算可知：①沉积岩溶Z值为118.94～124.67，平均值为120.75，T值为13.38～22.99 ℃，平均值为18.38 ℃，表明其发育于相对开阔的开放环境中，形成过程中受到海水和大气降水的共同影响。②风化壳岩溶Z值为107.78～114.96，平均值为111.11，表明其形成主要与大气降水淋滤作用有关；T值为23.08～36.52 ℃，平均值为29.47 ℃，比当时古地表温度（20℃）高10 ℃左右，表明区内奥陶系地层的剥蚀厚度约为300 m。③压释水岩溶T值为40.00～62.38 ℃，平均值为49.03 ℃，H值为696.69～1442.59m，平均值为997.69m，表明其形成于地下中高温、封闭埋藏环境中；④热液岩溶T值为75.33～102.99 ℃，平均值为87.81℃，H值为1874.42～2796.34 m，平均值为2290.27m，表明其形成与深部的高温热液流体作用有关。⑤混合岩溶Z值为103.42～110.69，平均值为107.03，T值为62.25～80.53 ℃，平均值为72.12 ℃，H值为1438.30～2047.73 m，平均值为1767.41 m，表明其形成除受到大气降水影响外，还与深部地层水和热液流体作用有关。

5 不同期次古岩溶形成环境与发育模式

古岩溶是地质历史时期不同阶段古环境作用的直接产物，古岩溶形成机理研究的核心问题之一是对古岩溶形成环境的恢复。本章在对淮南煤田奥陶系古岩溶发育特征、形成期次及其充填物形成环境系统分析的基础上，结合区域地质构造演化史，恢复重建了不同期次古岩溶形成时期的古地质、古气候、古地貌和古水文等因素，建立了多期次奥陶系古岩溶的发育模式，系统阐述了淮南煤田奥陶系古岩溶的形成与演化过程。

5.1 沉积岩溶

5.1.1 地质背景

寒武纪末期由于冶里运动发生，淮南地区逐渐上升为陆地。早奥陶世早期，受怀远运动影响，黄淮海大部分地区上升成为陆地，致使早奥陶世早期沉积在淮南缺失。早奥陶世晚期，随着海水继续由北向南扩展，此时在淮南地区沉积了一套碳酸盐岩地层。沉积物主要为深灰色中厚层灰岩、泥质灰岩、白云质灰岩和白云岩，以局限台地相沉积为主，水体并不畅通，可能与研究区北部的蚌埠隆起有关，如图 5 - 1 所示。早奥陶世以后，受加里东运动影响，海水逐渐撤出本区，研究区又逐渐上升为陆地，并在奥陶系顶部沉积了少量粉砂岩和黏土岩等。由于淮南煤田地处华北克拉通东南缘，受怀远运动和加里东运动的共同影响，区内奥陶系地层沉积时间相对较短（约 50 Ma）、沉积厚度相对较薄（平均厚度 89.0 m）。

5.1.2 古气候

古地磁资料显示，从早寒武世到中奥陶世，淮南地区处于一个近赤道的低纬

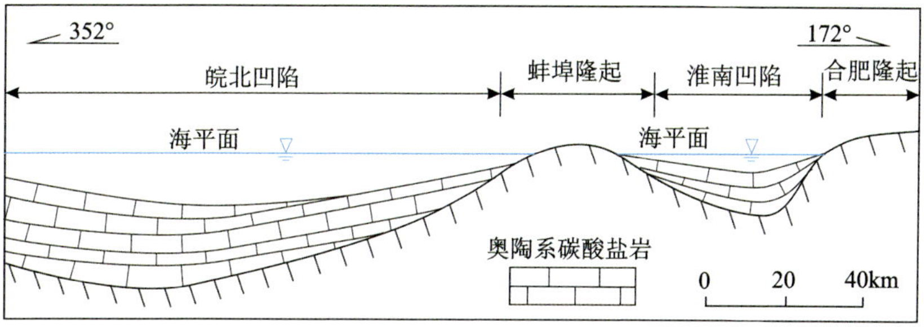

图 5-1 淮南煤田早奥陶世古地貌特征

度地区，气候高温多雨。根据表 4-1 可知，当时古大气温度为 3.38～22.99 ℃，平均值为 18.38 ℃，与古地磁法测试结果（古大气温度约 20 ℃）基本一致。Berner 等研究发现，奥陶纪时期，全球大气圈中 CO_2 平均含量约为 15%，是现今大气中 CO_2 含量的 500 倍，十分有利于碳酸盐岩溶蚀。

5.1.3 古水文

根据前文分析可知，淮南煤田奥陶系碳酸盐岩主要为局限台地相沉积，并且至少存在三个沉积旋回，如图 5-2 所示。奥陶系第一个旋回沉积时间最短、沉积厚度最薄，对应下奥陶统贾汪组；第二个旋回沉积时间最长、沉积厚度也最大，对应下奥陶统萧县组；第三个旋回沉积时间较长、沉积厚度也较大，对应下奥陶统马家沟组。这三次沉积旋回至少代表了三次海水进退过程，反映了奥陶系沉积过程中海水的波动变化。另据表 4-1 可知，研究区沉积岩溶的古盐度 Z 值为 118.94～124.67，平均值为 120.75，表明区内奥陶系沉积岩溶的形成受到了海水和大气降水的共同作用影响。

5.1.4 沉积岩溶发育模式

沉积岩溶又称同生岩溶，是指沉积和成岩早期，在海平面起伏变化和快速沉积作用下，大气降水和海水对不稳定矿物（如文石、高镁方解石等）选择性溶蚀形成的溶蚀产物。沉积岩溶一般发生在沉积物达到或超过海平面的地方，首先是易被溶解的石膏晶体被大气降水选择性溶蚀，形成膏模孔。此外，在浅滩顶部和边缘的碳酸盐颗粒也容易受到大气降水的影响，形成铸模孔和粒（晶）内溶孔，如图 5-3（a）所示。当海平面上升时，一些靠近边滩的铸模孔受海水的波动影

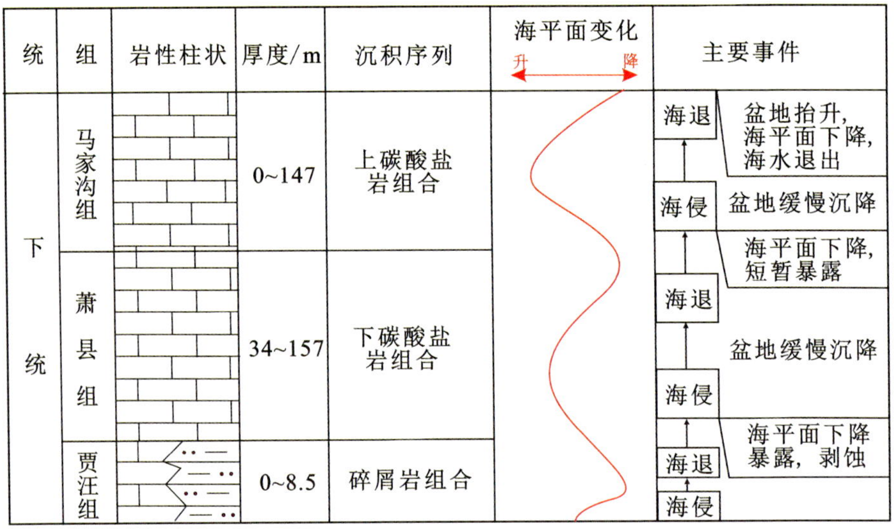

图 5-2 淮南煤田奥陶纪时期海平面变化

响，在其底部首先沉积了一层暗色的碳酸盐矿物或渗流粉砂，如图 5-3（b）所示；当海平面下降时，这些溶孔又露出了海平面，在大气降水的作用和影响下，在其上部沉积了一层亮色的方解石晶体，如图 5-3（c）所示。这种上部充填亮色方解石晶体，下部充填暗色矿物的充填结构被称为示底构造，它是沉积岩溶的典型标志。

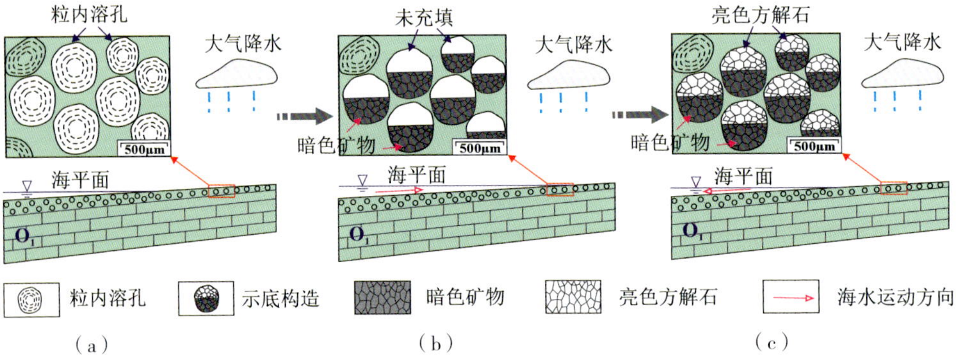

图 5-3 粒内溶孔和示底构造发育模式

经过一段时间的沉积后，奥陶系地层开始逐渐进入浅埋压实阶段。由于该阶段沉积物埋藏深度浅、压实和胶结作用弱，在海水和大气降水的共同作用下，水流沿着弱胶结面流动，不断溶解碳酸盐岩颗粒和晶体间的胶结物，形成粒（晶）

间溶孔，如图 5－4（a）所示。后期随着海平面逐渐下降，陆地逐渐抬升，粒（晶）间溶孔在富含 CO_2 的大气淡水中被继续溶蚀和扩大，部分粒（晶）间溶孔之间发生相互连通而形成粒间溶孔和溶蚀裂缝，如图 3－7（a）、图 5－4（b）所示。但是，由于这种早期形成的粒（晶）间溶孔和溶蚀裂缝尺寸很小（微米级）、渗透性差，容易被后期成岩压实或方解石充填胶结，如图 5－4（c）所示。

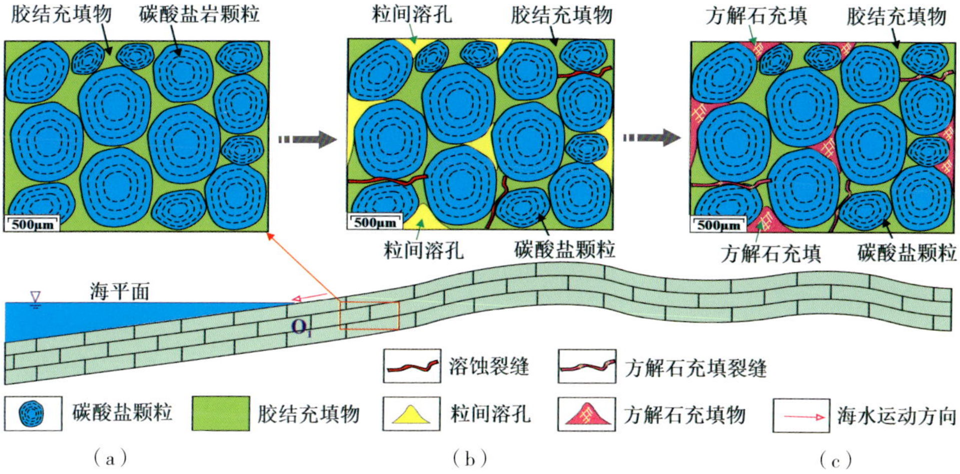

图 5－4　粒间溶孔和溶蚀裂缝发育模式

在我国的鄂尔多斯盆地和塔里木盆地，奥陶系碳酸盐岩中沉积岩溶广泛发育，并较好地保存下来。但是，在华北东南缘的两淮煤田（淮南煤田和淮北煤田）中，由于奥陶系地层沉积时间相对较短、陆地暴露面积有限，以及中生代多期构造运动作用，致使两淮地区奥陶系碳酸盐岩中沉积岩溶并不发育，且得以保存下来的沉积岩溶较少。

5.2　风化壳岩溶

5.2.1　地质背景

早奥陶统马家沟组沉积以后，受加里东运动影响，海水逐渐从华北地区撤出，华北地台发生整体抬升成为陆地，遭受风化剥蚀和大气降水的垂直淋滤作用，致使淮南地区普遍缺失中-晚奥陶世、志留纪、泥盆纪和早石炭世沉积。该阶段持续时间为 120～138 Ma，形成了华北煤田典型的奥陶系风化壳岩溶。根据第三章分析可知，风化壳岩溶期间淮南煤田奥陶系地层剥蚀厚度约 300 m，煤田中部矿区的下奥陶统马家沟组地层几乎被剥蚀殆尽。

5.2.2 古气候

前人研究表明，中奥陶世以后到早石炭世的整个风化壳岩溶阶段，研究区一直位于北纬 15°附近，气候湿热多雨，温度在 20 ℃左右。

华北煤田奥陶系风化壳上覆为石炭系本溪组铝铁质泥岩。根据廖士范等研究发现，这种铝铁质泥岩是湿热气候条件下强烈化学风化作用的产物，多出现在降水量高（254～4000 mm）和地形陡峭的地区。淮南煤田奥陶系风化壳上普遍发育这种铝铁质泥岩，平均厚度为 6.0 m，表明该期区内降水强度较大，对奥陶系碳酸盐岩的风化剥蚀和溶蚀作用较强。由于长期受大气降水的淋滤作用，风化壳期间形成的古岩溶充填物 $\delta^{13}C_{PDB}$和 $\delta^{18}O_{PDB}$值都发生了显著负漂移，如图 4－4 所示，微量元素 Sr、Ba、Mn 的含量也呈急剧下降，如图 4－5 所示。

5.2.3 古地貌

5.2.3.1 古地貌恢复方法

根据李定龙、时国研究发现，奥陶系风化壳期间淮南煤田古地貌为岩溶高地，向北至皖北煤田为岩溶斜坡，至徐州和枣庄地区为岩溶盆地，整体上呈由南向北地势逐渐下降的趋势，如图 5－5 所示。尽管后期构造活动的破坏导致中石炭世本溪组沉积前奥陶系地层的古地貌形态无法确切查明，但可以通过奥陶系地层残余厚度及其上覆石炭系地层厚度，大致恢复出研究区奥陶系风化壳的古地貌形态。

古地貌恢复方法主要包括印模法、残厚法、回剥和填平补齐法、沉积学法、高分辨率层序地层学法、层拉平法等。目前，用于风化壳岩溶古地貌恢复的最常用方法仍然是印模法和残厚法。印模法一般是利用风化壳上覆充填沉积标志层至奥陶系侵蚀面的残余厚度来镜像反映风化壳的古地貌特征，残厚法一般是利用现存奥陶系地层的残余厚度来分析奥陶系风化壳的古地貌特征。

从区域角度来看，当奥陶系地层被剥蚀越多、残余厚度越薄，上覆石炭系地层厚度越薄的地方，其古地貌越高；反之，当奥陶系地层被剥蚀越少、残余厚度越厚，上覆石炭系地层厚度越厚的地方，其古地貌越低。然而，从局部小范围钻

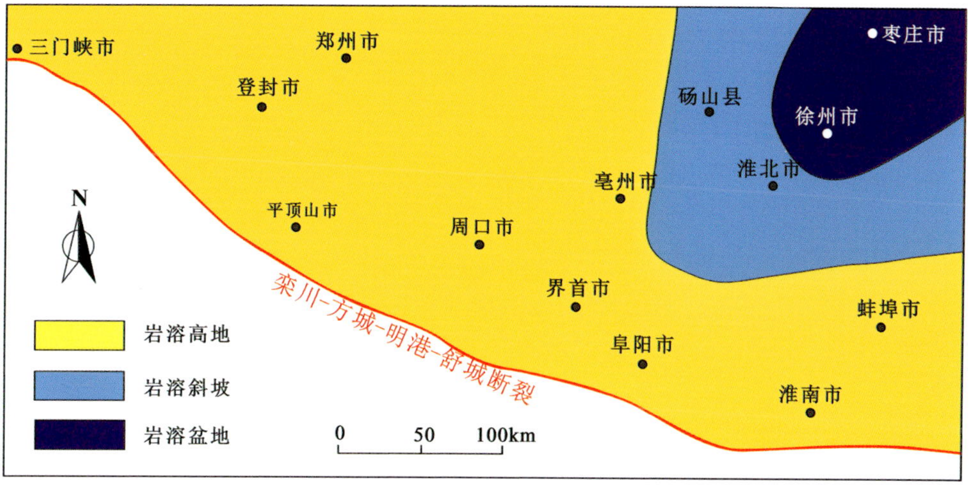

图 5-5　奥陶系风化壳时期华北东南缘岩溶古地貌

探资料显示来看，古地貌越低的地方，奥陶系地层被剥蚀越多、残余厚度越薄，而上覆石炭系地层越厚；反之，奥陶系古地貌相对高的地方，奥陶系地层残余厚度越厚，而上覆石炭系地层越薄。因此，利用印模法获得的古地貌总体趋势较好，但无法精细刻画局部的微观古地貌；而利用残厚法可以获得古地貌微观上的精细刻画，却对总体趋势把握不够。有鉴于此，本文结合印模法和残厚法的利弊，提出了综合古地貌恢复法，即利用印模法恢复古地貌的宏观展布，利用残厚法刻画古地貌的微观多样性。

5.2.3.2　古地貌恢复及刻画

利用综合古地貌恢复法恢复淮南煤田奥陶系风化壳岩溶古地貌，主要包括以下 4 个步骤：

(1) 上覆地层标志面选择。利用印模法恢复古地貌时，上覆地层标志面的选择相当重要，一般应尽可能选择靠近剥蚀面附近的某一界面，此界面通常必须满足 3 个条件：①全区范围内稳定分布，且距离风化壳相对较近；②受后期构造活动影响程度相对较小；③在三维地震剖面和测井曲线上都易于识别。综合考虑上述因素及研究区地质构造特征，本文选取石炭系太原组顶界面作为淮南煤田奥陶系风化壳古地貌恢复的上覆地层标志面。

(2) 石炭系地层原始沉积厚度恢复。石炭系地层厚度是指石炭系太原组和本溪组地层的总厚度，其岩性主要包括灰岩、泥岩、砂岩及薄煤层。一般情况下，统计出太原组顶部至奥陶系侵蚀面之间的真实厚度之后，还必须将此厚度进行压实校正。因为只有经过压实校正后的原始沉积厚度，才能更加真实地反映原始奥陶系风化壳古地貌特征。本文选用日本地质学家真炳钦次提出的溶孔度折算法恢复石炭系地层原始沉积厚度，其计算公式为：

$$(1-\Phi_0)\times h_0=(1-\Phi)\times h \tag{5-1}$$

式中：Φ_0 是指地层岩石原始沉积溶孔度；Φ 是指地层岩石现今溶孔度；h_0 是指岩石原始沉积厚度，m；h 是指岩石现今实测厚度，m。

本文首先利用研究区内现有的钻探资料、常规测井曲线和三维地震资料，对石炭系地层（包括本溪组和太原组，下同）分别进行了识别、标定、测量和统计；然后，根据鄂尔多斯盆地苏里格气田南区石炭系地层的岩性与溶孔度之间的关系（表 6－1），利用公式（5－1）对淮南煤田石炭系地层厚度进行压实校正；最后，将压实校正后的石炭系地层厚度导入 Surfer 14.0 软件，利用克里金插值法绘制出研究区石炭系地层原始沉积厚度分布等值线图（图 5－6）。

表 6－1　石炭系地层不同岩性岩石溶孔度对照表

溶孔度	泥岩	砂岩	灰岩	煤层
Φ_0/%	70	40	25	45
Φ/%	1	4	2	1

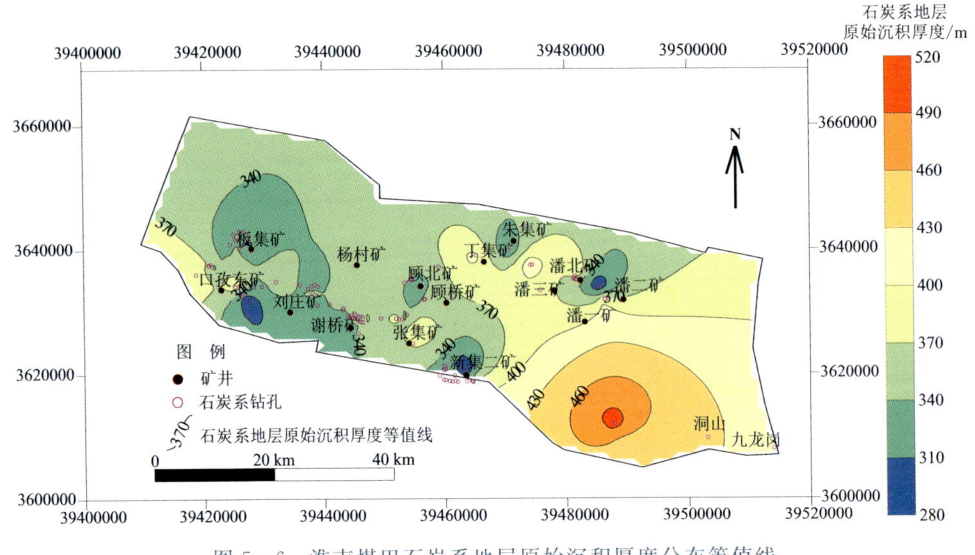

图 5－6　淮南煤田石炭系地层原始沉积厚度分布等值线

（3）奥陶系地层残余厚度恢复。本文主要利用研究区内 63 个揭穿奥陶系地层的钻孔资料和野外露头区调查资料，并结合三维地震资料和测井曲线，如图 5-7所示，计算统计出淮南煤田奥陶系地层的残余厚度，利用 Surfer 14.0 软件绘制出奥陶系残余厚度分布等值线图，如图 5-8 所示。

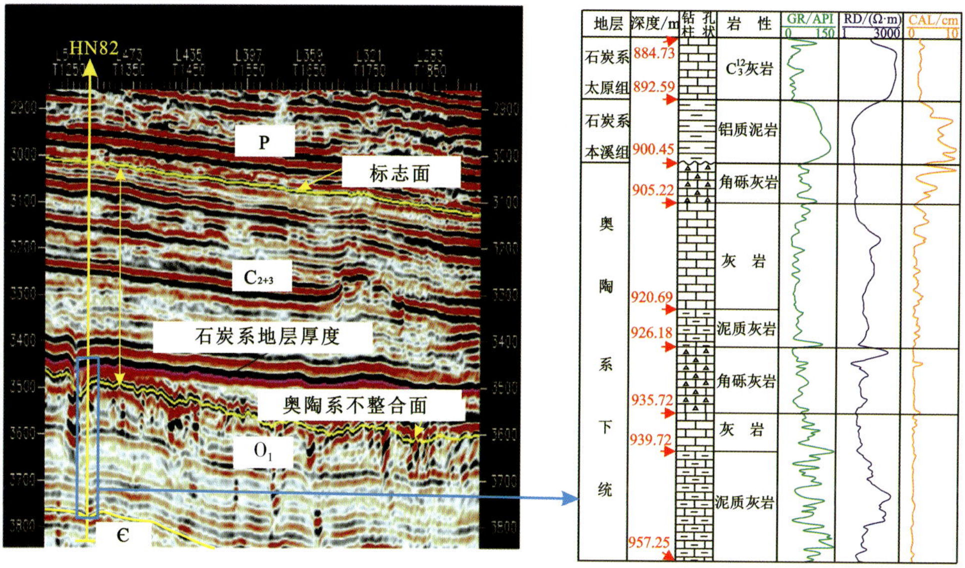

（a）　　　　　　（b）

图 5-7　奥陶系风化壳在三维地震剖面和测井曲线上的响应

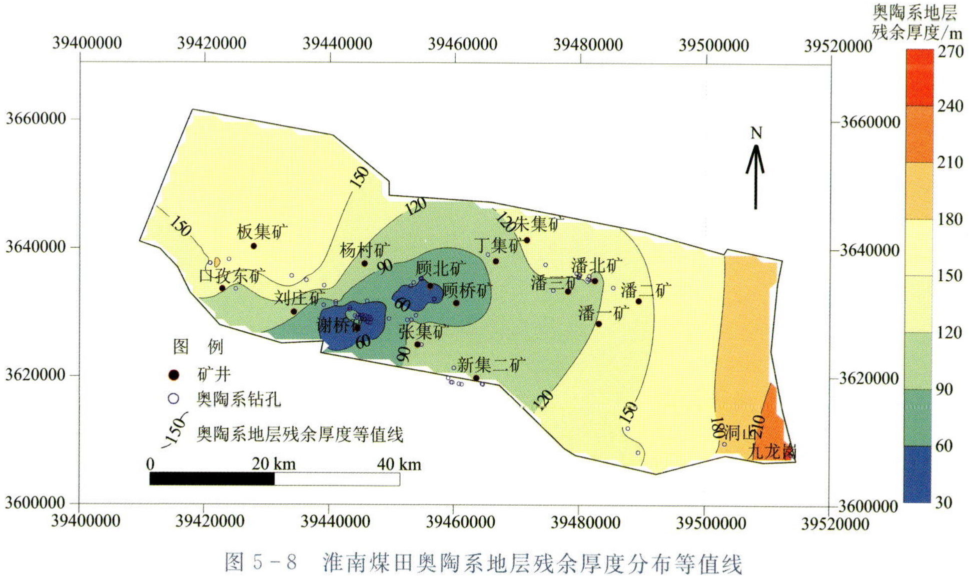

图 5-8　淮南煤田奥陶系地层残余厚度分布等值线

（4）奥陶系岩溶古地貌恢复。基于奥陶系和石炭系地层的厚度变化关系，结合区域地质背景，建立了淮南煤田奥陶系风化壳岩溶古地貌综合地质模型（图5-9）。根据古地貌类型划分标准（表5-2），将本区古地貌划分为次级岩溶高地、次级岩溶斜坡和次级岩溶盆地3个二级古岩溶地貌单元，每个二级古岩溶地貌单元下面又细分为3个三级古地貌单元，即阶坪、残丘、洼地。淮南煤田奥陶系风化壳岩溶古地貌单元划分如图5-10所示。

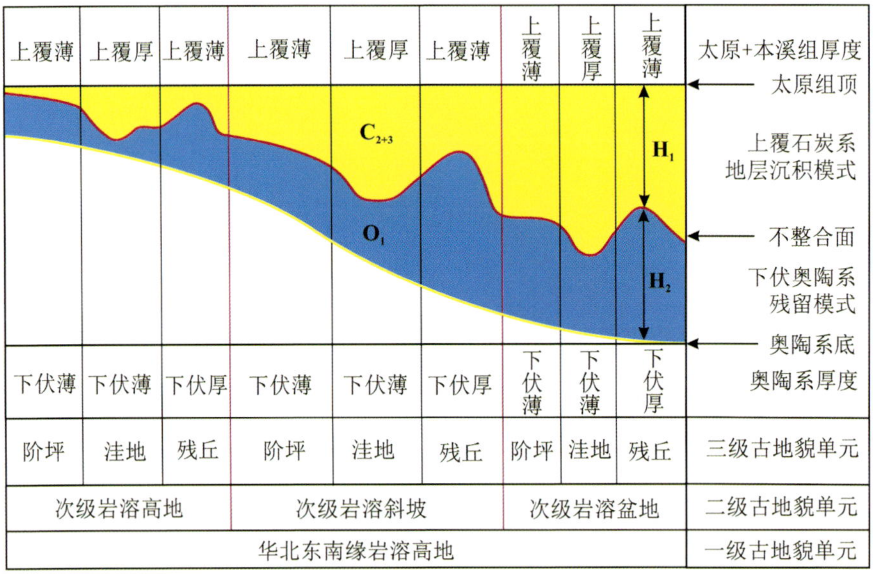

图5-9 奥陶系风化壳岩溶古地貌综合地质模型

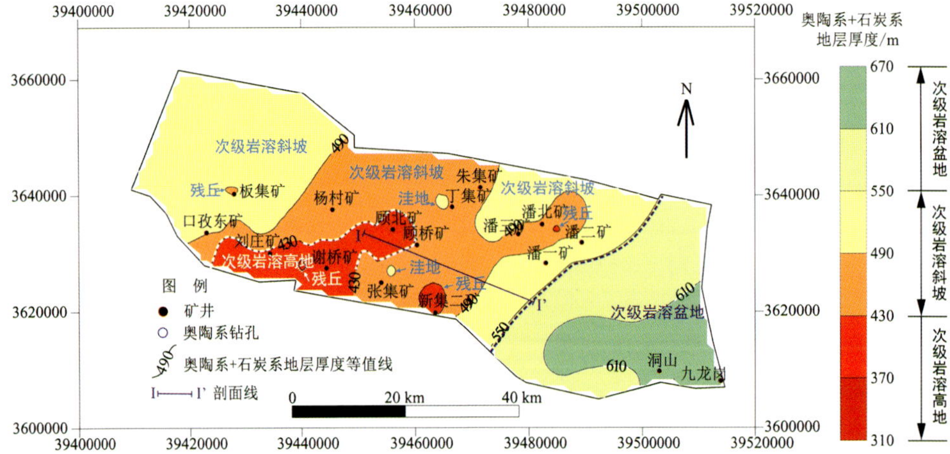

图5-10 淮南煤田奥陶系风化壳岩溶古地貌

5.2.3.3 古地貌特征分析

（1）次级岩溶高地为“上覆薄下伏薄”型，是指石炭系地层原始沉积厚度$\leqslant$340 m，奥陶系残余地层厚度$\leqslant$90 m。这种类型岩溶古地貌单元主要位于研究区中部的刘庄、谢桥、顾北、顾桥矿附近，如图 5-10 所示。根据古地貌类型划分标准，刘庄矿和谢桥矿之间还存在一处岩溶残丘，残丘位置石炭系地层原始沉积厚度$\leqslant$310 m，奥陶系残余地层厚度$\leqslant$60 m。

表 5-2 淮南煤田奥陶系风化壳岩溶古地貌划分标准

一级单元	二级单元划分标准			三级单元划分标准		
	二级单元	石炭系地层原始厚度 H_1/m	奥陶系真实厚度 H_2/m	三级单元	石炭系地层原始厚度 H_1/m	奥陶系真实厚度 H_2/m
华北东南缘岩溶高地	次级岩溶高地	$H_1 \leqslant 340$	$H_2 \leqslant 90$	残丘	$H_1 < 310$	$H_2 < 60$
				洼地	$H_1 > 370$	$H_2 > 120$
				阶坪	$310 \leqslant H_1 \leqslant 370$	$60 \leqslant H_2 \leqslant 120$
	次级岩溶斜坡	$340 < H_1 < 400$	$90 < H_2 < 150$	残丘	$H_1 < 310$	$H_2 < 60$
				洼地	$H_1 > 430$	$H_2 > 180$
				阶坪	$310 \leqslant H_1 \leqslant 430$	$60 \leqslant H_2 \leqslant 180$
	次级岩溶盆地	$H_1 \geqslant 400$	$H_2 \geqslant 150$	残丘	$H_1 < 370$	$H_2 < 120$
				洼地	$H_1 > 430$	$H_2 > 180$
				阶坪	$370 \leqslant H_1 \leqslant 430$	$120 \leqslant H_2 \leqslant 180$

（2）次级岩溶盆地为“上覆厚下伏厚”型，是指石炭系原始地层厚度$\geqslant$400 m，奥陶系地层残余厚度$\geqslant$150 m。这种类型岩溶古地貌单元主要位于研究区东部，区内东南部的洞山和九龙岗露头区揭露奥陶系地层残余厚度均大于 180 m，石炭系地层原始沉积厚度均大于 400 m，表明淮南煤田东部地区为次级岩溶盆地的可能性较大。

（3）岩溶斜坡为“上覆次厚下伏次厚”型，是指石炭系地层原始沉积厚度为 340～400 m，奥陶系地层残余厚度为 90～150 m。这种类型岩溶古地貌单元主要位于次级岩溶高地和次级岩溶盆地之间，如图 5-10 所示。淮南煤田奥陶系风化壳大部分地区都位于次级岩溶斜坡，其中，在板集矿、新集二矿、潘二矿附近还发育有岩溶残丘，在张集矿和丁集矿附近各发育一处岩溶洼地。

5.2.4 古水文

李定龙、时国研究发现，奥陶系风化壳时期淮南煤田位于岩溶高地位置，向北至皖北煤田为岩溶斜坡，至徐州和枣庄地区为岩溶盆地，整体上表现为由南向北地势逐渐下降的趋势。这一宏观地貌背景基本决定了奥陶系风化壳时期华北东南缘地区地表及地下水流的总体流向，即水流由南部的岩溶高地经中部的岩溶斜坡流向北部的岩溶盆地，如图 5－11 所示。虽然此时蚌埠隆可能在一定程度上阻碍了地表和地下水的自由流动，但地表水和地下水由南向北缓慢运动趋势是不会变的。

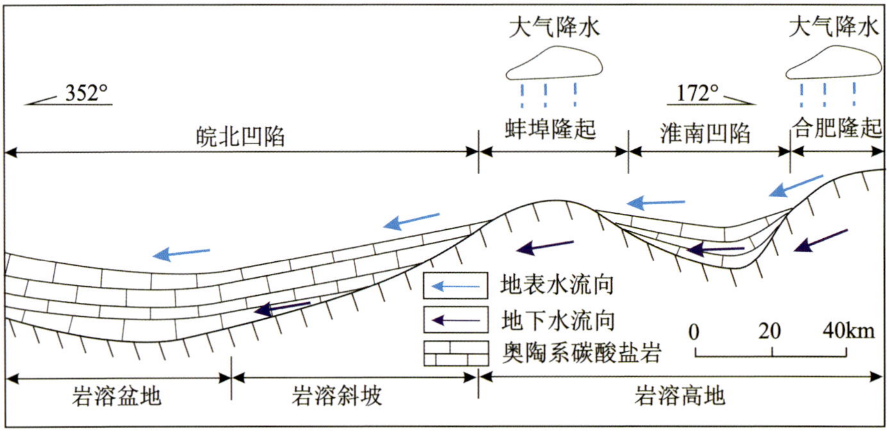

图 5－11　奥陶系风化壳时期华北东南缘地表水和地下水水流方向

此外，根据图 5－10 可知，研究区内的次级岩溶高地位于煤田南部的刘庄、谢桥、顾北、顾桥矿周围，次级盆地位于研究区东部，其余地区位于次级岩溶斜坡。因此，在淮南煤田的小流域范围内，地表和地下水流的总体运动趋势是由次级岩溶高地经过次级岩溶斜坡流向次级岩溶盆地。次级岩溶高地和岩溶残丘是大气降水的主要风化剥蚀区，次级岩溶盆地和岩溶洼地是主要水流的汇集区。

5.2.5 风化壳岩溶发育模式

5.2.5.1 风化壳孔缝洞系统发育模式

受加里东运动影响，华北地区在晚奥陶世之后普遍发生隆升，导致奥陶系碳酸盐岩完全暴露在地表或近地表的风化剥蚀环境中，遭受大气降水的淋滤作用。

因此，在奥陶系碳酸盐岩地层顶部首先发育了大量溶孔、裂缝和小溶洞，特别是高角度裂缝。随着时间的推移，溶蚀作用随着持续的水流作用而增强，前期形成的一些不规则的溶孔、裂缝和小溶洞。它们在空间上相互连接，形成了一个由孔一缝一洞组成的多孔地质体，在横截面图中表现为海绵状地质体特征，如图5-12（a）所示。随着地壳的不断抬升，海绵状地质体被继续溶解，裂缝和小溶洞被持续溶蚀扩大形成了廊道（即溶蚀扩大缝）和大溶洞，如图5-12（b）所示。在这种情况下，如果廊道和大溶洞的上覆岩石和（或）围岩在重力、机械侵蚀和化学溶解作用下而失去支撑，则会发生塌陷形成塌陷角砾岩，充填在廊道和大溶洞内，如图5-12（c）所示。随着大气降水溶蚀作用的持续进行，碳酸盐岩基质的结构不断被破坏，溶孔、裂缝、溶洞和廊道之间相互连通，形成了奥陶系风化壳孔缝洞系统。

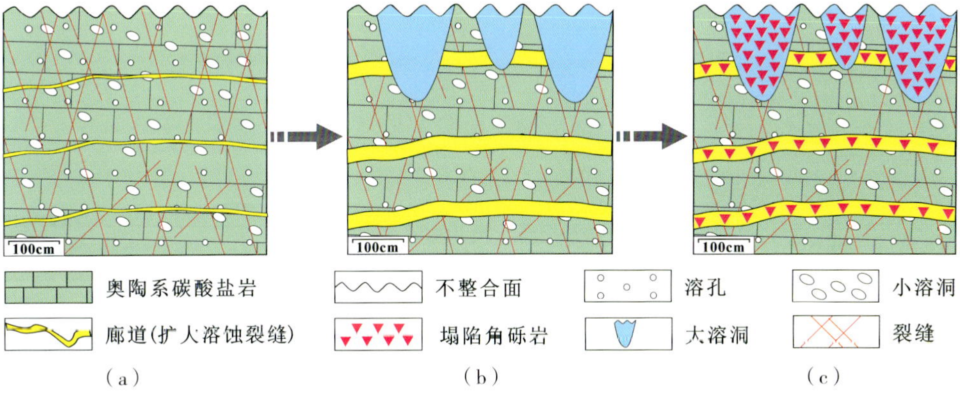

图5-12 奥陶系风化壳孔缝洞系统发育模式

上述过程一直持续了约120 Ma，到中石炭世末期，华北板块才开始下沉并再次接受沉积。在奥陶系风化壳上沉积了一套灰绿色铝铁质泥岩（石炭系本溪组泥岩），后经水流作用进入风化壳溶洞和廊道中。因此，研究区钻孔中揭露的奥陶系风化壳溶洞和廊道，多被塌陷角砾岩、泥质和钙质充填。

5.2.5.2 风化壳岩溶垂向分带特征

受古地貌和古水文条件控制，淮南煤田奥陶系风化壳岩溶在垂向上存在明显的“四带”结构，即由奥陶系不整合面向下依次可以划分出地表残积带、垂直渗流带、水平潜流带和深部缓流带，如图5-13所示。

（1）地表残积带：一般位于不整合面以下0～10 m，为剥蚀面上的风化残积

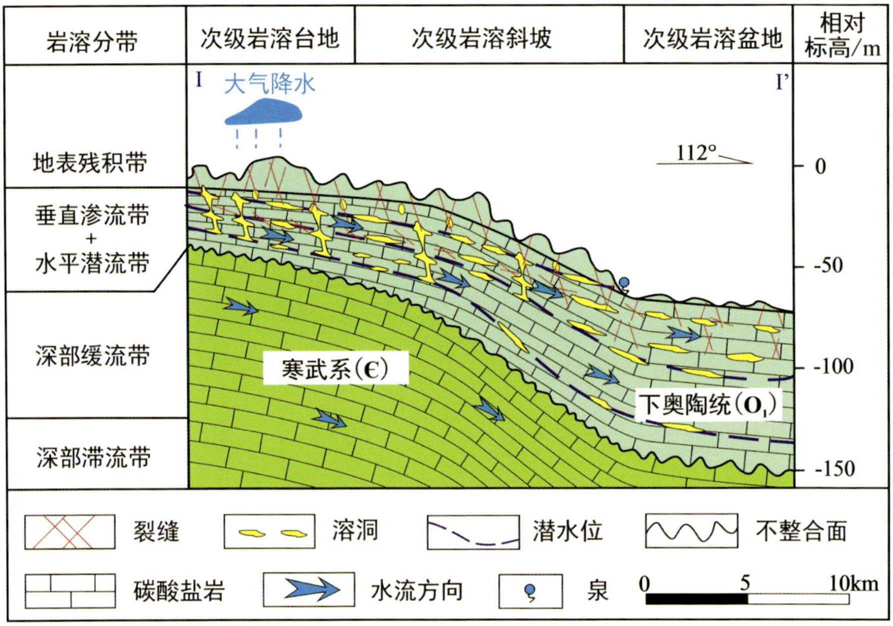

图 5-13　奥陶系风化壳岩溶垂向分带特征

层，所形成的缝洞多被后期沉积的本溪组铝铁质泥岩充填。

（2）垂直渗流带：一般位于不整合面以下 10～30 m，从地势高处（次级岩溶高地）向地势低处（次级岩溶盆地）垂直渗流带的影响程度逐渐减小。因垂直渗流带距离奥陶系不整合面距离最近，在大气降水的直接淋滤作用下，最容易形成大溶洞、廊道和裂缝，且以垂直和高角度的缝洞系统为主；同时，由于垂直渗流带距离地表较近，所形成的孔缝洞系统又极易遭受地表物质的充填，一般情况下，垂直渗流带内的古岩溶多被泥质、粉砂、钙质和塌陷角砾岩充填。

（3）水平潜流带：在垂直渗流带与深部缓流带之间，一般位于不整合面以下 30～90 m，在次级岩溶高地处垂直渗流带和水平潜流带常合为一体。该带主要受潜水位控制，随着潜水位变化上下波动范围较大。相对于垂直渗流带而言，水平潜流带更容易产生低角度和水平溶蚀缝洞，且缝洞的充填程度较弱，一般为半充填，充填物主要为砂泥质和（或）方解石。如果上覆岩石或周围岩石在重力和（或）机械侵蚀和（或）化学溶解作用下失去支撑，则会形成塌陷角砾岩，此时水平缝洞也会被充填胶结。

（4）深部缓流带：一般位于不整合面以下 90 m 以外，位于水平潜流带以下。通常情况下，该带内地下水运动较为缓慢，因此岩溶作用较弱，主要以分散的小溶洞和溶蚀裂缝发育为特征。

例如，本次取芯的 T4 钻孔（钻孔平面位置见图 3－1），奥陶系地层柱状及岩溶垂向分带特征如图 5－14 所示。奥陶系不整合面向下 0～8.78m 为地表残积带，所形成的溶蚀缝洞多被铝铁质泥岩和（或）塌陷角砾岩充填；奥陶系不整合面向下 8.78～43.92 m 为垂直渗流带，灰岩中高角度裂缝极为发育；奥陶系不整合面向下 43.92～68.64 m 为水平潜流带，溶洞和低角度裂缝发育，溶洞塌陷后多被塌陷角砾岩和方解石充填胶结，形成了厚层状角砾灰岩；奥陶系不整合面向下 68.64～95.01 m（奥陶系底界面）为深部缓流带，发育少量斜裂缝和小溶洞。

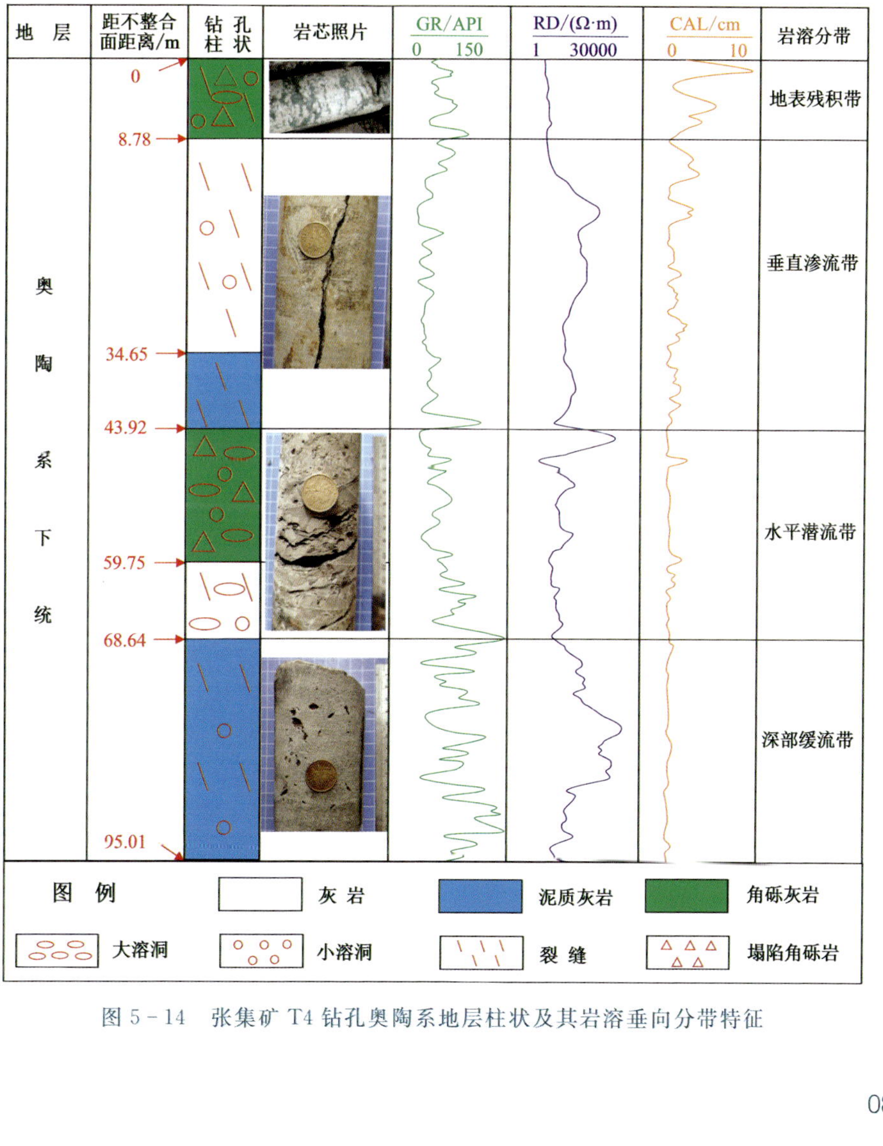

图 5－14　张集矿 T4 钻孔奥陶系地层柱状及其岩溶垂向分带特征

5.3 压释水岩溶

5.3.1 地质背景

到中石炭世末期，华北板块开始下沉并再次接受沉积，在奥陶系上覆沉积了一套石炭-二叠系煤系地层。随着石炭-二叠系地层沉积厚度的不断增加，地层也在不断被压实，当达到一定深度后煤系地层会发生有机质生烃和地层释水过程。一部分来自石炭-二叠系地层中的有机酸和压释水，会通过前期形成的孔缝洞系统进入下伏奥陶系地层中，对周围碳酸盐岩进行溶蚀并形成压释水-有机酸岩溶(简称“压释水岩溶”)。但由于该过程主要发生在石炭-二叠系期间，奥陶系埋藏深度一般不超过2000 m，因此，往往又被称为中埋深岩溶。

5.3.2 古水文地质条件

石炭系地层沉积后，奥陶系地层逐渐进入全封闭状态，奥陶系地层水不能直接与大气降水和地表水发生水力联系。随着石炭系地层沉积厚度的增加，地层会不断压实而生成酸性压释水，这些压释水在石炭系本溪组厚度薄弱的位置渗入下伏奥陶系地层中，溶蚀奥陶系碳酸盐岩。但由于该期石炭系埋藏深度有限，不会发生生烃过程，且地层释水量较少，溶蚀能力有限。

二叠系地层沉积后，奥陶系上覆地层厚度超过了1000 m。此时，区内石炭-二叠系地层普遍形成了过剩压力，地层中煤层开始成熟生烃，黏土矿物也开始大量脱水转化形成压释水。生烃过程中产生的有机酸、CO_2 及酸性压释水，通过石炭系本溪组地层越流进入奥陶系地层中，溶蚀奥陶系碳酸盐岩。

5.3.3 压释水岩溶发育模式

中石炭世末，受海西运动影响，华北地台整体下降，开始接受沉积。在石炭-二叠系地层的覆盖下，奥陶系地层处于封闭埋藏环境中。在压力差的驱动下，石炭-二叠系地层中的有机质不断释放出卤水、有机酸、CO_2、H_2S、CH_4等。这些腐蚀性组分通过奥陶系风化壳上孔缝洞发育的部位或“天窗”向深部渗流辐射，而深部流体又向浅部流动，如此往复形成了压释水岩溶形成过程中特有的对流模式，如图 5－15 所示。由于这些腐蚀性水流携带大量有机酸、CO_2、H_2S 等，会对奥陶系碳酸盐岩产生溶蚀，从而使岩溶水中的 Ca^{2+} 含量不断提高，循环至深部时则会引起硬石膏和白云岩的次生灰岩化，化学反应式如下：

$$CaSO_4 + CO_3^{2-} \rightarrow CaCO_3 \downarrow + SO_4^{2-} \quad (5-2)$$

$$CaMg(CO_3)_2 + Ca^{2+} \rightarrow 2CaCO_3 \downarrow + Mg^{2+} \quad (5-3)$$

由上式可以看出，深部返回水流携带有大量 SO_4^{2-} 和 Mg^{2+} 向风化壳顶部运移，造成风化壳顶部的黄铁矿化和去白云岩化。根据区内钻孔岩芯观察发现：奥陶系碳酸盐岩自风化壳向深部黄铁矿逐渐减弱至消失，且风化壳的白云岩多被次生灰岩化，致使大多数钻孔岩芯均为灰岩，可能与上述化学反应过程有一定关系。由于本期压释水循环深度受控于风化壳岩溶发育深度，故黄铁矿发育消失带能大体反映压释水岩溶的发育深度，由此确定淮南煤田奥陶系压释水岩溶的发育深度为奥陶系不整合面以下 0～90 m。

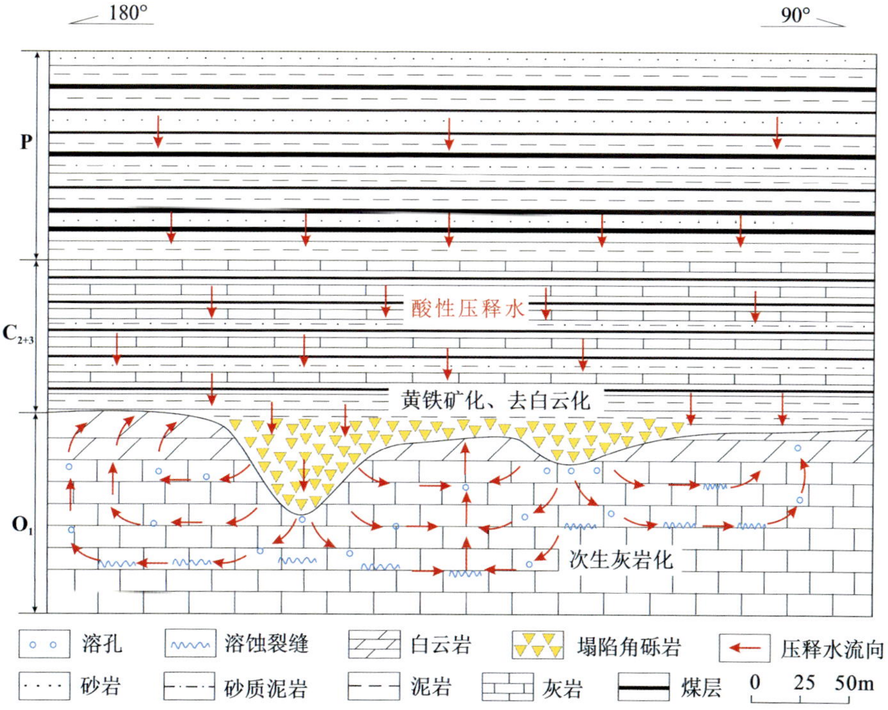

图 5－15　奥陶系压释水岩溶的对流模式

此外，在奥陶系碳酸盐岩的溶孔、裂缝和缝合线中都能发现一些黄铁矿和有机质成分，这是压释水岩溶的典型标志。该期形成的方解石充填物，具有高 Fe、Mn 和 Sr 特征，再次验证侵蚀性流体主要来源于石炭-二叠系煤系地层。

5.4 热液岩溶

5.4.1 构造运动

三叠纪至古近纪期间，淮南煤田的构造运动最为频繁。中一晚三叠世的印支期，受南北挤压运动形成了 NWW 向的逆冲推覆构造带，从而造就了煤田现今总体呈近 EW 向展布的显著特征。侏罗纪的早燕山期，淮南煤田在区域挤压与郯庐断裂带强烈左行剪切作用下，承受了自 SEE 向 NWW 的压扭性构造应力场，产生了一系列 NNE－NE 的左行压扭性断裂，并对印支期形成的 NWW 向逆冲断裂与褶皱系统进行切割、改造。白垩纪到古近纪的晚燕山期，华北板块区域上表现为 NW－SE 向的伸展作用，前期构造演化过程中出现的 NW－NWW 和 NNE－SSW 向断层进一步向张扭性断层转变，同时还出现了大量的中、小型近 EW 向正断层。大量断层和裂缝的出现，成为地下水和岩浆活动的运移通道，对热液运移起着重要控制作用。

5.4.2 岩浆活动

根据前文分析可知，淮南煤田自晚古生代以来至少经历了 3 次岩浆活动，分别是晚三叠世、早白垩世和晚白垩世岩浆活动。其中，早白垩世岩浆活动最为强烈，通过地面勘探发现在区内潘三、潘北、朱集和丁集井田中存在早白垩世岩浆岩的大面积分布。晚三叠世和晚白垩世岩浆岩虽未发现大面积分布，但李小明等在潘三、谢桥和新集二矿的地面勘探钻孔岩芯中都发现了这两期岩浆岩的存在，并利用磷灰石裂变径迹法确定这两期岩浆活动时间分别为晚三叠世和晚白垩世。岩浆通过深部断裂，向上运移并改造着周围岩石，同时加热了地下流体温度，从而控制着热液岩溶的发育。

5.4.3 热液岩溶发育模式

岩浆活动不仅能直接分离出含有挥发性成分的酸性物质，如 CO_2、H_2S 等，而且通过岩浆注入围岩加热地层水，使地层水变为热液流体。热液携带的 CO_2、H_2S 等酸性气体，不仅对周围的碳酸盐岩产生腐蚀作用，而且促进了硫酸盐热化学还原反应（TSR）进行，并产生了更多的 CO_2、H_2S 和其他酸性气体。硫酸盐热化学还原反应（TSR）如下：

$$SO_4^{2-} + 碳化合物 \rightarrow 有机 + H_2S\uparrow + CO_2\uparrow + H_2O \quad (5-4)$$

当这些高温、高压、高腐蚀性的热液流体和酸性腐蚀气体通过深部断裂向上运移时，造成周围碳酸盐岩的温度、压力和酸性条件发生迅速变化，导致前期形成的溶孔、溶洞和裂缝再次被改造和扩大，并产生新的溶孔、溶洞和裂缝，形成树状热液孔缝洞系统，如图 5-16 所示。

在热液流体从深部向浅部运移的过程中，流体的酸性会逐渐减弱，溶液中的 $CaCO_3$ 也逐渐饱和沉淀，充填在溶孔、裂缝和溶洞中。因此，在越靠近热液源

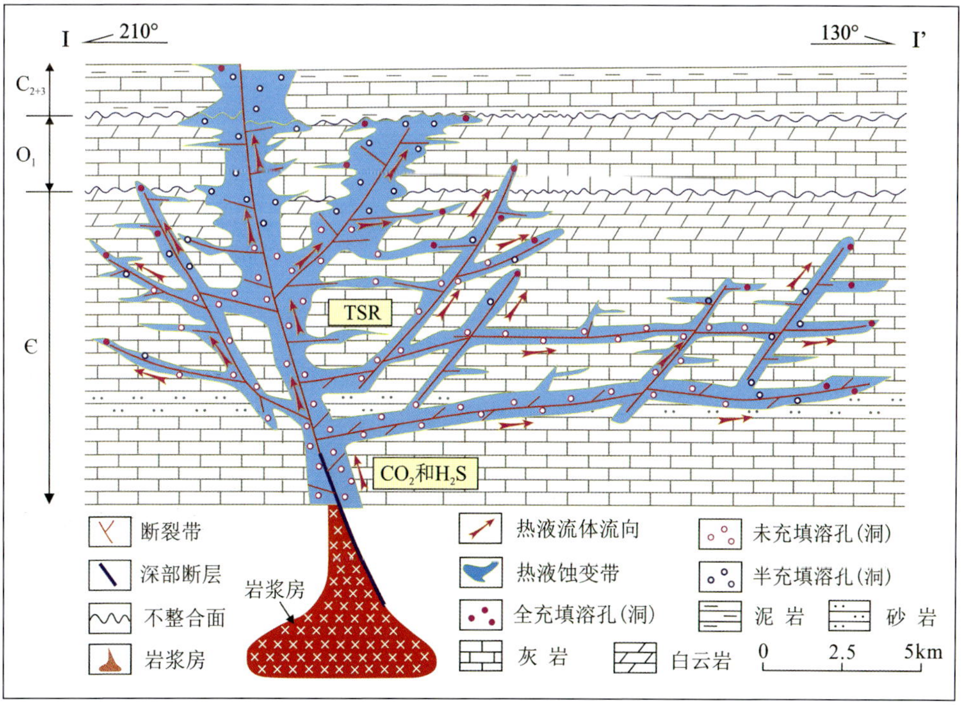

（a）热液岩溶发育模式

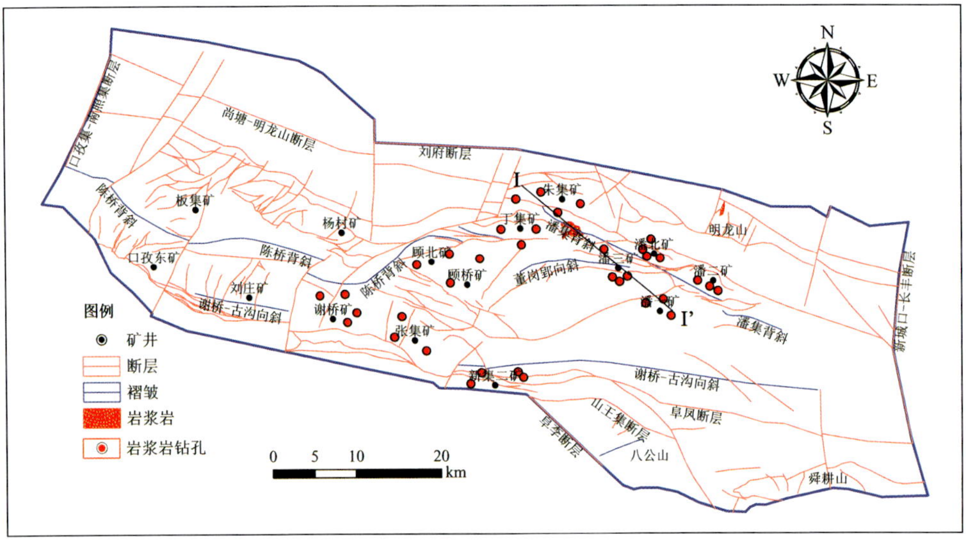

（b）岩浆岩钻孔分布情况

图 5 - 16　淮南煤田热液岩溶发育模式

的地方（即岩浆房），由于热液的强腐蚀性和不饱和性，热液形成的孔缝洞系统越发育，且不容易发生矿物沉积；而在远离热液源的方向上，随着热液腐蚀性能的减弱，方解石和其他矿物（如 SiO_2、燧石、火山碎屑、玉髓等）在热液孔缝洞系统中逐渐饱沉淀。这可能就是淮南煤田寒武系碳酸盐岩中热液溶蚀形成的孔缝多为未充填或半充填（图 5 - 17），而奥陶系碳酸盐岩中的热液孔缝却多被热液矿物完全充填的原因。此外，根据表 4 - 1 可知，在淮南煤田 KCC 3＃和 KCC 6＃中也发现了热液岩溶的存在，表明 KCC 3＃和 KCC 6＃形成也与热液溶蚀有一定关系。

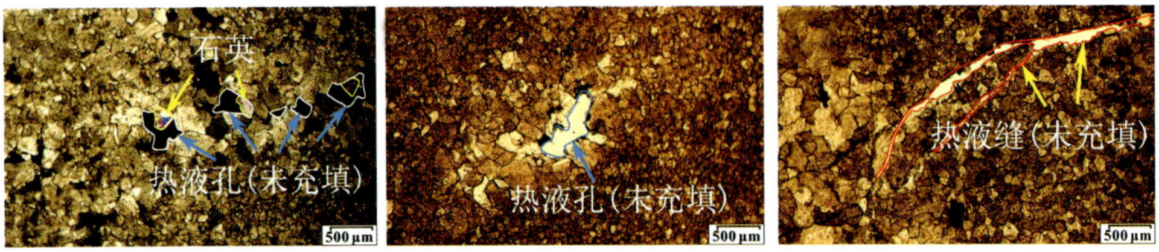

（a）热液溶孔未被充填，T3孔，寒武系，深度1120.34 m

（b）热液溶孔未被充填，T1孔，寒武系，深度1103.50 m

（c）热液裂缝未被充填，T2孔，寒武系，深度892.30 m

图 5 - 17　寒武系热液孔缝系统充填情况

5.5　混合岩溶

5.5.1　地质背景

白垩纪到古近纪的晚燕山期，太平洋板块以高角度俯冲于东亚大陆之下，使得华北板块下部地幔上隆并引发 NW－SE 向伸展构造运动，出现大量的断陷盆地、岩浆活动与伸展断层等。在此背景下，位于华北板块东南缘的一些大型断裂也在伸展作用下发生持续强烈的断陷活动，从而使研究区发生持续抬升并处于长期剥蚀状态，造成区内潘集和陈桥背斜隆起处的石炭-二叠系地层被完全剥蚀，下古生界寒武系和奥陶系地层再次暴露地表，接受大气降水的二次淋滤作用。

5.5.2　古气候

现有植物、孢粉、介形虫及黏土矿物的测试成果显示，侏罗纪和白垩纪期间，淮南煤田大部分时间都处于温暖潮湿的亚热带气候，古大气温度为 12.43～26.80 ℃；古近纪和第三纪期间，区内主要为干燥炎热和温暖潮湿的相互交替气候，古大气温度为 13.89～26.80 ℃。这个温度比第四章中计算得到的混合岩溶期 T 值（62.25～80.53 ℃）小得多，表明该期岩溶除受大气降水影响外，还受到深部地层水和热液流体的影响。

5.5.3　古地貌

5.5.3.1　古地貌恢复方法

晚燕山期的拉伸和断陷活动使淮南煤田发生相对抬升，造成区内地层都发生了不同程度的剥蚀，部分下古生界寒武系和奥陶系地层再次暴露地表，成为大气降水补给区。大气降水通过碳酸盐岩露头区，沿断层和裂缝下渗流入深部地层，并与深部地层水和热液流体发生混合，形成了更强的侵蚀性流体。因此，通过恢复基岩风化面古地貌特征，了解区内奥陶系露头区的展布，对研究混合岩溶的形成过程、影响范围和形成机制都有十分重要的作用。

目前，常用的基岩风化面古地貌恢复方法主要有印模法、残余厚度法、构造沉积恢复法和井震模型预测法等，但应用最广泛和最成熟的仍然是印模法。按照印模法的"沉积补偿"原理，沉积地层在填平补齐的过程，原始地层厚度与古地貌有近似负相关的关系（未考虑地壳均衡、沉积速度等其他因素影响）。因此，根据基岩风化面上覆新生界松散层厚度分布特征，就可以大致恢复新生界地层沉积前基岩风化面古地貌的展布特征。

此外，本文还采用地层厚度趋势延伸法，对区内各套地层在基岩风化面上的空间位置进行了确定，其原理如图 5-18 所示。假设有 2 个穿过基岩风化面完全揭穿奥陶系地层的钻孔 1# 和钻孔 2#，其揭露下奥陶统顶界面位置分别为 A、C 两点，揭露下奥陶统底界面位置分别为 B、D 两点，揭穿奥陶系地层的厚度分别为 H_{AB} 和 H_{CD}。延伸下奥陶统顶界面 A、C 两点与基岩风化面相交于 M 点，延伸下奥陶统底界面 B、D 两点与基岩风化面相交于 N 点，则线段 MN 对应的水平投影即为奥陶系地层在基岩风化面上的展布。因此，通过这种地层厚度趋势延伸法就可以较为准确地恢复淮南煤田各套地层在基岩风化面上的展布情况。

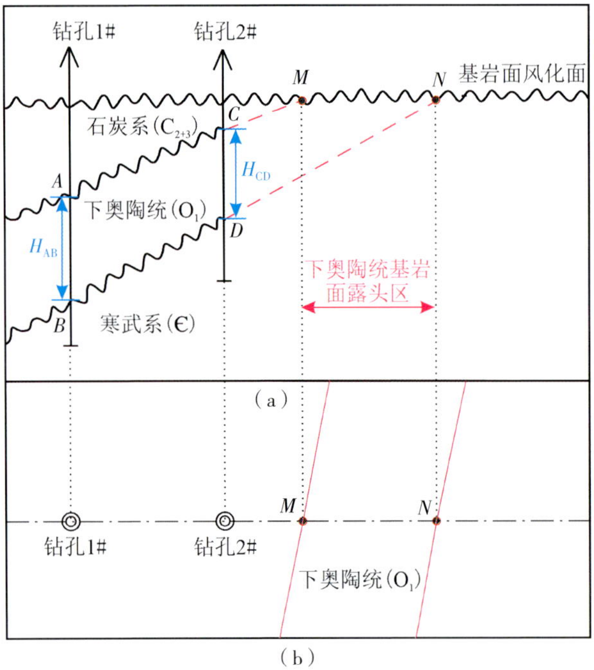

图 5-18　地层厚度趋势延伸法原理图

5.5.3.2　古地貌恢复及刻画

利用印模法和地层厚度趋势延伸法恢复基岩风化面古地貌，主要包括以下 4

个步骤：

（1）选择基准面。运用印模法进行古地貌恢复时，上覆沉积层中地层界面的选择相当重要，一般应尽可能选择全区范围内稳定分布的等时界面。由于研究区基岩风化面上覆地层沉积过程基本一致，因此，本文选取当前地表作为基准面，地面标高 20～40 m，为平原地貌。

（2）松散层厚度及基岩风化面标高恢复。利用研究区周边近3 500个地面钻孔资料（图 5－19），并结合三维地震资料和常规测井曲线，计算统计出新生松散层厚度，绘制淮南煤田新生界松散层厚度等值线分布图（图 5－20），根据印模法原理，绘制出基岩风化面标高等值线图（图 5－21）。

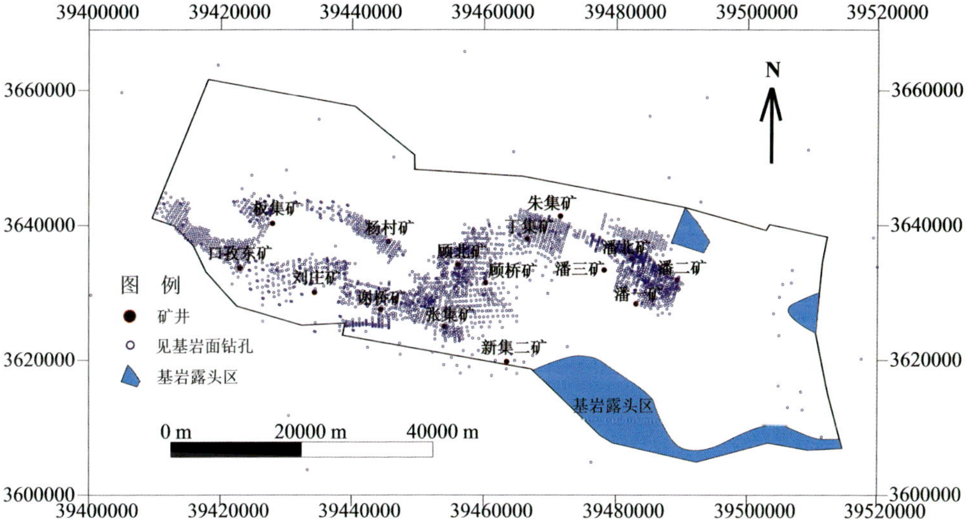

图 5－19　淮南煤田及周边见基岩风化面钻孔分布图

（3）基岩风化面地层展布绘制。利用地层厚度趋势延伸法，将钻探揭露的地层延伸到基岩风化面对应的标高位置，并结合三维地震资料和常规测井曲线（图 5－22），确定出各套地层基岩风化面的展布特征，绘制出淮南煤田基岩地质图。

（4）基岩古地貌恢复。根据基岩风化面标高等值线图和基岩地质图，利用 Surfer 14.0 软件绘制出淮南煤田基岩风化面古地形三维立体图，如图 5－23（a）所示。根据基岩风化面古地形特征和上覆新生界松散层底部沉积物类型，识别出其主要古地貌单元，如图 5－23（b）、（c）所示。

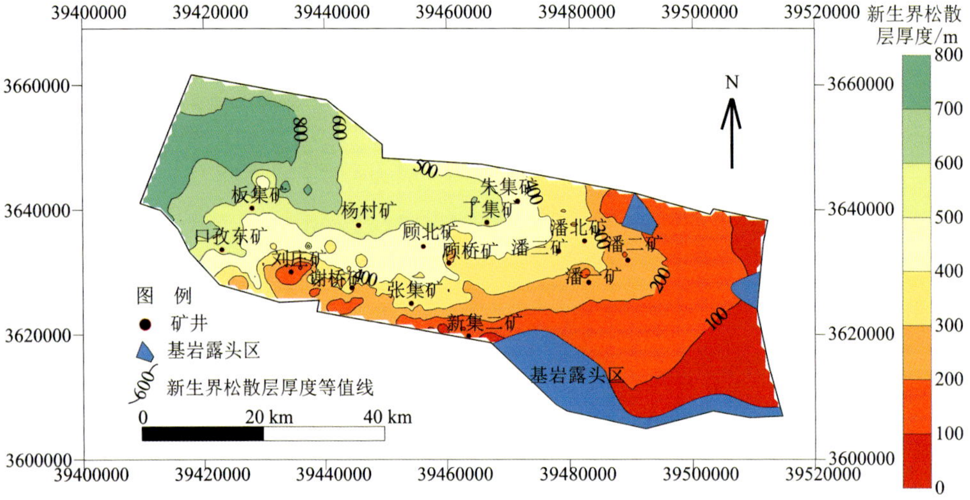

图 5-20 淮南煤田新生界松散层厚度等值线

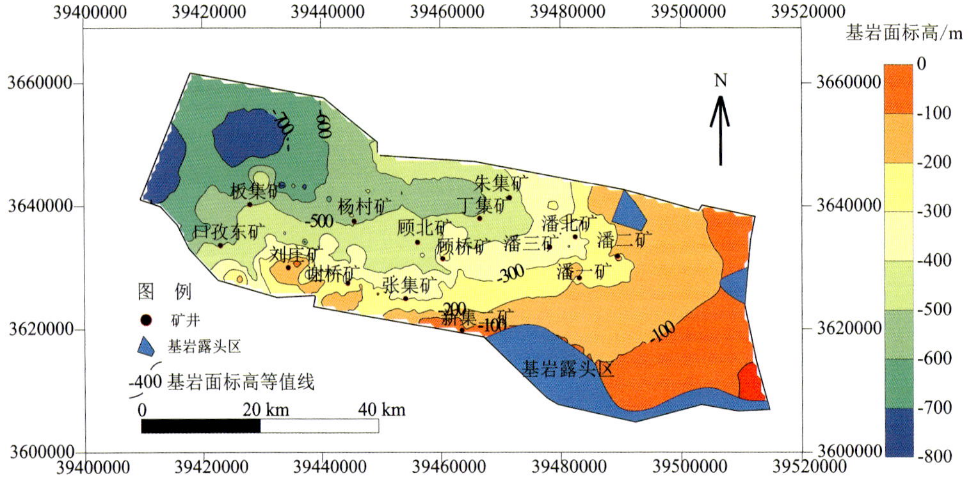

图 5-21 淮南煤田基岩风化面标高等值线

5.5.3.3 基岩风化面古地貌特征分析

根据图 5-23 可知，淮南煤田基岩风化面总体上呈现出“南高北低、东高西低”的起伏变化趋势。区内南部的舜耕山、八公山、新集二矿、张集矿、谢桥矿、刘庄矿、口孜东矿、板集矿一带，以及北部的上窑山、明龙山及其以西一带，有两条沿 NWW 方向展布的隆起山脉，称为古潜山。两座古潜山之间夹有一

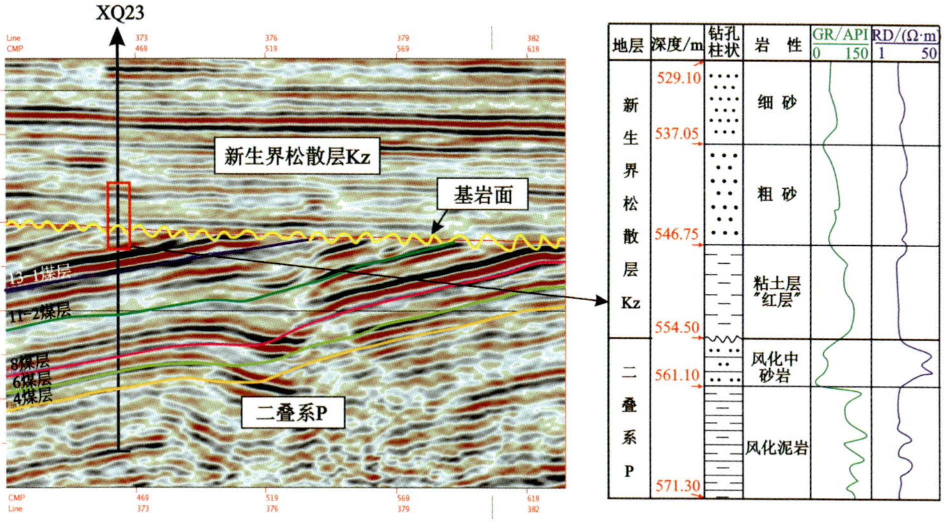

(a) (b)

图 5-22 基岩风化面在三维地震剖面和常规测井曲线上的响应

条古冲沟，该古冲沟经过了潘二矿、潘一矿、潘北矿、潘三矿、朱集矿、丁集矿和杨村矿。此外，张集、顾北、顾桥、谢桥、刘庄、口孜东和板集矿周围地形高低起伏变化较大，形成了残丘和洼地地貌。

前人研究发现，研究区内基岩风化面上覆地层为第三系沉积物，但沉积物类型因地貌形态和沉积环境差异而各地不同。例如，潘集矿区（潘一、潘二、潘三、潘北矿，下同）新生界松散层底部沉积物以石英砂、砾为主，局部夹有火成岩屑。砂、砾的直径自东南向西北方向有逐渐变小的趋势，且磨圆度和球度较好，具有河流冲积相特征，为古冲沟或古河流沉积。谢桥井田内新生界底界沉积物主要由紫红色石英砂岩、长石石英砂岩的岩块、砾（北部局部见灰岩角砾）和黏土组成；其中，砂岩、砾岩棱角分明，直径大小悬殊（直径从 2 mm 到 500 mm不等），岩块表面多具风化晕和侵蚀凹坑，说明这些岩块曾较长时间裸露，接受风化侵蚀，属于山麓堆积的产物，为残坡积相沉积。研究还发现，潘集矿区新生界松散层底部沉积物主要来源于淮南北部蚌埠古隆起地区的火成岩和变质岩，为河流相的远距离搬运沉积；谢桥矿和张集矿的“红层”主要来源于南部古潜山三石千峰组的红色砂岩，部分来源于区内石炭系、奥陶系和寒武系灰岩，为近距离搬运沉积。这些研究成果与本文基岩风化面古地貌特征完全吻合，佐证了基岩风化面古地貌恢复的正确性。

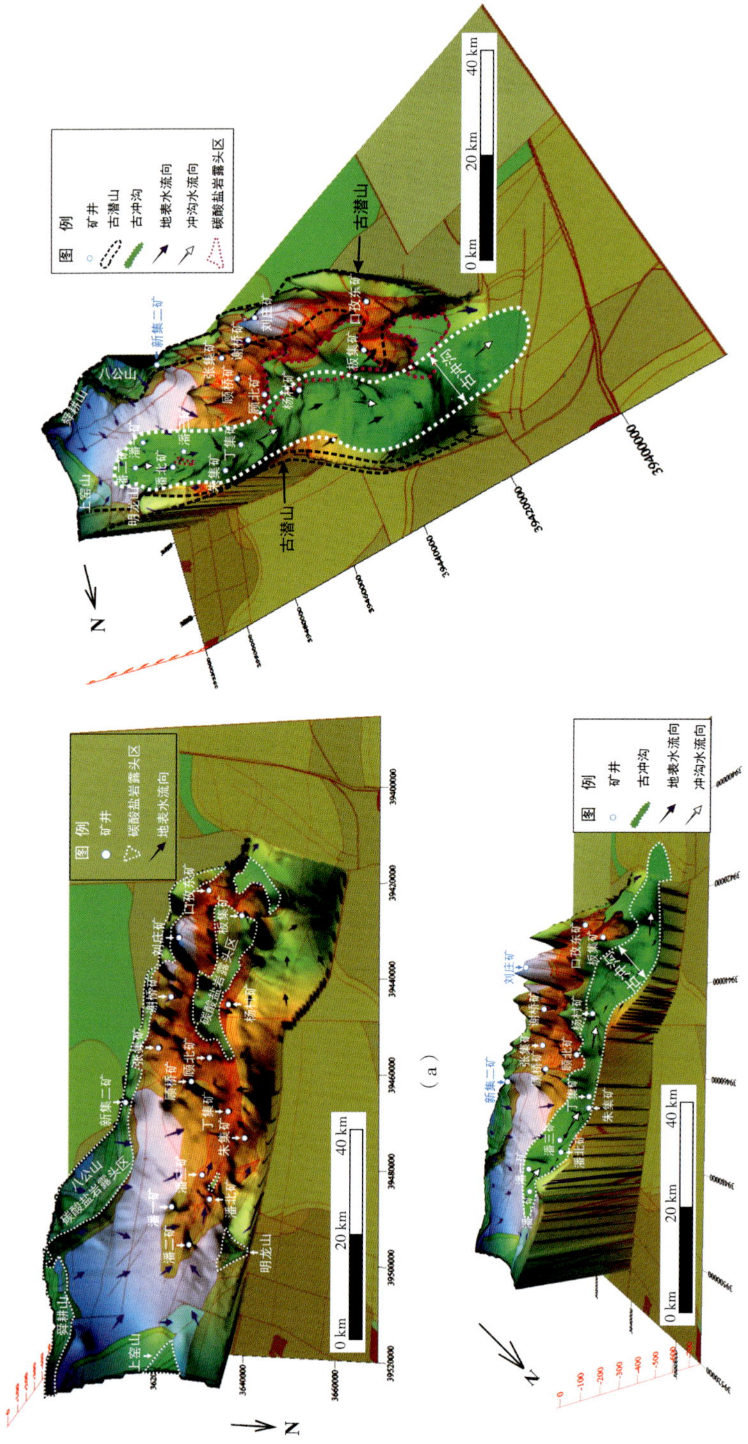

图5-23 淮南煤田基岩风化面古地貌三维立体图

5.5.4 古水文

根据图 5-23 可知，第三系沉积前区内下古生界寒武系和奥陶系碳酸盐岩露头主要分布在北部的明龙山和上窑山、南部的舜耕山和八公山，以及中部潘北矿附近的潘集背斜和杨村矿附近的陈桥背斜位置。这些部分暴露的碳酸盐岩区域，成为大气降水和地表水的补给区。此外，煤田中部的古冲沟经过了潘集背斜和陈桥背斜北部的碳酸盐岩露头区，因此，这些区域还成为河流水的补给区。大气降水、地表水和河流水（简称“大气淡水”）不仅会对中部露头区的碳酸盐岩产生溶蚀作用，而且可以通过断层和裂缝向下入渗，与深部地层水和热液流体混合，形成更强的混合溶蚀作用。

5.5.5 混合岩溶发育模式

在碳酸盐岩露头区，如研究区北部的明龙山和上窑山、南部的舜耕山和八公山，以及中部的潘集背斜和陈桥背斜核部，奥陶系地层处于完全开放体系，直接接受淡水淋滤和溶蚀作用，如图 5-24 所示。在这些区域首先形成大量的溶蚀孔缝洞，成为大气淡水携带 CO_2 进入浅层碳酸盐岩地层的原始运移通道。虽然溶液中的 CO_2 不断被消耗，但溶解在大气淡水中的 CO_2 通过缝洞系统持续不断地被补给，水-岩反应持续朝着碳酸盐岩溶解的方向发展。

在浅埋区和深埋区，碳酸盐岩处于半封闭体系中，淡水不能直接与隐伏碳酸盐岩接触。但这一时期断层和裂缝十分发育，在重力作用下，含有 CO_2 的淡水可以通过断层和裂缝流向深部半封闭系统中。一般情况下，淡水的温度、盐度和 CO_2 压力（P_{CO_2}）都相对较低，而沿断层向上运动的深部地层水的温度、盐度和 P_{CO_2} 都相对较高，当这两种溶液混合后会形更强的侵蚀性流体，发生更强烈的混合溶蚀。本文将在第六章对这一反应过程和研究结果进行详细阐述。

通过前文分析可知，白垩纪到古近纪的晚燕山期，淮南煤田还经历了 2 次岩浆活动。碳酸盐岩露头区的淡水通过断层和裂缝向下运移时，可与向上运移的热液流体发生混合作用，形成淡水与热液流体的混合溶蚀，其中，最著名的就是热液中 H_2S 与淡水中 O_2 的反应。如前文所述，岩浆活动和硫酸盐热化学还原反应（TSR）都能产生大量 H_2S。H_2S 在水中的溶解度很高，当富含 H_2S 的流体向上运动到达潜水面时，与潜水面附近富含 O_2 的大气淡水反应产生大量硫酸并溶解方解石。化学反应过程如下：

$$H_2S+O_2 \rightarrow H^+ + HSO_2^- \qquad (5-5)$$

$$H_2S+HSO_4^- +2H_2O+CaCO_3 \rightarrow Ca^{2+} + SO_4^{2-} + CO_2\uparrow + H_2O \qquad (5-6)$$

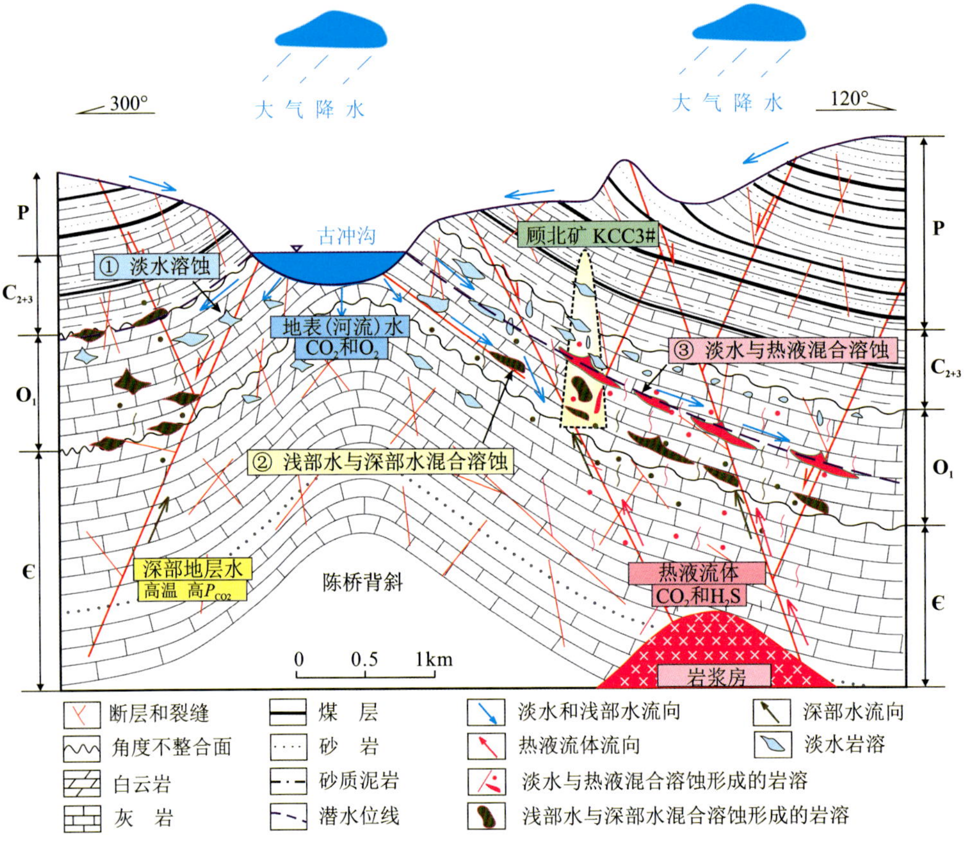

图 5-24 混合岩溶发育模式

硫酸的溶解主要发生在潜水面附近，那里 O_2 和 H_2S 容易混合在一起。与碳酸的岩溶作用相比，硫酸可以直接与碳酸盐岩反应，而不需要碳酸盐溶液。硫酸对方解石的溶解作用强于常规碳酸溶液，这主要是由于硫酸的 H^+ 能直接溶解方解石，溶解反应速度很快。第Ⅵ组中的岩溶充填物大部分都来自 KCC 和溶洞(表 4-1)，且这些 KCC 和溶洞钻孔多分布在碳酸盐岩露头区附近的断裂带周围，表明它们的形成与碳酸盐岩露头区、断层及混合溶蚀作用关系密切。

5.6 奥陶系古岩溶演化模式

根据淮南煤田奥陶系地层埋藏与古岩溶演化史，结合多期次古岩溶的形成环境和发育模式，建立了淮南煤田奥陶系古岩溶演化模式，主要包括以下 6 个阶段，如图 5－25 所示。

第Ⅰ阶段：沉积岩溶阶段，从早奥陶世至中奥陶世，历时约 50 Ma。沉积岩溶一般发生在沉积物达到或超过海平面的地方，首先是更易被溶解的石膏晶体被大气降水选择性溶蚀，形成膏模孔。然后，在浅滩顶部和边缘的碳酸盐颗粒及颗粒间的弱胶结物也容易受到大气降水的淋滤作用影响，形成铸模孔、粒（晶）内溶孔、粒（晶）间溶孔和示底构造等。但由于研究区内奥陶系地层沉积时间相对较短、陆地暴露面积有限及后期的多期构造作用，致使区内奥陶系碳酸盐岩中沉积岩溶并不发育且保存下来的较少。

第Ⅱ阶段：风化壳岩溶阶段，从晚奥陶世至早石炭世，历时约 120 Ma。早奥陶统马家沟组沉积以后，受加里东运动影响，海水逐渐从华北地区撤出，华北地台发生整体抬升为陆地，致使奥陶系地层暴露于地表，遭受风化剥蚀和大气降水的垂直淋滤作用。在奥陶系风化壳中形成了大量溶孔、裂缝和溶洞，形成了风化壳孔缝洞系统，并在垂向上发育了“四带”结构（图 5－13）。淮南煤田奥陶系风化壳岩溶十分发育，其中露头区的孔缝洞系统多为未充填或半充填，而隐伏区的孔缝洞系统多被泥质、钙质和塌陷角砾岩充填。

第Ⅲ阶段：压释水岩溶阶段，从中石炭世至早三叠世，历时约 100 Ma。石炭系地层沉积后，奥陶系地层逐渐进入相对较深的封闭环境。在压力差的驱动下，石炭-二叠系地层不断释放出卤水、有机酸、CO_2、H_2S、CH_4等。这些腐蚀性组分通过风化壳上的“天窗”和孔缝洞发育部位，入渗到下伏奥陶系碳酸盐岩中形成了压释水岩溶。在后期的成岩改造过程中，这些溶孔和裂缝大多被方解石、黄铁矿和（或）有机质充填。

第Ⅳ阶段：热液岩溶阶段。从晚三叠世至晚白垩世，淮南地区主要经历了 3 期岩浆活动，其中最主要的还是早白垩世岩浆活动。岩浆活动不仅能直接分离出含有挥发性成分的酸性物质，如 CO_2、H_2S 等，而且通过岩浆注入围岩加热了地层水，使地层水变为热液流体。当这些高温、高压、高腐蚀性的热液流体和酸性

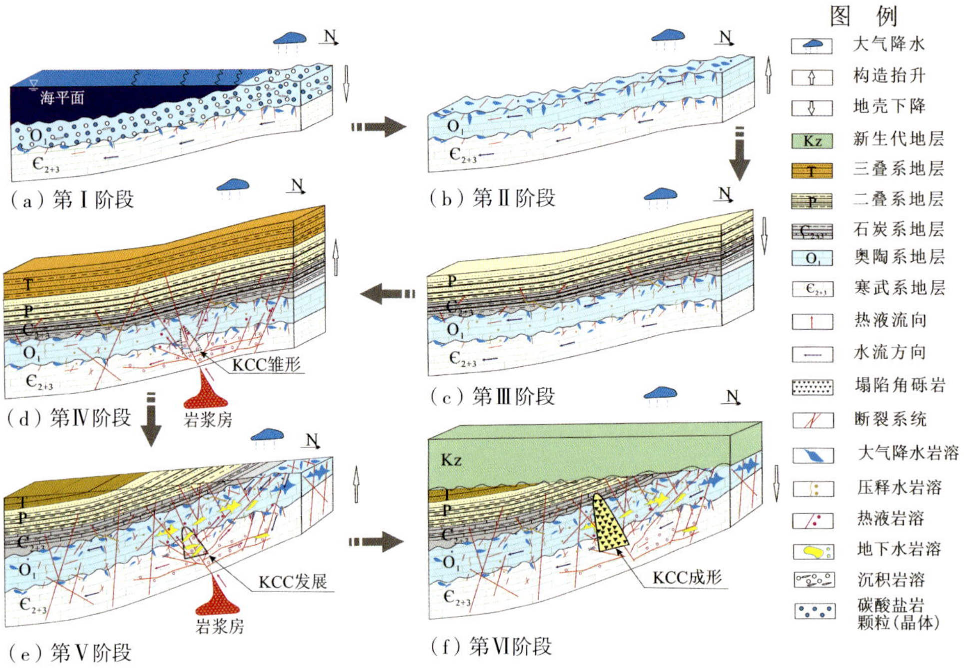

图 5-25 淮南煤田奥陶系古岩溶演化模式

腐蚀气体通过深部断裂向上运移时，造成周围碳酸盐岩的温度、压力和酸性条件迅速变化，导致前期形成的溶孔、裂缝和溶洞再次被改造和扩大，并产生新的溶孔、裂缝和溶洞。现已证实，淮南煤田 KCC 的形成也与热液溶蚀有一定关系。在淮南煤田奥陶系碳酸盐岩的溶孔、裂缝和 KCC 柱体中都发现有大量热液矿物，如石英、燧石、火山碎屑、玉髓、方解石等。

第Ⅴ阶段：混合岩溶阶段，从白垩纪至古近纪，历时约 120 Ma。由于中生代多期地质构造运动，造成区内潘集和陈桥背斜隆起处的奥陶系碳酸盐岩地层再次暴露于地表。大气降水不仅会对露头区的碳酸盐岩发生溶蚀作用，而且可以通过断层和裂缝向下入渗，与深部地层水和热液流体发生混合，形成更强的混合溶蚀作用。现已证明，研究区内潘集和陈桥背斜周围的许多溶洞和 KCC 的形成都与混合溶蚀有密切关系。

第Ⅵ阶段：古岩溶发育停滞阶段。进入新近纪以后，淮南煤田构造格局基本稳定，整体上呈现出坳陷式均匀沉降特征，并在基岩风化面上沉积了一套新生界地层。该套地层沉积后，阻隔了大气淡水对基岩地层的直接补给，奥陶系古岩溶也逐渐停止了发育。随着新生界地层沉积厚度的逐渐增加，在重力作用下，区内KCC顶板开始加速塌陷，直至达到新的力学平衡后停止向上塌陷。至此，淮南煤田奥陶系碳酸盐岩古岩溶和KCC的发育已基本结束。

5.7 本章小结

（1）根据奥陶系地层残余厚度与上覆石炭系地层厚度的镜像互补关系，结合印模法和残厚法的利弊，提出了综合古地貌恢复法，成功恢复了淮南煤田奥陶系风化壳岩溶古地貌。基于古地貌类型划分标准，将淮南煤田奥陶系风化壳岩溶古地貌划分为次级岩溶高地、次级岩溶斜坡和次级岩溶盆地3个二级古岩溶地貌单元，每个二级古岩溶地貌单元下面又细分为3个次一级古地貌单元。研究区中部地区的刘庄、谢桥、顾北、顾桥矿位于次级岩溶高地，东部地区位于次级岩溶盆地，其余地区位于次级岩溶斜坡。

（2）根据新生界松散层厚度和基岩地层产状特征，综合采用印模法和地层厚度趋势延伸法，成功恢复了淮南煤田基岩风化面古地貌。煤田南部的舜耕山、八公山、新集二矿、张集矿、谢桥矿、刘庄矿、口孜东矿、板集矿一带，以及北部的上窑山、明龙山及其以西一带，发育有两条沿NWW向展布的古潜山。两座古潜山之间夹有一条古冲沟，该古冲沟经过了潘二矿、潘一矿、潘北矿、潘三矿、朱集矿、丁集矿和杨村矿。第三系沉积前区内下古生界寒武系和奥陶系碳酸盐岩露头主要分布在北部的明龙山和上窑山、南部的舜耕山和八公山，以及中部潘北矿附近的潘集背斜和杨村矿附近的陈桥背斜位置。这些半暴露的碳酸盐岩露头区，成为大气降水和地表水的补给区。在煤田中部的古冲沟经过了潘集背斜和陈桥背斜北部的碳酸盐岩露头区，这些地区又成为河流水的补给区。

（3）沉积岩溶形成于早奥陶世至中奥陶世，主要发生在海平面附近，是大气降水和海水对不稳定矿物选择性溶蚀的结果，形成了膏模孔、铸模孔、粒（晶）内（间）溶孔和示底构造等。

（4）风化壳岩溶形成于晚奥陶世至早石炭世，加里东运动使奥陶系碳酸盐岩完全暴露在（近）地表风化剥蚀环境中，使其遭受大气降水的长期淋滤作用，并在奥陶系地层顶部形成了风化壳孔缝洞系统。受古地貌和古水文条件控制，淮南煤田奥陶系风化壳岩溶在垂向上存在明显的“四带”结构，即地表残积带（不整合面以下 0～10 m)、垂直渗流带（不整合面以下 10～30 m)、水平潜流带（不整合面以下 30～90 m）和深部缓流带（不整合面以下 90 m 以外)，不同岩溶带古岩溶发育特征和充填特征差异较大。

(5) 压释水岩溶形成于中石炭世至早三叠世，主要与上覆石炭-二叠系地层在成岩压实过程中释放出卤水、有机酸、CO_2、H_2S、CH_4等有关。这些腐蚀性组分以对流模式在奥陶系碳酸盐岩中循环，造成奥陶系风化壳顶部发生黄铁矿化和去白云岩化，深部发生石膏和白云岩的次生灰岩化。

(6) 热液岩溶发生在晚三叠世至晚白垩世期间，高温、高压、高腐蚀性的热液流体和酸性腐蚀气体（CO_2、H_2S 等）通过深部断裂向上运移，造成周围碳酸盐岩的温度、压力和酸性条件迅速变化，形成了树状热液孔缝洞系统。区内 KCC 3＃和 KCC 6＃的形成也与热液溶蚀有一定关系。

(7) 混合岩溶形成于早白垩世至晚古近纪，发生在潘集和陈桥背斜的碳酸盐岩露头区附近。一方面具有低温度、低盐度和低 P_{CO_2} 的淡水通过断层和裂缝流向下流动，与具有高温度、高盐度和高 P_{CO_2} 的深部地层水发生混合时，会产生强烈的混合溶蚀；另一方面，富含 H_2S 的深部热液流体向上运动到达潜水面时，与潜水面附近富含 O_2 的淡水反应产生大量硫酸，形成更强烈的混合溶蚀。淮南煤田内许多溶洞和 KCC 的形成都与这两种混合溶蚀有关。

(8) 淮南煤田奥陶系古岩溶发育过程共经历了 6 个阶段，分别为沉积岩溶阶段、风化壳岩溶阶段、压释水岩溶阶段、热液岩溶阶段、混合岩溶阶段和古岩溶发育停滞阶段。

6　奥陶系古岩溶发育控制因素

古岩溶发育的控制因素很多，不同地区古岩溶发育的控制因素也不完全相同。本章在对淮南古岩溶发育特征、分布规律、形成环境和发育模式系统分析研究的基础上，从碳酸盐岩岩性、岩层结构、侵蚀性流体、断裂构造、古地貌与古水文、岩浆活动及岩溶作用时间等方面，详细阐述了这些因素对淮南煤田奥陶系古岩溶发育的控制作用，也为奥陶系古岩溶发育程度评价指标体系的建立提供了重要依据。

6.1　地层岩性与结构

6.1.1　碳酸盐岩岩性

碳酸盐岩是岩溶作用的物质基础，也是古岩溶发育最重要的内在因素。关于不同类型碳酸盐岩溶蚀能力的强弱，通常利用溶蚀试验和比溶蚀度来分析。溶蚀试验是一种地质模拟试验，是将碳酸盐岩制成一定体积的块体，使流动的高浓度 CO_2 蒸馏水持续地与试样接触并作用一段时间后，测定试样的溶蚀量（重量变化），并将其与标准试样的溶蚀量相比得出试样的溶蚀指标，称为比溶蚀度（K_v）。比溶蚀度不反映碳酸盐岩溶解度的大小，而反映其溶蚀速度的快慢。因此，本文利用溶蚀试验和比溶蚀度，分析比较淮南煤田奥陶系中不同类型碳酸盐岩溶蚀反应速度的快慢和难易程度。

6.1.1.1　试验样品

本次试验的 7 件样品均采集于淮南煤田九龙岗地区奥陶系露头的 1 条地层剖面，采集层位为萧县组（4 件）和马家沟组（3 件）。岩石样品岩性主要为萧县组灰岩（1 件）、泥质灰岩（1 件）、白云质灰岩（1 件）、角砾灰岩（1 件），马家沟组的白云岩（2 件）和灰质白云岩（1 件）。每件样品的主要化学成分和结构特征见表 6－1。

6.1.1.2 试验方法

本次溶蚀试验是在恒定温度（25 ℃）、恒定压力（$P_{CO_2}=1$ atm）的静水条件下开展的，试验过程及步骤如下：

（1）将采集的每件岩石样品切制成长×宽×高＝3 cm×3 cm×3 cm 的正方形块体，误差控制在±1 mm 以内。试验开始前，对样品进行冲洗和烘干处理，并用天平称得样品的初始质量为 M_0。

（2）将样品分别放置于不同的烧杯中，每个烧杯中加入 60 mL 的蒸馏水，然后将烧杯依次放入密闭的恒温箱中（图 6－1）。

（3）将恒温箱的顶部接一根三通管，对其抽气至真空状态，然后再向容器内通入 CO_2 气体，并使容器内的 CO_2 气压维持在 1 个大气压。

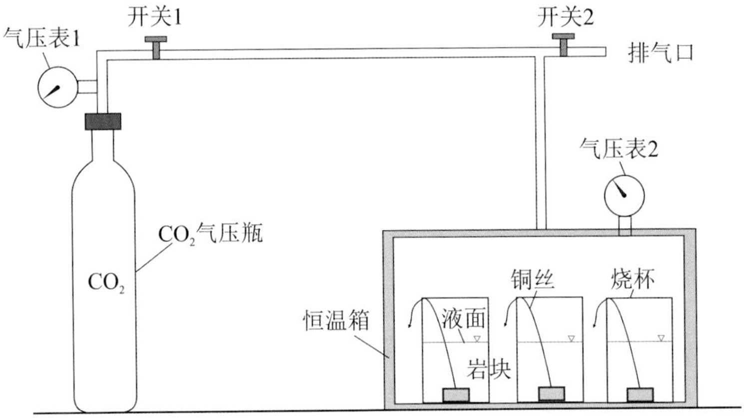

图 6－1 溶蚀试验装置

（4）本次试验共分 4 次进行，溶蚀天数分别为 7 d、14 d、21 d 和 28 d，每组样品 3 件。每次试验结束后，将溶蚀后的样品进行烘干，并称得溶蚀后样品质量为 M_s。每块岩石比溶蚀度 K_v 的计算公式为：

$$K_v=\frac{(M_0-M_s)\ /V_0}{(M_{0b}-M_{sb})\ /V_{0b}} \qquad (6-1)$$

式中：M_0，M_s 分别为溶蚀前、后试验样品的质量，g；M_{0b}，M_{sb} 分别为溶蚀前、后标准试样的质量，g；V_0 为试验样品的体积，cm^3；V_{0b} 为标准试样的体积，

cm^3。本次试验采用所有样品的平均值作为标准试验的 M_{0b}、M_{sb}、V_{0b}。

6.1.1.3　试验结果与分析

本次溶蚀试验结果见表 6－1。

（1）从比溶蚀度 K_v 随时间的变化关系（图 6－2）可知：所有样品的比溶蚀度在溶蚀试验开始的前 7 d 内增长速度很快，7～21 d 比溶蚀度的增长速度变缓，21 d 以后比溶蚀度不再增长。这主要是因为溶蚀试验开始时，溶液中 CO_2 浓度较大，岩石样品的溶蚀速度快；随着溶蚀的持续进行，溶液中矿物浓度不断增大并逐渐趋于饱和，致使岩石样品的溶蚀速度逐渐下降，比溶蚀度增长率也逐渐变缓。

（2）矿物成分是溶蚀作用的物质基础和前提条件。比溶蚀度 K_v 值的总体变化趋势是灰岩＞角砾灰岩＞白云质灰岩＞泥质灰岩＞灰质白云岩＞白云岩，且与岩石中 CaO 和 MgO 含量呈显著的正、负相关性，即随着 CaO 含量增加 K_v 值升高，而随着 MgO 含量增加 K_v 值降低，如图 6－3 所示。

（3）岩石的溶蚀速度还与晶粒结构有关。同类碳酸盐岩（例如萧县组灰岩类）比溶蚀度 K_v 值的总体变化趋势是泥晶＞微晶＞细晶。这是因为当颗粒和晶体越小时，颗粒和晶体与侵蚀性流体的接触面积越大，离子交换速度也就越快，比溶蚀度 K_v 也就越大。

表 6－1　碳酸盐岩样品主要化学成分及溶蚀试验结果

序号	岩性	晶粒结构	层位	岩石化学成分含量 w/%				比溶蚀度 K_v				
				CaO	MgO	CO_2	酸不溶物	0 d	7 d	14 d	21 d	28 d
1	灰岩	泥晶	萧县组	55.52	0.61	40.05	3.82	0	1.16	1.40	1.52	1.55
2	泥质灰岩	细晶	萧县组	42.74	5.31	41.34	10.61	0	0.71	0.85	0.93	0.95
3	白云质灰岩	细晶	萧县组	44.33	10.39	38.16	7.12	0	0.79	0.95	1.03	1.05
4	角砾状灰岩	微晶	萧县组	48.23	5.56	41.09	5.12	0	1.00	1.20	1.31	1.34
5	白云岩	泥晶	马家沟组	28.34	26.63	37.25	7.78	0	0.43	0.51	0.56	0.57
6	白云岩	中细晶	马家沟组	27.17	25.47	38.23	9.13	0	0.27	0.32	0.35	0.36
7	灰质白云岩	细晶	马家沟组	34.56	18.44	39.14	7.86	0	0.51	0.62	0.67	0.69

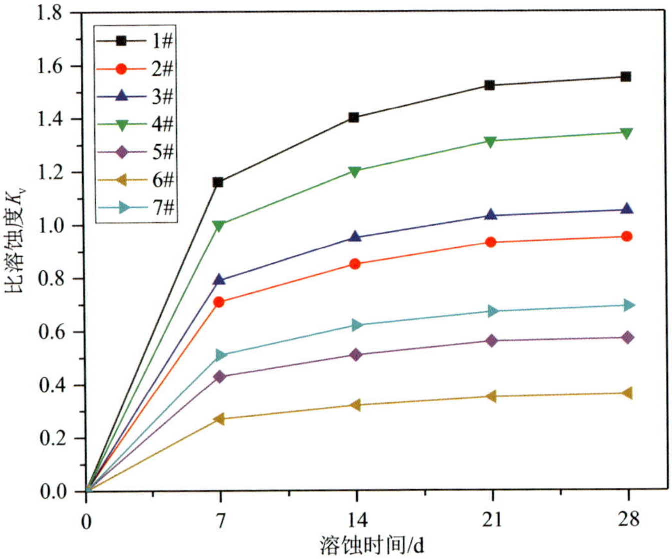

图 6-2　比溶蚀度 K_v 随溶蚀时间变化曲线

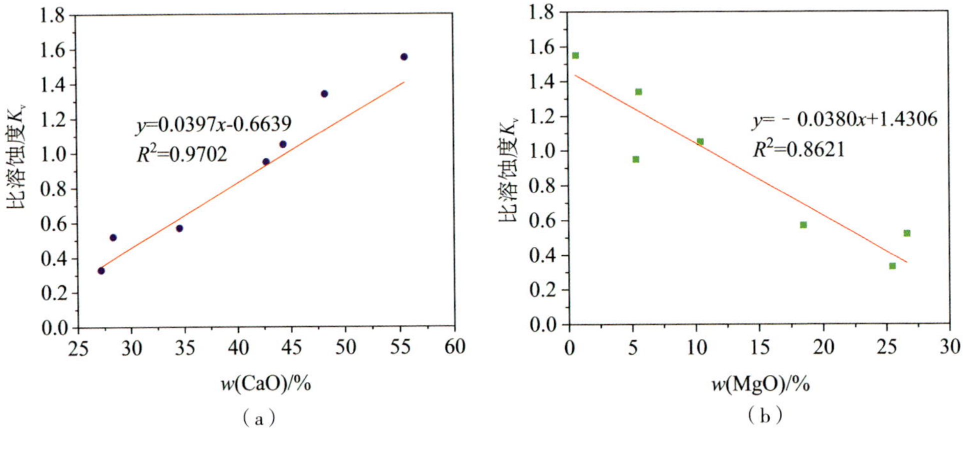

图 6-3　CaO 和 MgO 含量与比溶蚀度 K_v 的线性关系

6.1.2　岩层结构

淮南煤田奥陶系地层岩性以灰岩类（包括灰岩、泥质灰岩、白云质灰岩和角砾灰岩）为主，灰岩类碳酸盐岩厚度占地层总厚度的 83.25%，仅有 16.75%白云岩类碳酸盐岩（包括白云岩和灰质白云岩）还分布在奥陶系马家沟组中，形成了风化壳岩溶或被风化剥蚀掉。与华北地区其他煤田相比，如皖北煤田奥陶系地层中灰岩所占比例为67.85％，徐州煤田奥陶系地层中灰岩所占比例为42.82％，鄂尔多斯煤田奥陶系地层中灰岩所占比例为17.54％，均比淮南煤田奥陶系灰岩所占的比例（83.25％）小得多。根据上文分析可知，灰岩的比溶蚀度 K_v 值相对较高，灰岩的厚度越大，对奥陶系古岩溶的发育越有利。

岩溶陷落柱（KCC）是华北煤田一种特殊的古岩溶地质现象。大量调查表明，华北煤田KCC通常发育在厚层的灰岩地层中，其上方被巨厚-多层的煤系地层所覆盖，即石炭-二叠系煤系地层覆盖。这些煤系地层在生烃过程中可以产生有机酸和含有 CO_2、H_2S 等气体的酸性压释水，它们可以通过早期岩溶作用形成的孔缝洞系统或“天窗”入渗到下伏碳酸盐岩地层中，促进奥陶系古岩溶和KCC的发育。此外，研究人员还发现，这些单层厚度薄、层理发育、强度低的煤系地层，在构造应力和重力作用下容易发生破碎和塌陷，有利于溶洞顶板向上发展。因此，这种层理发育、单层厚度薄的煤系地层不仅为奥陶系碳酸盐岩的溶蚀作用提供了侵蚀性流体，而且有利于KCC的形成和发展。

6.2　侵蚀性流体

通过第五章分析可知，淮南煤田奥陶系古岩溶作用的侵蚀性流体主要有大气淡水、地层压释水、热液流体和混合流体，不同流体对碳酸盐岩的溶蚀作用机制也不尽相同。

6.2.1　大气淡水

大气淡水（主要包括大气降水、地表水、河流水等）溶蚀主要发生在沉积岩溶期、风化壳岩溶期和混合岩溶期的碳酸盐岩露头区。一般情况下，碳酸盐岩露头区的大气淡水是不饱和的，其溶解能力主要来自大气和古土壤中的 CO_2。在大气淡水的溶蚀作用下，碳酸盐岩表面首先形成大量溶孔、溶缝和溶洞，成为大气水和地表水的运移通道。在碳酸盐岩隐伏区，大气降水可以在重力作用下沿断层和裂缝优先渗入浅埋或深部地层，溶蚀其周围的碳酸盐岩，扩大前期形成的溶孔、裂缝和溶洞。因此，大气降水溶蚀对奥陶系古岩溶的形成和演化十分重要，而控制大气淡水溶蚀强度的条件主要是温度和 CO_2 分压。

本文在前人研究的基础上，利用国内最常用的水文地球化学模拟软件PHREEQC 3.1.7，对方解石和白云石的溶解度随 P_{CO_2} 和温度变化进行了分析研究。根据淮南煤田古气候特征，本次选用 P_{CO_2} 为 0～1.0 atm，温度为 0～60 ℃，对不同 P_{CO_2} 和温度条件下 CO_2 对方解石和白云石的溶解能力进行了模拟，计算得出方解石和白云石的溶解度均采用在不同条件下溶解平衡时（饱和指数 SI＝0）的溶解量（以“mmol/L”计）表示，模拟结果如图 6－4 所示。方解石和白云石的溶解度随 P_{CO_2} 和温度的变化特征如下：

（1）在 $P_{CO_2}=0$ 时，方解石和白云石的溶解度均随着温度的升高而逐渐增大，这是因为温度越高所提供的能量越大，越有利于矿物晶格的破坏和矿物的溶解。

（2）在 $0.1\ atm \leqslant P_{CO_2} \leqslant 1.0\ atm$ 时，方解石和白云石的溶解度随着温度的升高而逐渐降低。研究表明，在 $P_{CO_2} \geqslant 0.1\ atm$ 时，温度升高会降低 H_2CO_3 的活度，从而使溶液中溶解的 H^+ 浓度降低、侵蚀性减弱。

（3）在温度相同条件下，方解石和白云石的溶解度均随着 P_{CO_2} 增大而增大。因为随着 P_{CO_2} 增大，溶液中溶解的 CO_2 含量也在增加，溶液的侵蚀能力也在增强。

（4）在 P_{CO_2} 和温度相同条件下，方解石溶解度总是大于白云石溶解度。

一般情况下，空气中 P_{CO_2} 很小，几乎接近于 0。因此，通常认为随着大气温度的升高，大气淡水的溶蚀能力增强。

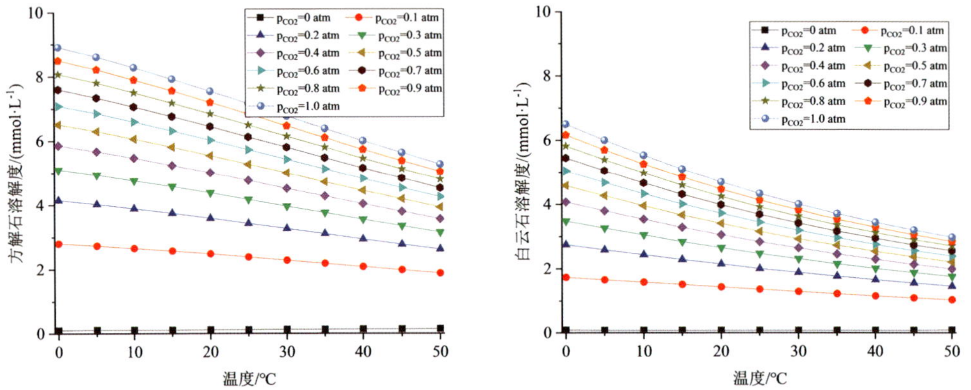

（a）　　　　　　　　　　（b）

图 6－4　模拟大气淡水对方解石和白云石溶解度的影响

6.2.2 地层压释水

地层压释水是指石炭-二叠系煤系地层在压实成岩过程中，不断排出的富含有机酸、CO_2 和 H_2S 的酸性压释水，具有很强的腐蚀性。为了解埋藏条件下压释水中 CO_2 和 H_2S 对方解石和白云石的溶解能力，本文利用 PHREEQC 3.1.7 软件分别对较高 P_{CO_2} 和 P_{H_2S} 条件下，CO_2 和 H_2S 对方解石和白云石的溶解度随温度变化进行了模拟研究。根据压释水岩溶形成的深度和温度（H＝696.69～1442.59 m，T＝40.00～62.38 ℃，见表 4－1），预计压释水岩溶形成过程中 P_{CO_2} 和 P_{H_2S} 为 1～100 atm，温度为 30～100 ℃，模拟计算结果如图 6－5 所示。方解石和白云石的溶解度随 P_{CO_2}、P_{H_2S} 和温度的变化特征如下：

（1）在温度和压力相同条件下，H_2S 比 CO_2 具有更强的侵蚀能力，对方解石和白云石的溶蚀能力更强。

（2）在 1 atm≤P_{CO_2}≤100 atm 时，方解石和白云石的溶解度均随着温度的升高而逐渐降低。

（3）在 P_{H_2S} 较小（1 atm≤P_{H_2S}≤40 atm）时，方解石和白云石的溶解度均随着温度的升高而降低；当 P_{H_2S} 较大（50 atm≤P_{H_2S}≤100 atm）时，方解石和白云石的溶解度均随着温度的升高而逐渐增大。

（4）在温度相同条件下，方解石和白云石的溶解度均随着 P_{CO_2} 和 P_{H_2S} 升高而增大，表明随着压力的增大，溶液中溶解的 CO_2 和 H_2S 含量在增加，溶液的侵蚀能力也在增强。

根据前文分析和研究成果可知，压释水岩溶形成的温度一般为 40～70 ℃，气体压力一般为 50～80 atm，十分有利于 CO_2 和 H_2S 对奥陶系碳酸盐岩的溶蚀作用。

6.2.3 热液流体

根据前文分析可知，淮南煤田热液溶蚀主要发生在早白垩世岩浆活动阶段。热液流体沿着已经形成的断裂从深部基底向浅部运移，同时释放出大量的热能和酸性物质（如 CO_2、H_2S 等），并诱导硫酸盐热化学还原反应（TSR）产生更多的酸性气体（如 CO_2、H_2S）。为了解高温高压条件下热液流体中 CO_2 和 H_2S 对方解石和白云石的溶解能力，本文利用 PHREEQC 3.1.7 软件对高 P_{CO_2} 和高 P_{H_2S} 条件下，CO_2 和 H_2S 气体对方解石和白云石的溶解度随温度变化进行了模

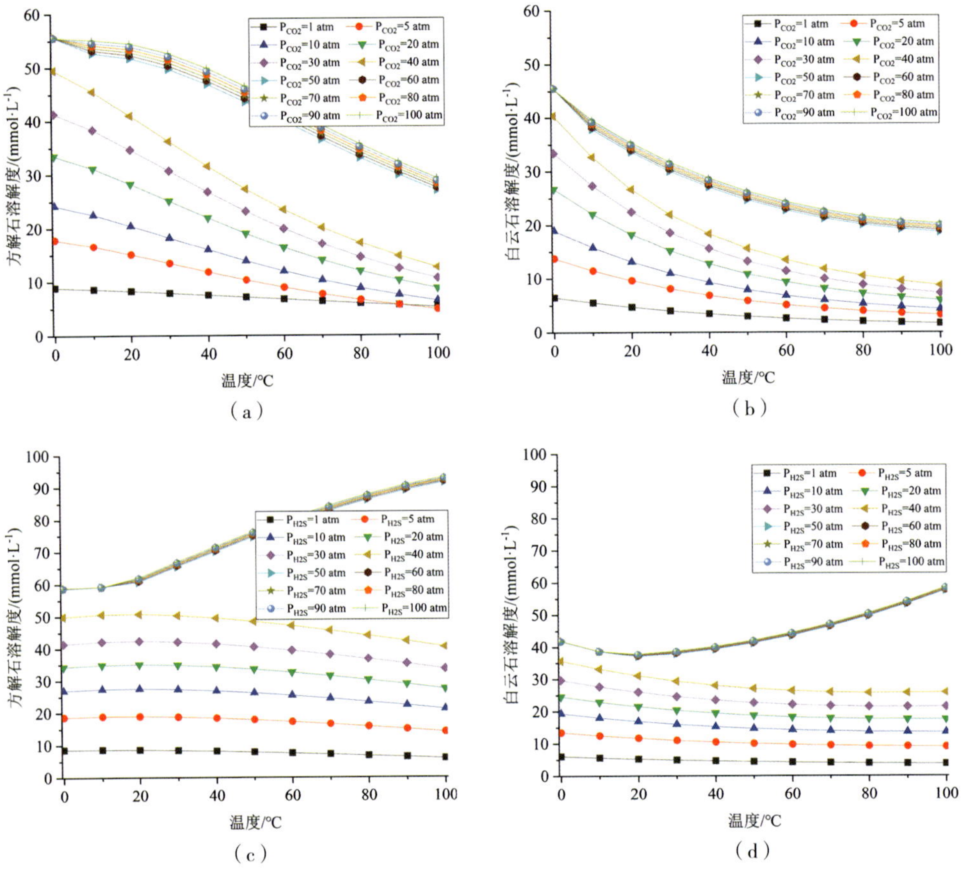

图 6-5 模拟地层压释水对方解石和白云石溶解度的影响

拟研究。根据热液岩溶形成的深度和温度（H＝1874.42～2796.34 m，T＝75.33～102.99 ℃，见表 4-1），预计热液岩溶形成过程中 P_{CO_2} 和 P_{H_2S} 的值为 100～600 atm，温度值为 70～170 ℃，模拟计算结果如图 6-6 所示。方解石和白云石的溶解度随 P_{CO_2}、P_{H_2S} 和温度的变化特征如下：

（1）在相同的高温、高压条件下，H_2S 对方解石和白云石的溶蚀能力比 CO_2 更强，H_2S 对方解石和白云石的溶解能力是相同条件下 CO_2 的 2～6 倍。

（2）P_{CO_2} 相同条件下，方解石的溶解度均随着温度的升高而逐渐降低；而白云石的溶解度随着温度的升高先缓慢降低而后又迅速增大，这个温度的拐点出现在 110～120 ℃。由此表明，高温、高压的 CO_2 有利于对白云石的溶解，而不利于对方解石的溶解。

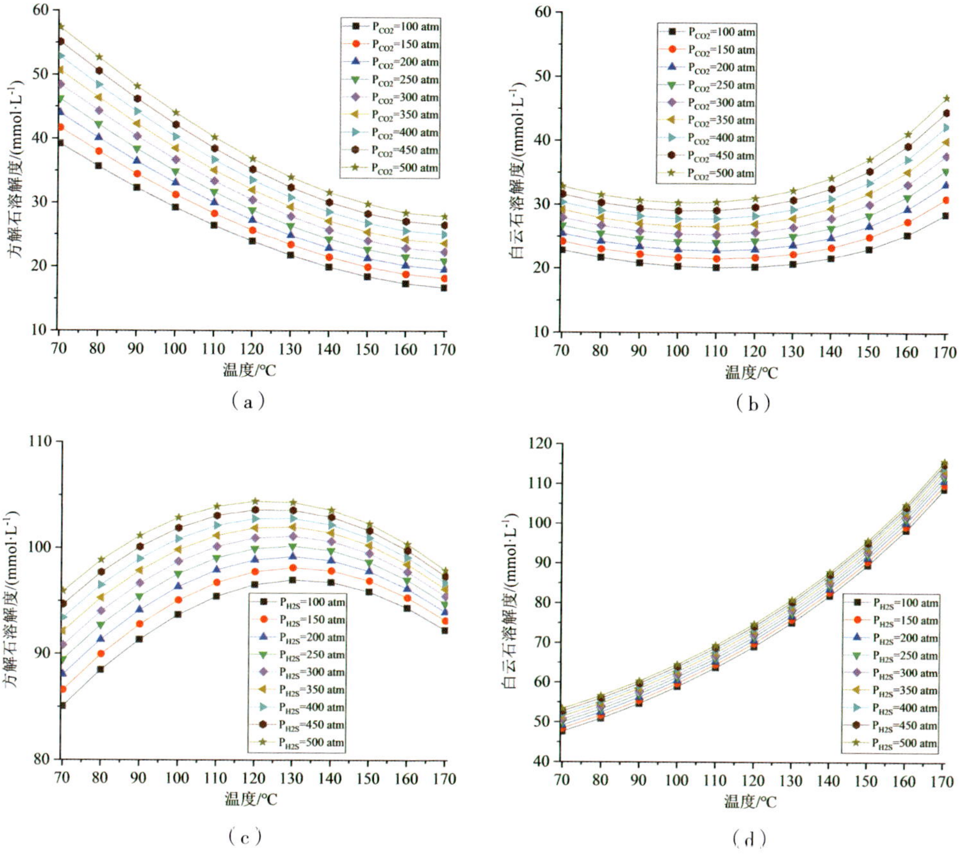

图 6-6 模拟热液流体对方解石和白云石溶解度的影响

(3) P_{H_2S}相同条件下，白云石的溶解度均随着温度的升高而逐渐增大；方解石的溶解度随着温度的升高先增大而后又逐渐减小，这个温度的拐点出现在130～140 ℃。由此表明，高温、高压的 H_2S 也有利于对白云石的溶解，而不利于对方解石的溶解。

综上分析可知，高温、高压条件下，无论是 CO_2 还是 H_2S，对白云石的溶解能力都要强于对方解石的溶解能力，这很可能就是深部白云岩岩溶发育的重要原因之一。

6.2.4 混合流体

混合溶蚀主要发生在白垩纪至古近纪的半暴露岩溶阶段。大气淡水溶蚀首先发生在奥陶系碳酸盐露头区，当大气淡水沿着断层和裂缝向下运移，与向上运动深部地层水和热液流体发生混合时，会形成强烈的混合溶蚀作用。与大气淡水和地层水相比，混合流体具有更强的溶蚀能力。

本文利用 PHREEQC 3.1.7 软件，分别对深部热水与浅部冷水的混合溶蚀，以及热液流体中 H_2S 在潜水面附近与大气淡水中 O_2 发生的混合溶蚀进行了模拟分析。

6.2.4.1　深部热水与浅部冷水的混合溶蚀

假设深部地层热水（简称“深部热水”）的 P_{CO_2} 和 T_{CO_2} 分别为 10 atm 和 50 ℃，浅部冷水的 P_{CO_2} 和 T_{CO_2} 的值分别为 0.1 atm 和 20 ℃，这两种溶液初始时均为方解石和白云石的饱和溶液。当深部热水沿着深部断层或裂缝以 1∶5 的体积单位与浅部冷水发生混合时，利用 PHREEQC 3.1.7 软件计算得出方解石和白云石的溶解度（以“mmol/L”计）及饱和指数值，计算结果见表 6-2 和表 6-3。

表 6-2　深部热水与浅部冷水混合前、后对方解石溶解度的影响

项目	P_{CO_2}/atm	温度/℃	pH	饱和指数 SI		溶解度/（$mmol \cdot L^{-1}$）		
				方解石	CO_2	CO_2	方解石	白云石
深部水	10	50	5.37	0	0.98	−205	−15.15	—
浅部水	0.1	20	6.65	0	−1	−8.15	−4.20	—
$V_{深部水}$∶$V_{浅部水}$=1∶5	0.93	25	6.02	−0.5	0.01	−281.80	−18.55	—

注：①“—”代表溶解。②SI=0 时，表示溶液中方解石正好处于平衡状态；SI<0 时，表示溶液中方解石处于未饱和状态；SI>0 时，表示溶液中方解石处于过饱和状态。

从表 6-2 可以看出，混合前深部热水和浅部冷水均为方解石的饱和溶液（SI=0），混合后的溶液变成方解石的不饱和溶液（SI=−0.5）。混合前深部热水和浅部冷水对方解石的溶解度分别为 15.15 mmol/L 和 4.20 mol/L，混合后溶液对方解石的溶解度为 18.55 mol/L，分别是混合前深部热水和浅部冷水对方解石溶解度的 1.22 倍和 4.42 倍。因此，当深部热水和浅部冷水发生混合后，混合溶液对方解石的侵蚀性得到了显著增强。

表 6-3 深部热水与浅部冷水混合前、后对白云石溶解度的影响

项目	P_{CO_2}/atm	温度/℃	pH	饱和指数 SI		溶解度/(mmol·L^{-1})		
				白云石	CO_2	CO_2	方解石	白云石
热水	10	50	5.42	0	−0.16	−206.9	—	−8.67
冷水	0.1	20	6.74	0	−0.03	−9.24	—	−2.65
$V_{深部水}$:$V_{浅部水}$=1:5	0.91	25	6.11	−1.03	−0.58	−297	—	−11.54

注：①“—”代表溶解。②SI=0 时，表示溶液中白云石正好处于平衡状态；SI<0 时，表示溶液中白云石处于未饱和状态；SI>0 时，表示溶液中白云石处于过饱和状态。

从表 6-3 可以看出，混合前深部热水和浅部冷水均为白云石的饱和溶液(SI=0)，混合后的溶液变成白云石的不饱和溶液（SI=−1.03)。混合前深部热水和浅部冷水对白云石的溶解度分别为 8.67 mmol/L 和 2.65 mol/L，混合后溶液对白云石的溶解度为 11.54 mol/L，分别是混合前深部热水和浅部冷水对白云石溶解度的 1.33 倍和 4.35 倍。因此，当深部热水和浅部冷水发生混合后，混合溶液对白云石的侵蚀性也得到了显著增强。

6.2.4.2 潜水面附近 H_2S 与 O_2 的混合溶蚀

当富含 H_2S 的热液流体沿着深部断裂向上运移，与向下运移的富含 O_2 淡水发生混合时，会发生强烈的氧化反应生成硫酸，溶蚀周围的碳酸盐岩，其化学反应方程式见式（5-5）和式（5-6）。

为了了解 H_2S 与 O_2 形成的混合溶液对方解石和白云石溶解能力强弱，本文利用 PHREEQC 3.1.7 软件，对气压为 1 atm，温度为 0～100 ℃条件下，CO_2、H_2S、H_2S 与 O_2 三种气体对方解石和白云石溶解过程分别进行模拟，模拟计算结果如图 6-7 所示。

从图 6-7 可以看出，在气压（1 atm）和温度（0～100 ℃）相同条件下，H_2S 和 O_2 混合溶液对方解石和白云石的溶解度，是相同条件下 CO_2 溶液对方解石和白云石的溶解度的 3～5 倍，是 H_2S 溶液对方解石和白云石的溶解度的 2～4 倍。因此，与富含 CO_2 的淡水和富含 CO_2、H_2S 的地层水相比，H_2S 和 O_2 混合溶液具有更强的侵蚀性。混合溶液中的硫酸能直接与碳酸盐岩发生化学反应，其溶解能力远强于碳酸。这种硫酸溶蚀作用通常发生在潜水面附近，因为那里的

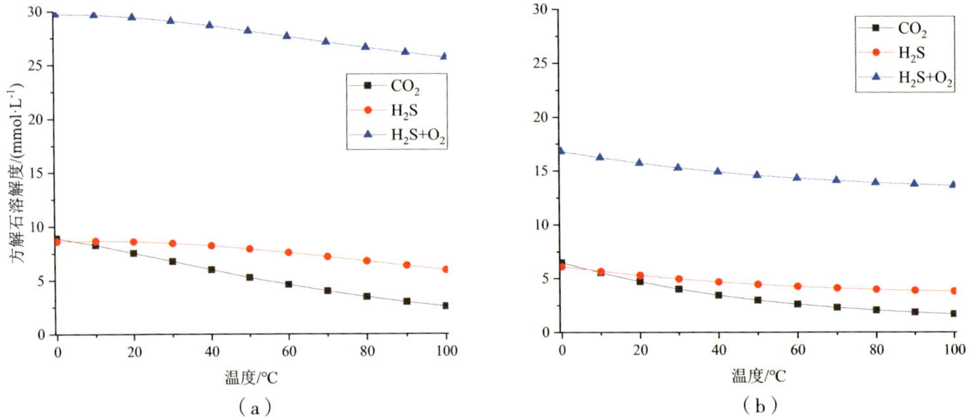

图 6-7　不同温度条件下 CO_2、H_2S 和 H_2S+O_2 对方解石和白云石溶解度的影响

O_2 都比较充足，易于发生强烈的氧化反应形成更强的酸性流体。不少学者已经证实，世界上许多溶洞的形成都与硫酸溶蚀有关。正如前文所述，区内潘集背斜和陈桥背斜碳酸盐岩露头区附近的许多溶洞和 KCC 的形成都与这类混合溶蚀有着密切关系。

6.3　断裂构造

断裂构造（包括断层和裂缝）是地下水和热液流体的运移通道，控制着古岩溶的形成与演化。根据前文分析可知，淮南煤田奥陶系古岩溶以缝洞为主，大型溶洞多分布在断裂带周围，而溶洞又是裂缝进一步溶蚀扩大缝。此外，在所有揭露奥陶系地层钻孔中都发现有大量裂缝存在，且以构造裂缝为主，这与中生代多期构造运动密切相关。

研究表明，断裂构造的形成主要受岩石物理力学性质和构造应力场控制，构造应力的大小和方向决定了岩石的破坏状态和方式，从而影响着侵蚀性流体（如地下水和热液流体等）的渗流方式，决定着古岩溶发育特征和分布规律。依据这一思路，本文拟通过对中生代古构造应力场的模拟，分析多期构造运动裂缝场和水动力场的分布特征，阐明断裂构造对古岩溶形成与演化的控制作用。

6.3.1　构造分期

古构造应力场模拟前，需要对研究区中生代构造运动期次和应力特征进行识别和确定。共轭节理在古构造应力场期次划分和应力分析中具有重要意义。本文对淮南煤田南部露头区159对共轭剪节理统计发现，研究区节理裂缝主要以高角度节理（50.63%）和垂直节理（36.80%）为主，含少量低角度节理（12.26%）和水平节理（0.31%）[图6-8（a）]。按节理走向划分，主要为NEE-SWW、NE-SW和NNE-SSW向[图6-8（b）]，其次为NWW-SEE和NNW-SSE向；按倾向划分主要为SSE、NNW、NW和NWW向[图6-8（c）]，其次为NEE、SEE和SSW向。根据这些共轭节理的产状特征，可将其划分为3期（组），如图6-9所示：

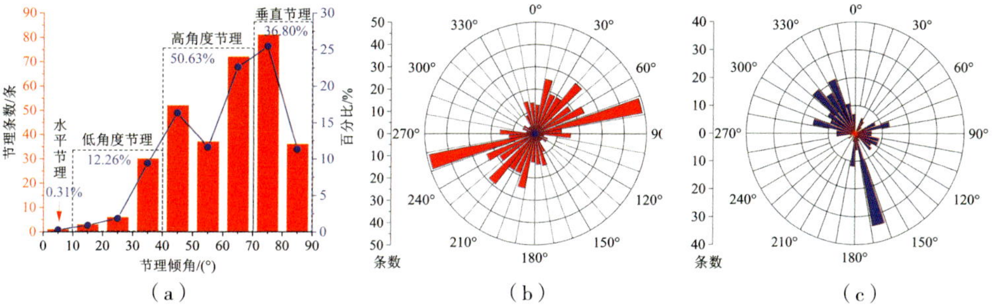

图6-8　淮南煤田露头区共轭节理统计

（1）第一期（组）以NE-SW和NNW-SSE方向的共轭节理，表示最大主应力为近N-S向（8°～188°），这是印支运动的产物。受印支运动影响，区内发育了近E-W方向的褶皱（如潘集-陈桥背斜、古沟-谢桥向斜）和断裂（颍上-定远断层、阜李断层、阜凤断层、尚塘-明龙山断层和刘府断层等）。

（2）第二期（组）以NEE-SWW和NWW-SEE方向的共轭节理，显示最大主应力为NWW-SEE向（96°～276°），这是早燕山运动的产物。早燕山期，研究区受NWW-SEE向构造应力场的影响，发育挤压抬升褶皱，产生了一系列NNE-NE的左行压扭性断裂，并对印支期形成的NWW向逆冲断裂与褶皱系统进行切割、改造。煤田中部由于NNE-NE向的大兴集断裂左行平移活动，在张集、顾北井田西侧直接将地层左行牵引为NNE向，造成陈桥-潘集背斜轴迹呈“S”形展布。

（3）第三期（组）以NNE-SSW和NEE-SWW方向的共轭节理，显示最大主应力为NE-SW向（NE55°～235°），这是晚燕山运动的产物。晚燕山期，研究区表现为NW-SE向的伸展作用，前期构造演化过程中出现的NW-NWW

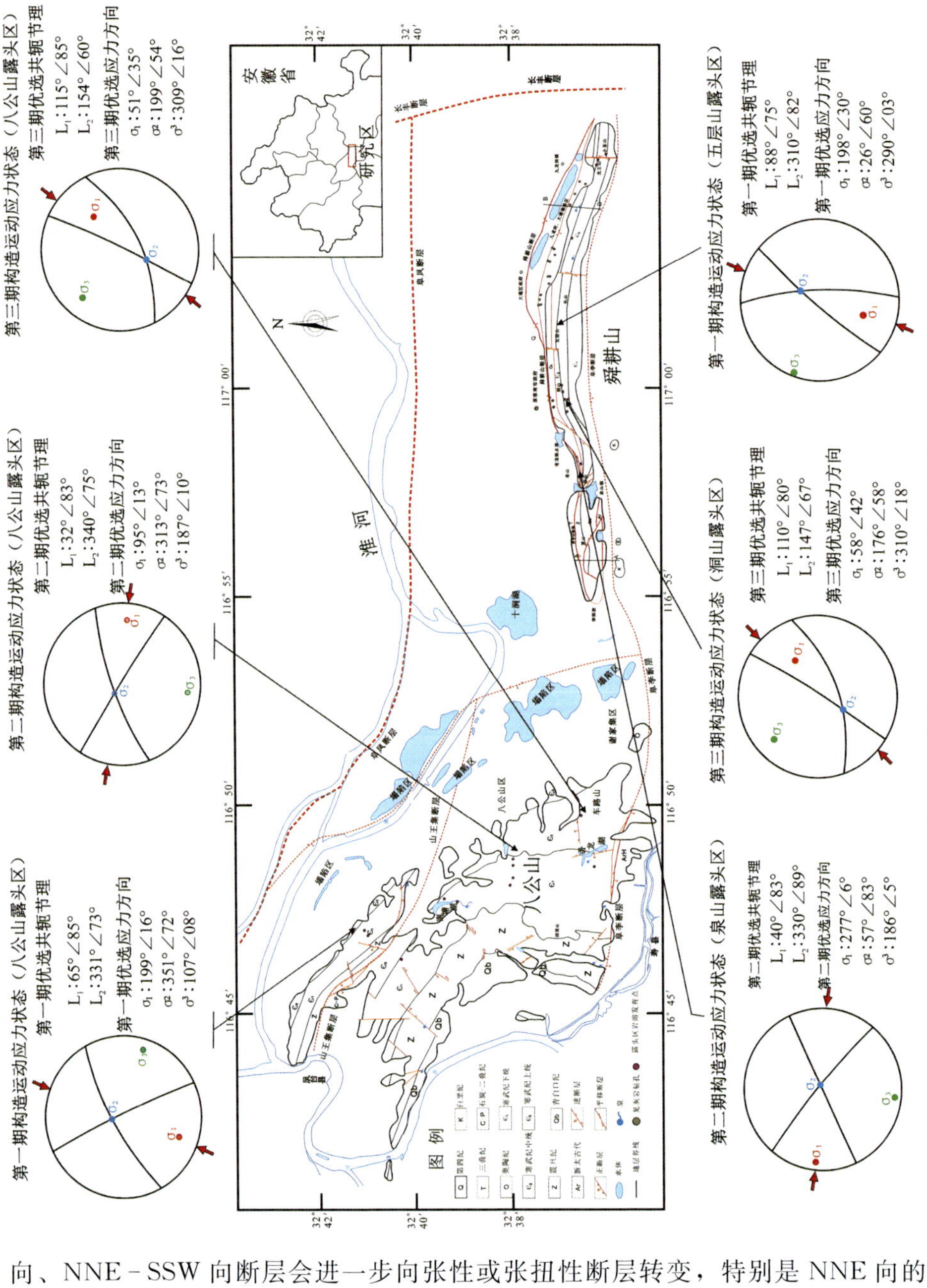

图6-9 淮南煤田露头区共轭节理分期配套

向、NNE－SSW 向断层会进一步向张性或张扭性断层转变，特别是 NNE 向的郯庐断裂、阜阳断裂、口孜集断裂、新城口－长丰断裂等由先期的压扭性断裂转变为伸展性断裂，同时还出现了大量的中、小型近 EW 向正断层。

因此，根据研究区共轭节理特征分析，淮南煤田中生代主要经历了三期构造运动，分别是印支期、早燕山期和晚燕山期构造运动，最大主应力方向分别为近 N－S 向（8°～188°）、NWW－SEE 向（96°～276°）和 NE－SW 向（55°～235°）。

6.3.2　古构造应力场数值模拟

大量研究发现，古构造应力场影响着断裂构造的形成和分布。因此，对构造应力场研究有助于揭示构造岩溶的发育程度和分布规律。构造应力场不仅受区域构造应力背景、位置和时间控制的影响，同时还受外力大小和方向、岩石力学性质、边界条件等影响。本文利用有限元软件 COMSOL 5.3a 分别对印支期、早燕山期和晚燕山期的古构造应力场进行数值模拟，结合断裂构造判别准则，分析各期裂缝场和水动力场分布特征，阐明断裂构造对奥陶系古岩溶发育和分布的控制作用。

古构造应力场数值模拟主要包括以下步骤：（1）建立地质模型；（2）建立力学模型；（3）网格划分；（4）模拟结果分析。

6.3.2.1　模型建立

1. 地质模型

淮南煤田奥陶系地层平均厚度为 89.0 m，与研究区边界长度（东西长 100 km，南北宽 30 km）相比，可将奥陶系地层近似看作薄板处理，且本次模拟目的主要是从宏观上反映古构造应力场对断裂构造的控制作用，因此，可选用二维地质模型进行数值模拟。为了消除边界效应对模拟结果的影响，模型边界对实际研究区边界进行了适当放大，实际模型东西边界长 135 km，南北边界宽 70 km，如图 6－10 所示。

地质模型主要包括地层和地质构造两个方面，本次地质模型以奥陶系地层和区内断层、褶皱为研究对象。根据淮南煤田地质构造演化史，研究区印支期主要发育近 EW 向断层和褶皱，早燕山期和晚燕山期的断层和褶皱构造与区内现在的主体构造特征基本相似。根据研究区地质构造图，将断层、褶皱及其邻近的岩石分别定义为断层带和褶皱带，并根据断层和褶皱规模大小确定断层带和褶皱带宽度。本次假设主断层和主褶皱的宽度为 1000 m，次断层和次褶皱的宽度为 500 m，各级断层和褶皱分布如图 6－10 所示。

2. 力学模型

力学模型的建立主要包括以下两个方面：一是确定研究区目的层不同单元的岩石物理力学参数；二是确定地质体边界构造应力的加载方式、大小和约束条件。

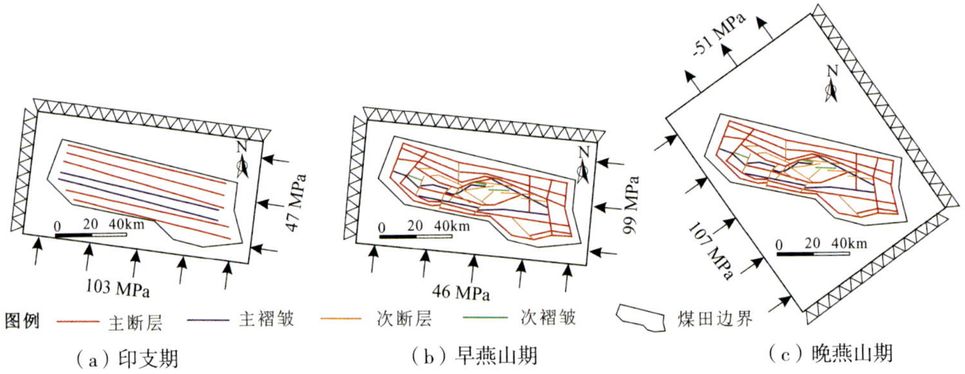

图 6-10 印支期、早燕山期和晚燕山期地质模型和边界条件

(1) 岩石物理力学参数确定

有限元法中地质力学模型是由每个单元组成的弹性体，它们具有不同的岩石力学性质，如弹性模量 E 和泊松比 ν。因此，在地质力学模型中，构造区（断层带和褶皱带）和非构造区地层将被赋予不同的岩石力学参数。

淮南煤田非构造区的奥陶系岩石物理力学参数主要是通过岩石三轴力学试验得到（见表 6-4），但构造区的岩石力学参数主要是根据前人研究经验计算得出。大量研究表明，构造区内主断层和主褶皱的岩石力学参数分别是非构造区的 70% 和 75%，次断层和次褶皱的岩石力学参数分别是非构造区的 80% 和 85%。但与非构造区相比，构造区的岩石泊松比要大于非构造区，构造区的主断层和主褶皱的岩石泊松比要比非构造区大 5%，次断层和次褶皱的岩石泊松比要比非构造区大 10%。因此，可以根据非构造区的岩石物理力学参数计算得出构造区的岩石物理力学参数。

表 6-4 淮南煤田奥陶系地层物理力学参数

研究区域		密度 ρ/（kg·m^3）	弹性模量 E/GPa	泊松比 ν	内聚力 C/MPa	内摩擦角 ψ/（°）	抗拉强度 σ_t/MPa	抗剪强度 τ_n/MPa
非构造区		2500	50.05	0.25	37.82	37.93	12.34	25.73
构造区	主断层	2300	25.03	0.38	18.91	18.97	6.17	12.87
	主褶皱	2300	30.03	0.35	22.69	22.76	7.40	15.44
	次断层	2300	35.04	0.33	26.47	26.55	8.64	18.01
	次褶皱	2300	40.04	0.28	30.26	30.34	9.87	20.58

（2）边界条件确定

岩石力学试验结果表明，岩石破坏前变形以弹性为主，破裂后应力明显降低。因此，本次采用弹性模型来研究地质体。模型的边界应力主要是水平构造力。假设水平构造力是一组均匀加载到模型边界上的确定值，其加载过程分为3个阶段，分别为印支期、早燕山期和晚燕山期。

根据本文及前人对华北板块多期构造应力场的研究成果，确定了淮南煤田中生代三期构造应力场最大水平主应力和最小水平主应力的方向和大小，如图6-10所示。印支期模型最大水平主应力为103 MPa，从SSW方向加载到模型边界；最小水平主应力为47 MPa，从SEE方向加载到模型边界。早燕山期模最大水平主应力为99 MPa，从NEE方向加载到模型边界；最小水平主应力为46 MPa，从SSE方向加载到模型边界。晚燕山期模型最大水平主应力为107 MPa，从SW方向加载到模型边界；最小水平主应力为−51 MPa（“−”表示拉应力），从NW方向加载到模型边界。

3. 模型网格划分

构造框架是模型建立和有限元法模拟的基础，构造区内断层带和褶皱带的网格划分对模型精度有很大影响，也是古构造应力场恢复和断裂构造反演的关键。考虑到构造类型的特殊性，本次对断层带和褶皱带的网格进行了加密细化，并采用三角形网格（3个节点）和四边形网格（4个节点）对模型进行联合划分。

模型网格划分后，印支期模型共包含4167个节点和8188个单元，早燕山期模型共包含12710节点和25272个单元，晚燕山期共包含12923个节点和25704个单元。

6.3.2.2　断裂构造判别准则

模型建立完成后，利用有限元软件COMSOL 5.3a对印支期、早燕山期和晚燕山期的古构造应力场进行了模拟计算，得出了不同构造期次研究区奥陶系地层的最大主应力场、最小主应力场和最大剪应力场。选择这些应力参数作为计算分析结果的原因在于：（1）最大主应力决定了岩石是否发生断裂和剪切破坏；（2）最小主应力减小或最大主应力增大，都有利于裂缝的形成；（3）最大剪应力是岩石剪切破坏的主要原因，当岩石沿剪切面滑动时，会产生滑动线并破坏岩石材料。

一般情况下，在应力作用下岩石内部的破坏形式主要有两类：一类是拉张破裂，另一类是剪切破裂。其中，拉张破裂主要利用格里菲斯（Griffith）破裂准则来判断，而剪切破裂则主要是用莫尔-库伦（Mohr - Coulomb）剪切破裂准则进行判断。因此，本文在综合运用上述两类准则时，对研究区奥陶系地层的断裂构造分布情况进行了分析和预测。

1. 格里菲斯准则

拉张断裂遵循格里菲斯准则，其表达式如下：

当 $\sigma_1+3\sigma_3\geqslant 0$ 时，破裂准则为：

$$(\sigma_1-\sigma_3)^2-8(\sigma_1+\sigma_3)\sigma_T=0 \tag{6-2}$$

当 $\sigma_1+3\sigma_3<0$ 时，破裂准则为：

$$\sigma_3+\sigma_T=0 \tag{6-3}$$

式中：σ_1 为最大主应力，MPa；σ_3 为最小主应力，MPa；σ_T 为通过数值模拟计算得出的岩石抗拉强度，MPa。

2. 莫尔-库伦准则

剪切断裂遵循莫尔-库伦准则，其表达式如下：

$$\tau_n=C+\sigma_N\times\tan\varphi \tag{6-4}$$

式中：τ_n 为岩石的抗剪强度，MPa；σ_N 为正应力，MPa；C 为黏聚力，MPa；φ 为内摩擦角，(°)。

3. 构造破裂率

根据格里菲斯和莫尔-库伦准则，利用 COMSOL 5.3a 软件中的有限元法计算模块，可以分别计算出构造裂缝的拉张破裂率（L）和剪切破裂率（Q），计算公式如下：

$$L=\frac{\sigma_T}{\sigma_t} \tag{6-5}$$

$$Q=\frac{\tau_N}{\tau_n} \tag{6-6}$$

式中：L 为拉张破裂率，%；Q 为剪切破裂率，%；σ_t 为实测的岩石抗拉强度，MPa；τ_N 为通过数值模拟计算得出的最大剪应力，MPa；其余参数意义同前。当 $L\geqslant 1$ 时，岩石发生拉张破裂；当 $Q\geqslant 1$ 时，岩石发生剪切破裂。

在实际情况中，岩石既会发育拉张裂缝，也会形成剪切裂缝，两者呈共生或伴生关系。因此，为了更好地定量表达断裂构造的发育程度，本文引入了综合破

裂率 Z。综合破裂率 Z 值越大，表明岩石破裂程度就越大，其计算公式如下：

$$Z=l\times L+q\times Q \tag{6-7}$$

$$l+q=1 \tag{6-8}$$

式中：l 和 q 分别为拉张破裂的加权因子和剪切破裂的加权因子，l 和 q 值可以通过拉张破裂率 L 与剪切破裂率 Q 的比值以及 $l+q=1$ 计算得出；其余参数意义同前。

6.3.3　模拟结果分析

6.3.3.1　古构造应力场分布

建立合理的地质力学模型后，对其赋值相应的岩石物理力学参数和边界条件，结合弹塑性理论和有限元方法，利用 COMSOL 5.3a 软件模拟计算出不同时期研究区构造应力场的分布特征，如图 6－11 所示。图中正值表示拉张应力，负值表示压应力。

（1）印支期：该期最大主应力、最小主应力和最大剪切应力强度分别为－115～－50 MPa、－70～－5 MPa 和－37～－14.9 MPa，均为压应力。由于该期主要受到由南向北挤压应力作用，因此，该期的应力整体上表现为由东南向西北方向逐渐减小。与非构区相比，构造区的断层带和褶皱带内发生了主应力相对集中，而最大剪切应力骤降，表明该期断层带和褶皱带内岩石最易形成剪切裂缝。

（2）早燕山期：该期最大主应力、最小主应力和最大剪切应力强度分别为－110～－35 MPa、－60～0 MPa 和－45～－5 MPa，均为压应力。由于该期主要受到由东向西方向的挤压作用，因此，区内应力整体上表现为从东南向西北方向逐渐减小。与非构区相比，本期构造区的断层带和褶皱带的应力值发生显著下降，表明该阶段断层带和褶皱带发生应力释放，这与该期内正断层的形成及其力学性质一致。

（3）晚燕山期：该期最大主应力、最小主应力和最大剪切应力强度分别为－170～－10 MPa、 55～10 MPa 和－65～0 MPa。该期由于同时受到西南方向的挤压作用和西北方向的拉伸作用，区内应力场整体上表现为由西北向东南方向压应力逐渐减小。与非构区相比，区内的断层带和褶皱带的应力值普遍较低，尤其是区内 NE、NNE 和 NEE 向断层和褶皱带的应力值普遍很低，表明该阶段区内大部分断层带和褶皱都处于应力释放状态，这与该期内正断层的形成及其力学性质也是一致的。

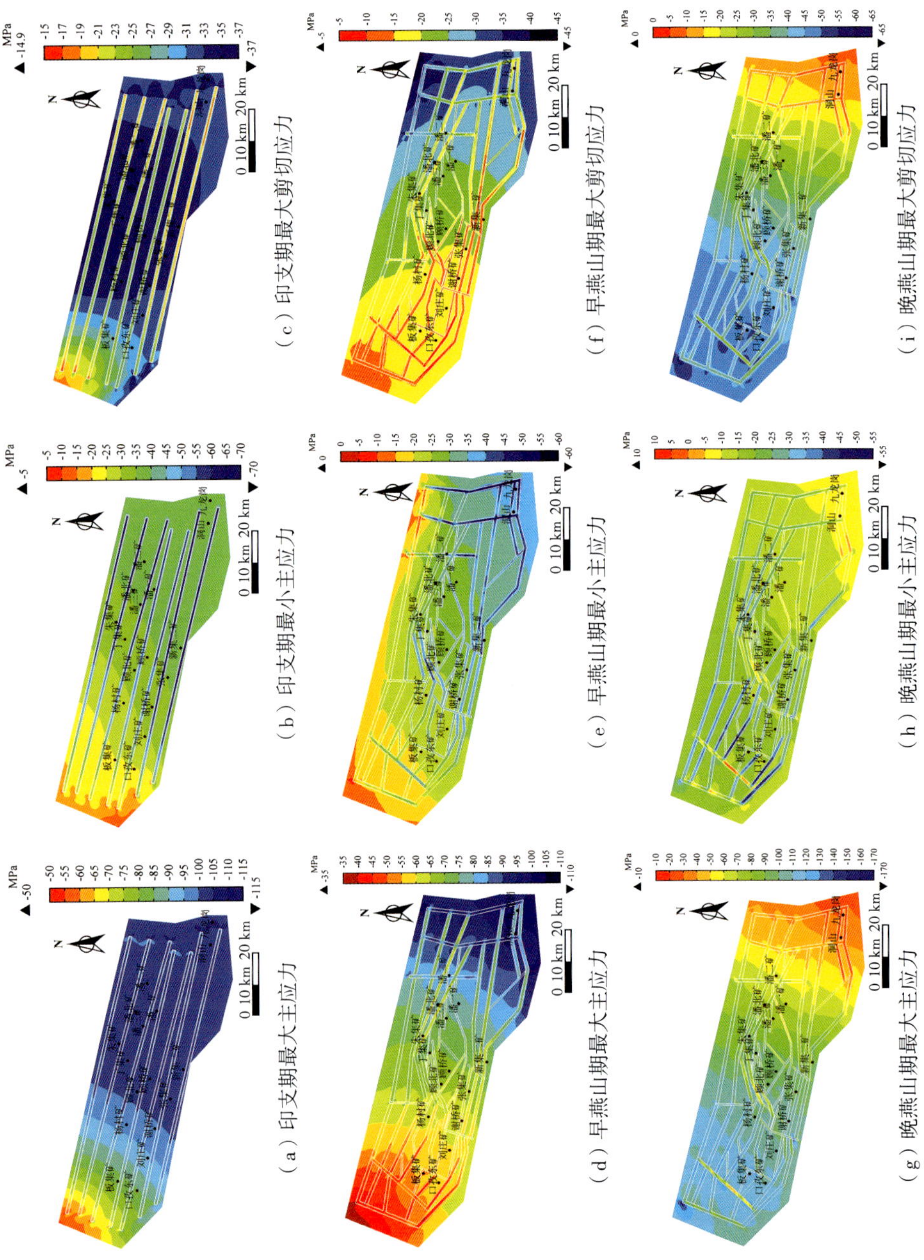

图6-11　印支期、早燕山期和晚燕山期淮南煤田构造应力场分布特征

与华北地区其他煤田相比，淮南煤田印支期、早燕山期和晚燕山期构造带内的应力值相对较高，表明中生代多期构造运动对淮南煤田断裂系统的形成和分布起着重要作用，也是区内奥陶系地层中裂缝系统尤为发育的重要原因。

6.3.3.2 裂缝场分布特征

基于中生代古构造应力场分布特征，结合格里菲斯和莫尔-库伦准则，可以分别计算得出淮南煤田印支期、早燕山期和晚燕山期断裂构造的拉张破裂率 L、剪切破裂率 Q 和综合破裂率 Z，如图 6-12 所示。

(1) 印支期：非构造区拉张破裂率 L 为 0.5～1.5，整体由中部向东、西两个方向逐渐减小；与非构造区相比，构造区内断层带和褶皱带的拉张破裂率 L 较小，这主要与构造带的受力状态以及岩石物理力学性质有关。本期非构造区的剪切破裂率 Q 为 0.6～3.4，由西北向东南方向逐渐增大；与非构造区相比，构造区的剪切破裂率 Q 较大，表明构造区剪切裂缝发育。该期淮南煤田受到近 N-S 向强烈挤压，从而形成了挤压应力为主的逆冲推覆构造带和剪切裂缝，因此，本期剪切破裂率 Q 明显高于拉张破裂率 L，且剪切破裂率 Q 最大值多集中在应力集中的断层带和褶皱带内。模拟结果表明，印支期剪切破裂率 Q 与拉张破裂率 L 的比值约等于 2，因此，该期的拉张破裂加权因子 l 和剪切破裂加权因子 q 分别为 0.33 和 0.67。根据公式 (6-7) 可以计算得出印支期的综合破裂率 Z。非构造区内综合破裂率 Z 为 0.8～2.6，呈由西北向东南方向逐渐增大趋势；最大综合破裂率 $Z=1.6$～4.0，主要分布在区内断层带和褶皱带内。因此，印支期裂缝主要发育在近 E-W 的断层带和褶皱带内，且以剪切裂缝为主。

(2) 早燕山期：非构造区拉张破裂率 L 为 0.2～3.4，由西北向东南方向逐渐增大；构造区内断层和褶皱带的张破裂率 L 为 0.6～5.0，明显大于非构造区，这与该期断层带和褶皱带的应力释放形成拉张性的正断层有关。与拉张破裂率 L 相比，本期的剪切破裂率 Q 明显要小得多。在非构造区，剪切破裂率 Q 为 0.2～1.8，由东北向西南逐渐减小；在构造区，断层和褶皱带的剪切破裂率 Q 变小，为 0.2～1.0。本期剪切破裂率 Q 与拉张破裂率 L 的比值约等于 0.5，因此，早燕山期的拉张破裂加权因子 l 和剪切破裂加权因子 q 分别为 0.67 和 0.33。根据公式 (6-7) 可以计算得出早燕山期综合破裂率 Z,。非构造区综合破裂率 Z 为 0.5～2.5，由西北向东南方向逐渐增大；最大综合破裂率 Z 主要分布在东部和中部的断层带和褶皱带内 ($Z=2.5$～3.5)，但西部的断层和褶皱带的综合破裂率 Z 较低 ($Z=0.5$～2.5)。因此，早燕山期裂缝主要发育在研究区东部和西部的断层

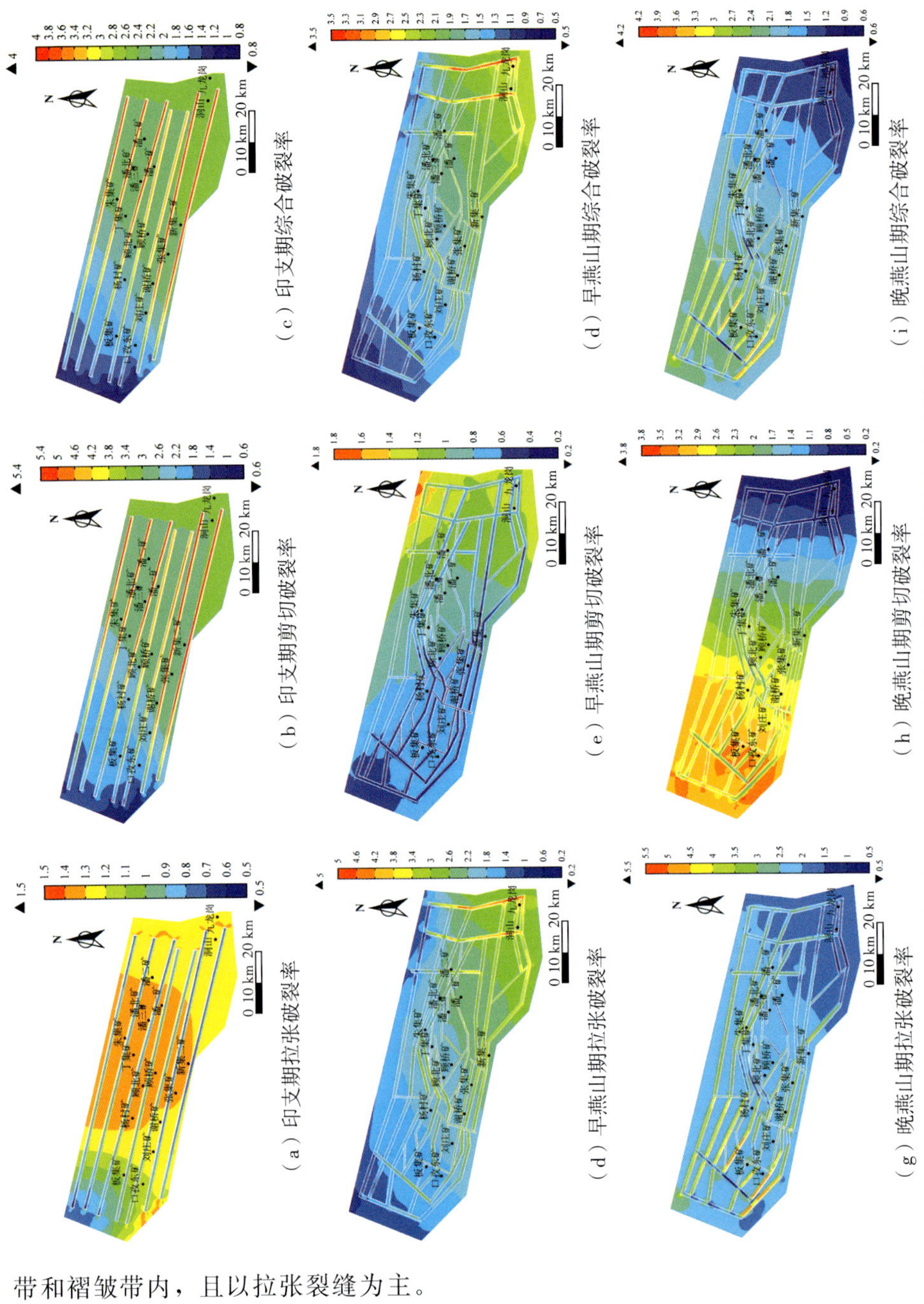

图6-12　印支期、早燕山期和晚燕山期淮南煤田构造裂缝场分布特征

带和褶皱带内，且以拉张裂缝为主。

(3) 晚燕山期：非构造区拉张破裂率 L 值为 1.5～2.5，由东南向西北逐渐增大；构造区内 NE、NNE 和 NEE 向断层带和褶皱带的拉张破裂率 L 较低，为 0.5～1.5，但 NNW 和 NWW 向断层带和褶皱带的拉张破裂率 L 较高，为 2.5～

5.5，推测可能与本期同时受到 NW 向拉伸和 SW 向挤压有关。在非构造区，本期的剪切破裂率 Q 为 0.2～3.8，由东向西逐渐增大；构造区内的断层带和和褶皱带的剪切破裂率 Q 都较低，为 0.2～2.9，仅在断层交汇处、断层和褶皱交汇处剪切破裂率 Q 略有增大，表明该期断层带和褶皱带主要以拉张作用为主，剪切作用不强烈。本期拉张破裂率 L 与剪切破裂率 Q 的比值约等于 1.2，因此，该期的拉张破裂加权因子 l 和剪切破裂加权因子 q 分别为 0.6 和 0.4。根据公式（6-7）可以计算得出晚燕山期综合破裂率 Z。非构造区综合破裂率 Z 值为 0.6～3.0，整体上呈由东南向西北方向逐渐增大；最大综合破裂率 Z 主要分布在 NNW 和 NWW 向的断层带和褶皱带内（Z=1.8～4.2），NE、NNE 和 NEE 向的断层带和褶皱带的综合破裂率 Z 普遍较低（Z=0.6～2.1）。因此，晚燕山期的拉张裂缝主要沿 NNW 和 NWW 断层和褶皱带发育，且主要发育在研究区的中部和西部地区。

通过对比三期古构造应力场和裂缝场发现，构造应力分布与裂缝分布规律有着明显的相关性，即构造应力越集中，越容易发育裂缝；此外，应力强度分布还受到断层带和褶皱带的影响，它们共同控制着裂缝系统的发育和分布。

6.3.4　多期构造运动对古岩溶发育的控制作用

大量研究表明：挤压环境下，岩体没有发生破裂或处于剪切破坏状态，压应力愈大，其压缩性愈大，溶孔度就减小，不利于地下水运动，同时会导致地下水压力增高，驱动地下水运移，成为地下水的驱动区或滞留区；拉张环境下则相反，若应力导致岩体发生拉张破裂，则地下水应力会突降而成为汇聚区。根据上述原则及多期构造应力场的数值模拟结果，可以大致绘制出印支期、早燕山期和晚燕山期的地下水水动力场，如图 6-13 所示。

（1）印支期：该期主要受到由南向北方向挤压力，形成了近 E-W 向逆冲推覆构造，地下水水流总体由南向北部流动。由于该期断层带和褶皱带多为应力集中区，且以剪切裂缝为主，因此，本期断层带和褶皱带成为地下水的驱动区，不利于奥陶系古岩溶的发育。

（2）早燕山期：该期拉张裂缝主要发育在研究区东南部，地下水水流整体呈由西北流向东南。本期由于断层带和褶皱带的应力释放，形成了大量正断层和拉张裂缝，而成为地下水运移和汇聚通道。因此，早燕山期奥陶系古岩溶主要沿断层带和褶皱带发育，尤其是区内东部和中部的拉张裂缝发育地带。

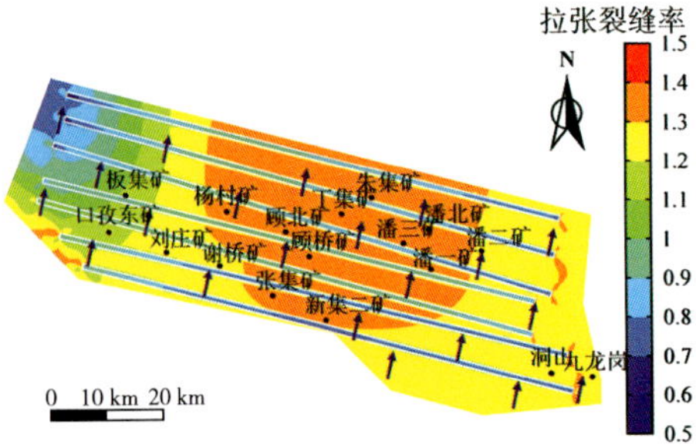

(a) 印支期地下水动力场

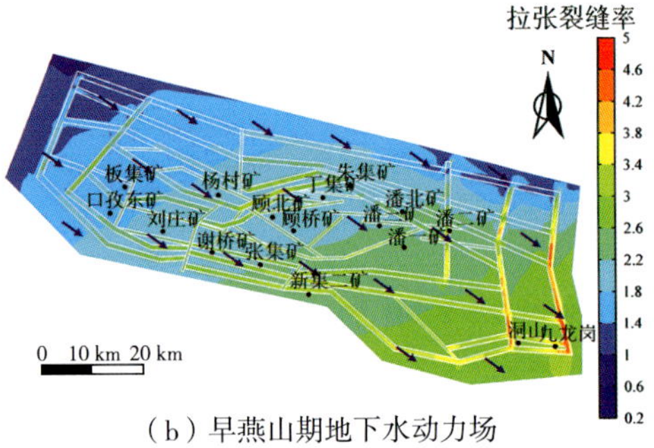

(b) 早燕山期地下水动力场

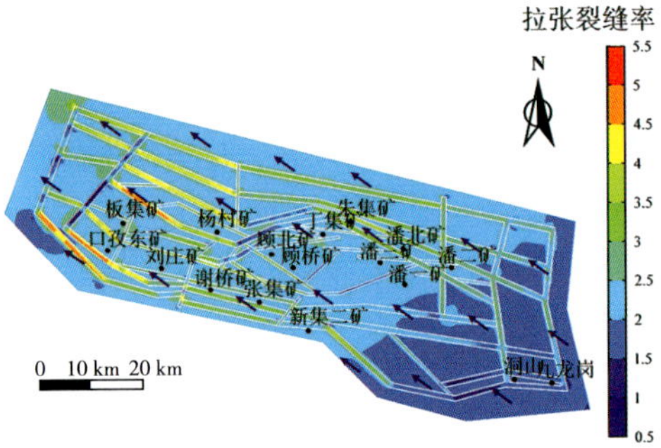

(c) 晚燕山期地下水动力场

图 6－13　印支期、早燕山期和晚燕山期淮南煤田水动力场分布特征

(3) 晚燕山期：该期由于受西北向拉张作用，区内拉张裂缝多发育在西北部的 NNW 和 NWW 向的断层带和褶皱带内，地下水整体上由东南流向西北。因此，晚燕山期奥陶系古岩溶主要沿 NNW 和 NWW 向的断层带和褶皱带发育，尤其是区内中部和西部的拉张裂缝发育地带。

综合上述分析可知：①印支期以挤压应力形成的剪切裂缝为主，不利于地下水的流动，因此，对奥陶系古岩溶发育的影响较小；②早燕山期发生构造带的应力释放，在断层带和褶皱带形成了大量拉张裂缝，在研究区东部和中部地区地下水活动强烈，有利于奥陶系古岩溶发育；③晚燕山期由于受西北向拉张作用，在研究区西部和中部地区形成了大量拉张裂缝，尤其在 NNW 和 NWW 向的断层和褶皱带内拉张裂缝尤为发育，成为地下水的运移通道，有利于奥陶系古岩溶发育。因此，早燕山期和晚燕山期的断裂构造对淮南煤田奥陶系古岩溶发育起着重要作用，区内中部地区很可能是拉张裂缝和古岩溶发育的最佳位置。

6.4 古地貌与古水文

6.4.1 奥陶系风化壳古地貌与古水文

李定龙、时国研究发现，奥陶系风化壳期间淮南煤田古地貌为岩溶高地，向北至皖北煤田为岩溶斜坡，至徐州和枣庄地区为岩溶盆地，整体上呈由南向北地势逐渐下降的趋势。因此，奥陶系风化壳时期，淮南煤田整体上处于岩溶高地的强风化剥蚀区，根据第四章分析，淮南煤田奥陶系地层剥蚀厚度约 300 m，致使煤田中部矿区的下奥陶统马家沟组地层几乎被剥蚀殆尽。这可能也是淮南煤田奥陶系地层厚度比邻近皖北煤田（两者相距约 200 km）奥陶系地层厚度小 300 m 的原因之一。

通过对淮南煤田奥陶系风化壳岩溶古地貌恢复，可将研究区细划分为 3 个二级岩溶古地貌单元，即次级岩溶高地、次级岩溶斜坡和次级岩溶盆地。

次级岩溶高地位于研究区的中部刘庄、谢桥、顾北、顾桥矿附近，其中谢桥矿位于次级岩溶高地的中心位置。次级岩溶高地的地势较高，是大气降水淋滤作用最为强烈的位置，因此，该处奥陶系地层残余厚度往往最薄。例如，谢桥井田内 19 个钻孔揭穿奥陶系地层厚度为 25.8～77.19 m，平均厚度仅为 51.56 m。由于次级岩溶高位置奥陶系地层厚度薄，致使该处垂直渗流带不断向下发展，从而与下部水平潜流带发生连通，形成了多层水平溶洞（或裂缝）与垂直溶洞（或裂缝）交互发育模式。这些水平溶洞与垂直溶洞后期多被塌陷角砾岩和方解石充填胶结，如谢桥井田内的 HN59＃钻孔，揭穿奥陶系地层厚度为 48.15 m，其中塌陷角砾岩有 7 层，厚度为 15.81 m，占奥陶系地层总厚度的 32.83%。

次级岩溶斜坡位于次级岩溶高地与次级岩溶盆地之间，主要分布在板集、口孜东、刘庄、杨村、张集、顾桥、丁集、朱集、潘一、潘二、潘三、潘北和新集二矿周围。在次级岩溶斜坡上坡度较小的地区，地表及地下水系较为发育，岩溶作用强且垂向分带特征明显，在淮南煤田奥陶系地层中多表现为溶洞发育和（或）溶洞塌陷后塌陷角砾岩发育等特征，如图 6－14 所示。次级岩溶斜坡处奥陶系地层厚度较为稳定，通常为 90～140 m。

次级岩溶盆地是岩溶古地貌中的低洼地区，分布于研究区的东部地区。由于

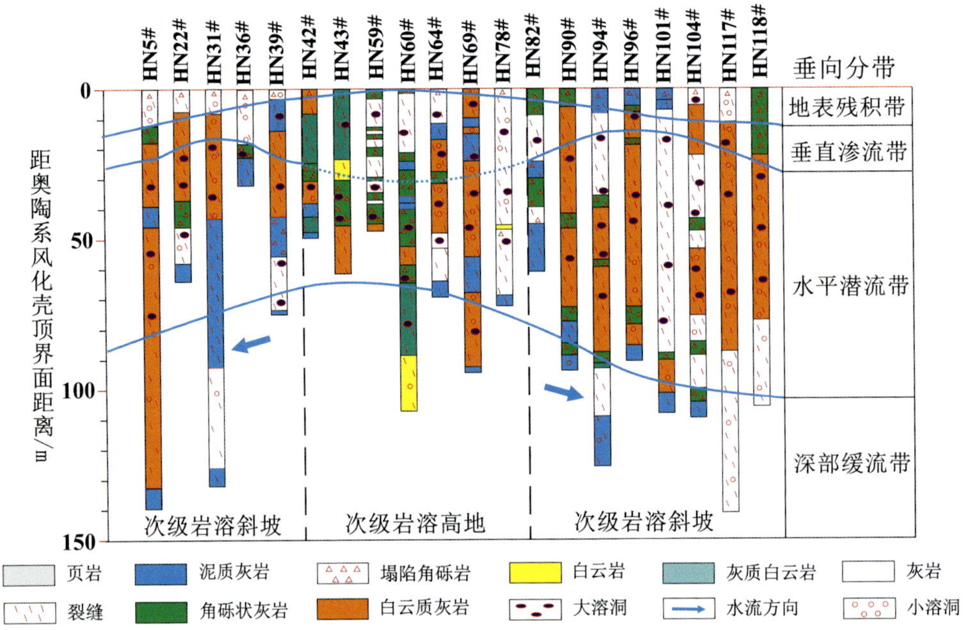

图 6-14　不同古地貌单元奥陶系古岩溶垂向发育特征

次级岩溶盆地地势低，多为地表水和地下水的汇集区，因此，区内地下水流相对静止、循环速度慢，地下水中的碳酸盐饱和度较高。一般情况下，次级岩溶盆地中垂直渗流带和水平渗流带内岩溶都不甚发育，仅发育一些小溶洞和溶蚀裂缝。因此，次级岩溶盆地内奥陶系地层一般厚度较大，通常大于 140 m。

6.4.2　基岩风化面古地貌与古水文

根据第五章分析可知，第三系沉积前研究区下古生界寒武系和奥陶系碳酸盐岩露头主要分布在北部的明龙山和上窑山、南部的舜耕山和八公山，以及中部潘北矿附近的潘集背斜和杨村矿附近的陈桥背斜位置。在这些半暴露的剥蚀区域，碳酸盐岩处于完全开放体系中，直接被大气降水、地表水和（或）河流水淋滤和溶蚀。虽然大气淡水中的 CO_2 不断被消耗，但溶解在淡水中的 CO_2 会通过裂缝和溶孔不断地进行补充，水-岩反应会持续朝着岩石溶解的方向发展。根据研究区内奥陶系地面钻孔抽水试验资料显示，单位涌水量 $q \geqslant 1.0$ L/（m·s)或渗透系数 $K \geqslant 0.5$ m/d 的奥陶系钻孔主要分布潘集背斜和陈桥背斜碳酸盐岩露头区周围，且由浅部向深部奥陶系灰岩含水层的富水性和渗透性呈现出减弱趋势，即单位涌水量 q 和渗透系数 K 值都逐渐减小，如图 6-15 所示。此外，潘北煤矿和顾

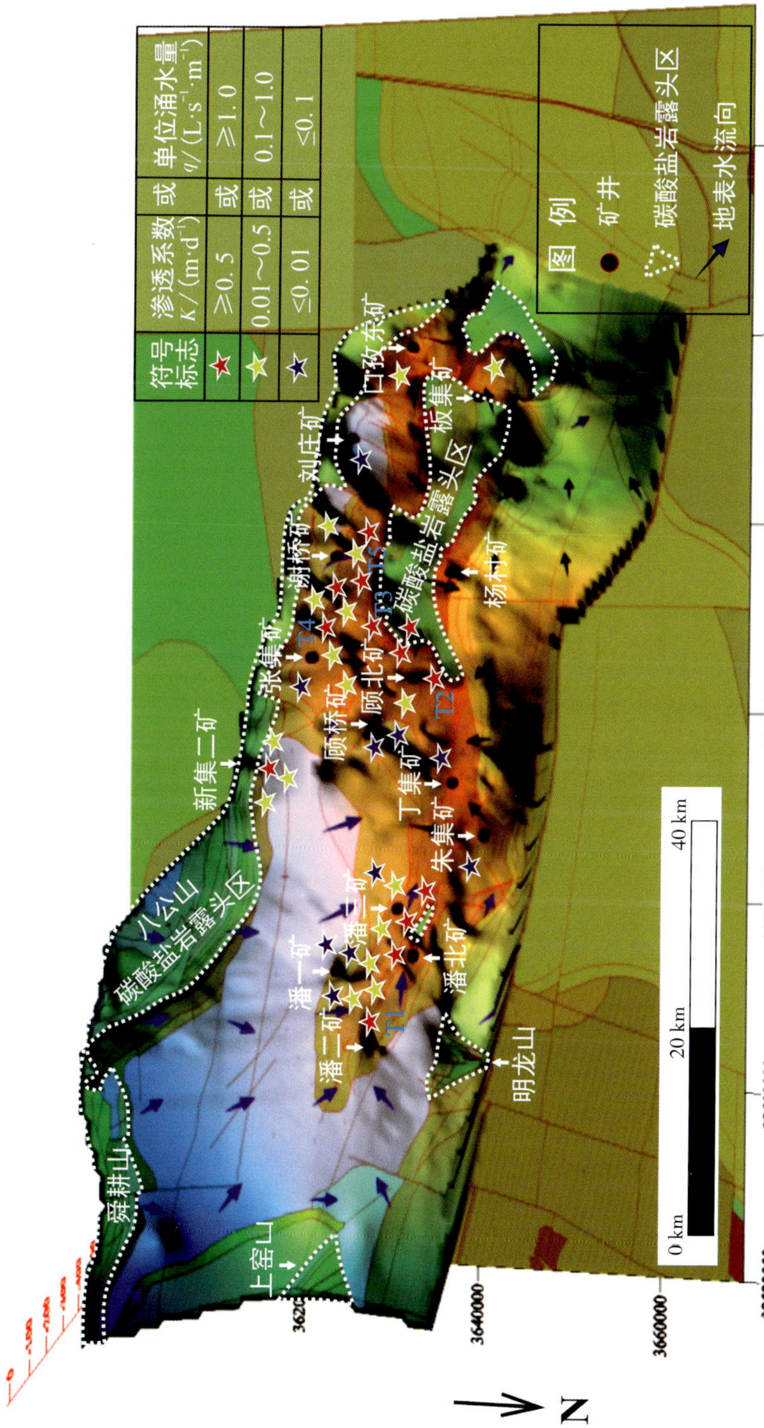

图6-15 奥陶系含水层水文地质参数分布特征

北煤矿的井下放水试验也表明，在潘集背斜和陈桥背斜碳酸盐岩露头区附近，奥陶系灰岩含水层富水性中等～强［单位用水量 q＝0.1204～3.9610 L/（m·s）］，渗透系数 K＝0.0994～1.30 m/d，奥陶系灰岩含水层和石炭系太原组灰岩含水层之间水力联系密切，且这两个灰岩含水层的富水性、渗透性和连通性由浅部向深部都逐渐变差。

在浅埋区和深埋区，碳酸盐岩处于半封闭体系中，大气淡水不能直接与隐伏碳酸盐岩接触。但研究区内断层和裂缝十分发育，在重力作用下，含有 CO_2 的淡水可以通过断层和裂缝流向深部半封闭系统。一般情况下淡水的温度、盐度和 P_{CO_2} 相对较低，而沿断层向上运动的深部地层水温度、盐度和 P_{CO_2} 都相对较高，当这两种溶液混合后会形更强的侵蚀性流体，发生更强烈的混合溶蚀作用。例如，张集矿的 T4 钻孔位于深埋区的断层带附近，在孔深 1001.90 m 位置仍发育溶洞，抽水试验资料表明该孔奥陶系地层单位涌水量 q＝0.3014 L/（m·s），渗透性 K＝1.2321 m/d，富水性中等、渗透性好。此外，研究区内还有一部分溶洞和 KCC 并不一定都发育在碳酸盐岩露头区，但它们大多数分布于浅埋区或深埋区的断裂带周围，表明碳酸盐岩露头区、断裂构造和混合溶蚀作用共同控制着这些溶洞和 KCC 的形成与分布。

6.5 岩浆活动

印支运动以后，华北地台发生解体，进入裂谷盆地的发展阶段。在燕山运动的影响下，淮南煤田的构造活动以拉张运动为主，形成了大量伸展断层和走滑断层，并在断层附近形成了错综复杂的裂缝网络系统，成为地下水和岩浆活动的通道。现有资料表明，淮南煤田自晚古生代以来至少经历了 3 次岩浆活动，分别是晚三叠世、早白垩世和晚白垩世岩浆活动。其中，早白垩世岩浆活动最为强烈，通过地面勘探发现在潘三、潘北、朱集和丁集等井田内存在早白垩世岩浆岩大面积分布。晚三叠世和晚白垩世岩浆岩虽未发现大面积分布，但李小明等在潘三、谢桥和新集二矿的地面勘探钻孔岩芯中都发现了这两期岩浆岩的存在。因此，整体来说，淮南煤田的岩浆活动规模较小，强度不一，但活动期次较多，范围较广，主要分布在淮南煤田中部的潘谢矿区。

岩浆活动不仅能直接分离出含有挥发性成分的酸性物质，如 CO_2、H_2S 等，而且通过岩浆注入围岩加热了地层水，使地层水变为热液流体。热液携带的CO_2、H_2S等酸性气体，不仅对周围的碳酸盐岩产生腐蚀作用，而且促进了硫酸盐热化学还原反应（TSR）进行，并产生了更多的CO_2、H_2S和其他酸性气体。当这些高温、高压、高腐蚀性的热液流体和酸性腐蚀气体通过深部断裂向上运移时，周围碳酸盐岩的温度、压力和酸性条件发生迅速变化，导致前期形成的溶孔、裂缝和溶洞再次被改造和扩大，并产生新的溶孔、裂缝和溶洞。

本次取样的5个奥陶系钻孔（T1、T2、T3、T4、T5孔）中均发现了热液岩溶的存在，且KCC 3＃和KCC 6＃的形成也与热液溶蚀作用有关，表明岩浆活动对研究区奥陶系古岩溶的形成、演化和分布也起着重要作用。

6.6　岩溶作用时间

大量研究表明，岩溶发育强度与岩溶作用方式和岩溶作用时间都有直接关系，碳酸盐岩暴露淋滤时间越长，经历的构造运动越频繁，岩溶也就越发育。根据前文分析可知，淮南煤田奥陶系碳酸盐岩自沉积开始，到古近纪末奥陶系古岩溶停止发育为止，共经历了5期岩溶作用，历时约470 Ma，如图6－16所示。

第Ⅰ期的沉积岩溶和第Ⅱ期的风化壳岩溶主要与大气降水的淋滤作用有关，其岩溶作用时间分别为50 Ma和120 Ma，约占淮南煤田奥陶系古岩溶发育总时间的36.17％。第Ⅳ期的热液岩溶主要与构造运动和岩浆活动有关，发生在晚三叠世至晚白垩世期间，影响至晚古近世时期，历时约200 Ma，约占淮南煤田奥陶系古岩溶发育总时间的42.55％。第Ⅲ期的压释水岩溶主要与石炭-二叠系地层的成岩压释水过程有关，发生在中石炭世至早三叠世期间，历时约100 Ma，约占淮南煤田奥陶系古岩溶发育总时间的21.28％。第Ⅴ期的混合岩溶与构造运动、岩浆活动和大气降水都有关系，发生在白垩纪到古近纪，包含在热液岩溶作用期内，历时约120 Ma。

综上分析可知，淮南煤田奥陶系碳酸盐岩共经历了约370 Ma的大气降水淋滤和（或）构造（岩浆）活动频繁的强烈岩溶发育阶段，占奥陶系古岩溶发育总时间的78.72％。因此，淮南煤田奥陶系古岩溶的发育程度整体相对较高，这可能也是区内奥陶系地层残余厚度较薄的原因之一。

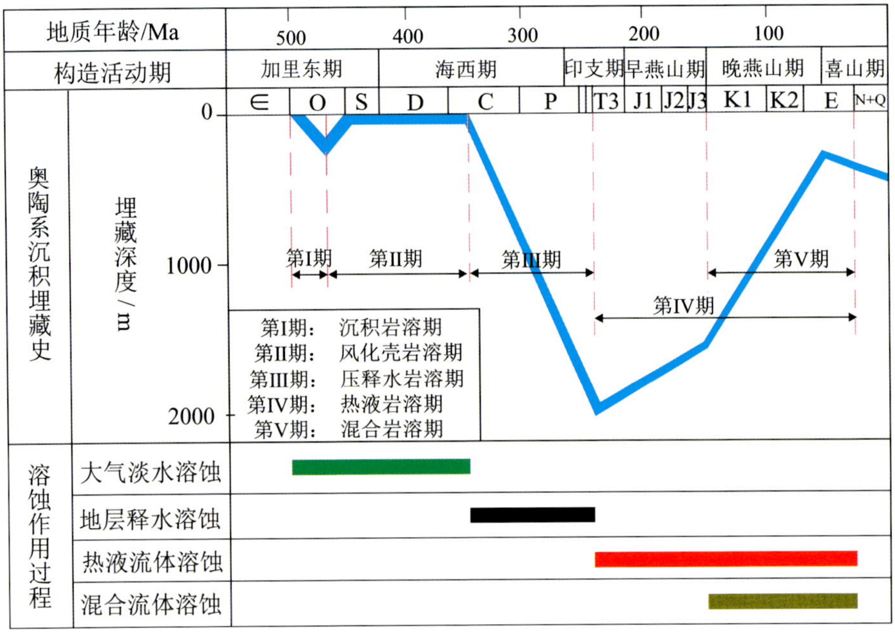

图 6－16　淮南煤田奥陶系古岩溶作用期次及作用时间

6.7　本章小结

（1）溶蚀试验表明：①淮南煤田奥陶系碳酸盐岩比溶蚀度 K_v 总体变化趋势是灰岩＞角砾灰岩＞白云质灰岩＞泥质灰岩＞灰质白云岩＞白云岩；②比溶蚀度 K_v 与碳酸盐岩中 CaO 含量呈显著的正相关性，而与 MgO 含量呈显著的负相关性；③碳酸盐岩颗粒和晶体粒径越小，比溶蚀度 K_v 越大，溶蚀速度越快。

（2）奥陶系上覆石炭-二叠系煤系地层不仅为奥陶系碳酸盐岩的溶蚀作用提供了侵蚀性流体，而且这种单层厚度薄、层理发育、强度低的地层，十分有利于 KCC 顶板塌陷和向上发展。

（3）大气淡水溶蚀主要发生在沉积岩溶期、风化壳岩溶期和混合岩溶期的碳酸盐岩露头区，控制大气淡水溶蚀强度的主要是温度和 CO_2 分压（P_{CO_2}）。利用 PHREEQC 3.1.7 软件模拟大气淡水中 CO_2 对方解石和白云石溶蚀发现：①在 $P_{CO_2}=0$ 时，方解石和白云石的溶解度均随着温度的升高而逐渐增大；②在

0.1 atm≤P_{CO_2}≤1.0 atm 时，方解石和白云石的溶解度随着温度的升高而逐渐降低；③在温度相同条件下，方解石和白云石的溶解度均随着 P_{CO_2} 增大而增大；④在 P_{CO_2} 和温度相同条件下，方解石溶解度总是大于白云石溶解度。

（4）地层压释水溶蚀主要发生在压释水岩溶期，控制压释水溶蚀强度的主要是有机酸、CO_2 和 H_2S 等。利用 PHREEQC 3.1.7 软件分别模拟压释水中 CO_2 和 H_2S 对方解石和白云石溶蚀发现：在温度（30～100 ℃）和压力（1～100 atm）相同条件下，H_2S 比 CO_2 具有更强的侵蚀能力。

（5）热液溶蚀主要发生在热液岩溶期，控制热液溶蚀强度的主要是岩浆中的酸性物质、CO_2 和 H_2S 等。利用 PHREEQC 3.1.7 软件分别模拟热液流体中 CO_2 和 H_2S 对方解石和白云石溶蚀发现：高温（70～170 ℃）、高压（100～600 atm）条件下，无论是 CO_2 还是 H_2S，对白云石的溶解能力都要强于方解石，这很可能是深部白云岩岩溶发育的重要原因之一。

（6）混合溶蚀主要发生在混合岩溶期，主要包括两类混合溶蚀：一类是深部热水与浅部冷水的混合溶蚀，另一类是热液流体中的 H_2S 在潜水面附近与富含 O_2 的淡水接触发生的混合溶蚀。利用 PHREEQC 3.1.7 软件分别对这两种情况进行模拟发现：①当深部高温、高 P_{CO_2} 地下热水向上运移与浅部低温、低 P_{CO_2} 冷水混合后，混合溶液对方解石、白云石侵蚀能力比混合前大大增强；②在气压（1 atm）和温度（0～100 ℃）相同条件下，H_2S 和 O_2 混合水溶液的溶蚀能力是相同条件下 CO_2 水溶液的 3～5 倍、H_2S 水溶液的 2～4 倍。

（7）通过对露头区 159 对共轭剪节理构造分期发现：淮南煤田中生代主要经历了三期构造运动，分别是印支期、早燕山期和晚燕山期构造运动，最大主应力方向分别为近 N－S（8°～188°）、NWW－SEE（96°～276°）和 NE－SW（55°～235°）。

（8）利用有限元软件 COMSOL 5.3a 对多期构造应力场进行模拟计算发现：①印支期构造裂缝主要发育在近 E－W 的断层带和褶皱带内，且以剪切裂缝为主，不利于奥陶系古岩溶的发育；②早燕山期构造裂缝主要发育在研究区东部和中部的断层带和褶皱带内，且以拉张裂缝为主，与该期发育的正断层一起，成为地下水的运移和溶蚀通道；③晚燕山期由于受西北向拉张作用，在西部和中部形成了大量拉张裂缝，尤其在 NNW 和 NWW 向的断层带和褶皱带内拉张裂缝尤为发育，成为地下水的运移通道，有利于奥陶系古岩溶发育。综合分析认为，早燕山期和晚燕山期的断裂构造对淮南煤田奥陶系古岩溶发育起着重要作用，中部地区可能成为拉张裂缝和古岩溶发育的最佳位置。

（9）奥陶系风化壳期间，淮南煤田整体上处于华北岩溶高地的强风化剥蚀区，致使区内下奥陶统上部的马家沟组地层几乎被剥蚀殆尽。区内次级岩溶高地的刘庄、谢桥、张集、顾北、顾桥矿，是大气降水淋滤作用最为强烈的位置，其奥陶系地层残余厚度往往最薄，且形成了多层水平溶洞（或裂缝）与垂直溶洞（或裂缝）交互发育模式。次级岩溶盆地位于研究区东部，区内地下水流相对静止、循环速度慢，岩溶作用弱，仅发育一些小溶洞和溶蚀裂缝。次级岩溶斜坡位于次级岩溶高地与次级岩溶盆地之间，区内岩溶垂向分带特征明显，岩溶作用强，在淮南煤田奥陶系地层中表现为溶洞发育和（或）溶洞塌陷后形成的塌陷角砾岩发育等特征。

（10）根据奥陶系地面钻孔抽水试验资料显示，单位涌水量 $q \geqslant 1.0$ L/（m·s）或渗透系数 $K \geqslant 0.5$ m/d 的奥陶系钻孔主要分布于潘集背斜和陈桥背斜碳酸盐岩露头区周围，且奥陶系灰岩含水层的富水性和渗透性由浅部向深部呈现出减弱趋势；但在浅埋区或深埋区的断裂带周围，也发育了一些溶洞和 KCC，表明碳酸盐岩露头区、断裂构造和混合溶蚀作用共同控制着这些溶洞和 KCC 的形成与分布。

（11）淮南煤田的岩浆活动规模较小，强度不一，但活动期次较多，范围较广。本次取样的 5 个奥陶系钻孔中均发现了热液岩溶的存在，且 KCC 3＃和 KCC 6＃的形成也与热液溶蚀有关，表明岩浆活动对淮南煤田奥陶系古岩溶的发育、分布和演化都起着重要作用。

（12）岩溶发育强度与岩溶作用方式和岩溶作用时间都有直接关系，碳酸盐岩暴露淋滤时间越长，经历的构造运动越频繁，岩溶就越发育。淮南煤田奥陶系碳酸盐岩共经历了约 370 Ma 的大气降水淋滤和（或）构造（岩浆）活动频繁的强烈岩溶发育阶段，占奥陶系古岩溶发育总时间（约 470 Ma）的 78.72%。因此，淮南煤田奥陶系古岩溶发育程度整体相对较高。

7　淮南煤田岩溶陷落柱形成机理探讨

岩溶陷落柱隶属于古岩溶范畴，是华北煤田特有的一种地质现象，对其形成机理至今仍存在很多疑问。本章以淮南煤田岩溶陷落柱为例，利用数值模拟方法揭示岩溶陷落柱形成的两个过程（即基底溶洞形成和溶洞顶板塌陷过程），结合本文和前人研究成果，探讨淮南煤田岩溶陷落柱形成机理。

7.1　基底溶洞形成过程分析

岩溶陷落柱（简称 KCC）的形成是多期岩溶作用和力学作用的共同结果，从目前所揭露的结果来看，淮南煤田 KCC 形成主要存在两个过程，一是前期 KCC 基底溶洞的形成过程；二是后期基底溶洞顶板向上塌陷过程。根据前文分析可知，淮南煤田 KCC 的基底溶洞主要形成于晚三叠世至古近纪。由于热液溶蚀和混合溶蚀作用，造成区内下古生界奥陶系和寒武系碳酸盐岩地层中孔缝洞系统不断溶蚀扩大形成溶洞；中、新生界地层沉积后，在上覆地层超重作用下溶洞顶板发生塌陷，最终形成了 KCC。因此，本节首先通过有限元软件 COMSOL 5.3a，模拟分析溶洞的形成与演化过程。

7.1.1　溶洞形成机理

溶洞形成过程不仅涉及碳酸盐矿物的化学溶解，而且还与流体流动和溶质运移等过程有关。以单个平行裂缝溶蚀为例，其渗透特性主要取决于裂隙开度大小和连通性等。当侵蚀性流体（如大气淡水、地表水、地层水、热液流体等）从裂缝表面流过时，会与其表面的碳酸盐矿物发生化学溶解作用，从而增大了裂缝的开度和渗透性。这种溶蚀速度除了与碳酸盐矿物化学性质有关，还与裂缝表面腐蚀性流体的浓度和流速有关，从而涉及溶质运移过程。因此，裂缝溶蚀或溶洞形成过程实际上是化学溶解-溶质运移-流体流动三个过程耦合的结果，如图 7－1 所示。

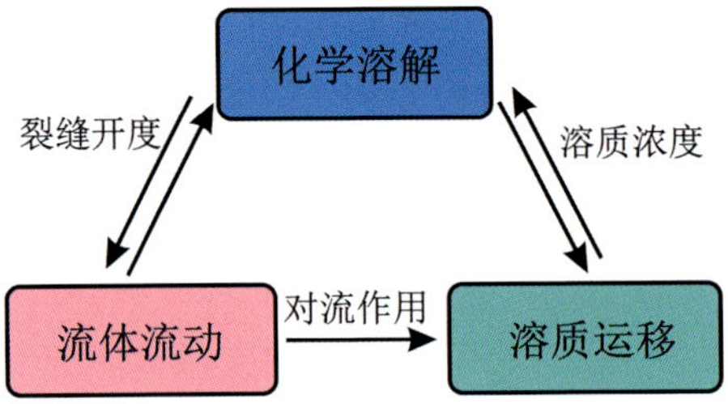

图 7－1　方解石裂缝面化学溶解-溶质运移-流体流动耦合作用示意图

7.1.1.1　化学溶解模型

在流动的侵蚀性流体作用下，碳酸盐矿物化学溶解过程是一个极其复杂的过程。以富含 CO_2 的水流溶解方解石为例，其化学溶解速率主要受到三个过程控制，即 CO_2 转换成 H^+ 和 HCO_3^- 的速度、$CaCO_3$ 溶解速度和溶质运移速度，其化学溶解过程可以用图 7－2 表示。这一过程还可以通过 Fick 定律来描述，即

$$M=D\frac{C_s-C}{d} \tag{7-1}$$

式中：M 为物质通量，mol/（s·m^2）；D 为扩散系数，m^2/s；C_s 为裂缝水中的溶质浓度，这里假定为饱和浓度，mol/m^3；C 为裂缝表面的溶质浓度，mol/m^3；d 为边界扩散层的厚度，m。

图 7－2　方解石裂缝化学溶解模型

化学溶解形成的各种离子从 $CaCO_3$ 表面扩散出去后，造成裂缝开度增大，其通量条件可以用下面公式表示：

$$D\nabla C\cdot n=-kC \tag{7-2}$$

式中：k 为裂缝边界的溶蚀率，m/s；n 为裂缝边界的法向矢量；C 为裂缝表面的溶质浓度，mol/m^3。

7.1.1.2 溶质运移模型

地下水中溶质运移的控制方程为：

$$\frac{\partial C}{\partial t}=\mathrm{div}\ (D\cdot\nabla C)\ -V\cdot\nabla C+R \tag{7-3}$$

式中：C 为溶质浓度，mol/m^3；R 为源项；V 为流速向量；D 为水动力弥散系数张量。由于存在侵蚀性溶液对方解石边壁的溶解，因此，可以把化学溶解项作为源项耦合到溶质运移的控制方程中，得到下式：

$$\frac{\partial C}{\partial t}=\mathrm{div}\ (D\cdot\nabla C)\ -V\cdot\nabla C+D_d\ (C_s-C)\ /d\ (x,\ y) \tag{7-4}$$

式中：$d\ (x,\ y)$ 为裂隙面的开度分布，m；其他参数意义同前。

7.1.1.3 流体运动模型

假设流体速度非常小，可以考虑用 Stokes 方程和连续性方程来共同描述单个平行裂缝中流体的运动：

$$\rho\frac{\partial u}{\partial t}+\nabla\cdot p=\mu\ (\Delta u) \tag{7-5}$$

$$\rho\nabla\cdot u=0 \tag{7-6}$$

式中：u 为流体流速，m/s；ρ 为溶质的密度，kg/m^3；μ 为溶质的黏度，Pa·s；p 为压力，Pa。

7.1.2 溶洞形成过程数值模拟

根据前文分析可知，淮南煤田奥陶系地层中裂缝十分发育，本文分别以水平裂缝和垂直裂缝为研究对象，利用 COMSOL 5.3a 软件中的化学反应模块、稀疏物质模块、层流模块以及变形几何模块的多物理场耦合技术，分别模拟水平裂缝和垂直裂缝溶蚀形成溶洞的过程。

7.1.2.1 模型建立

1. 几何模型

水平裂缝主要用于模拟层间溶蚀，裂缝长度设计为 100 mm（X 轴），宽度设计为 30 mm（Y 轴），如图 7－3（a）所示。

垂直裂缝主要用于模拟高角度裂缝或断层溶蚀，裂缝长度设计为 100 mm（Y 轴），宽度设计为 30 mm（X 轴），如图 7－3b 所示。

2. 物理模型

（1）模型参数

本文利用上面的几何模型和数学模型，模拟 CO_2 水溶液对灰岩裂缝表面的溶解过程。溶质的密度、莫尔质量、浓度、扩散系数、溶蚀率等参数参照周辉等和 Plummer 等实验研究成果，详见表 7－1。

表 7－1 裂缝溶蚀模型参数值

参数	数值	参数	数值
D/（m^2/s）	1×10^{-9}	M/（g/mol）	18
C_s/（mol/m^3）	0.2	k/（m/s）	6.7×10^{-7}
ρ/（kg/m^3）	1×10^{3}	u/（m/s）	1.0×10^{-4}

（2）边界条件

水平裂缝的左边界设计为入口，右边界设计为出口，入口流速和浓度分别设置为 1.0×10^{-4} m/s 和 0.2 mol/m^3 不变，出口设置压力为 0；模型上、下边界均设计为通量边界，允许发生表面化学溶解反应，并设置为移动边界，如图 7－3（a）所示。

垂直裂缝的上边界设计为入口，下边界设计为出口，左、右边界均设置为通量边界，允许发生表面化学溶解反应，并设置为移动边界。垂直裂缝和水平裂缝一样，入口流速和浓度分别设置为 1.0×10^{-3} m/s 和 0.2 mol/m^3 不变，出口设置压力为 0，如图 7－3b 所示。

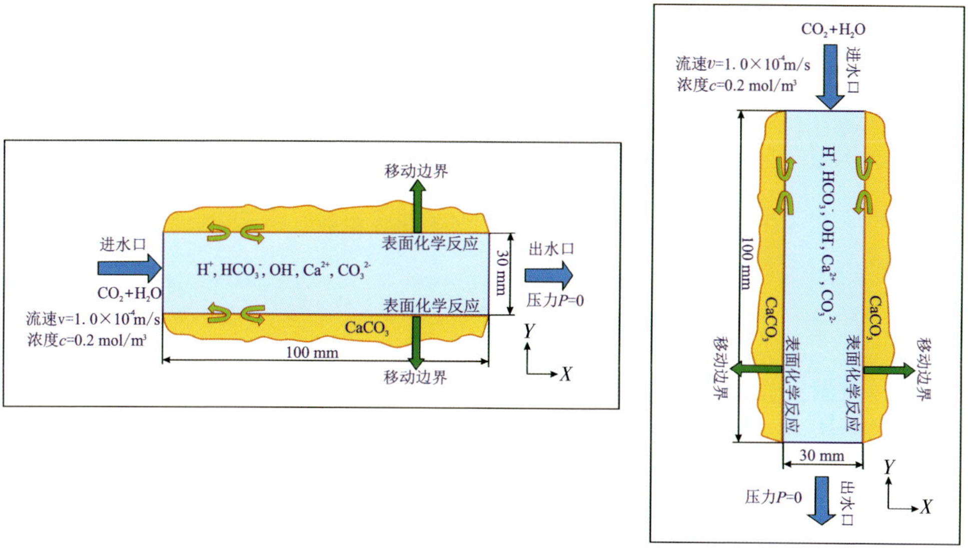

（a）水平裂缝溶蚀模型　　（b）垂直裂缝溶蚀模型

图 7-3　裂缝溶蚀几何模型

3. 变形几何

COMSOL5. 3a 软件是通过任意拉格朗日欧拉（ALE）方法来控制自由移动域的边界。由于移动边界（即裂缝两侧边界）是唯一的化学反应边界，因此，仅需要对这些边界定义网格移动速度，其计算公式为：

$$v_b = \frac{D_d M}{\rho} \tag{7-7}$$

式中：v_b 是动网格的法向速度，m/s；参数 D_d、M 和 ρ 意义同前。

4. 网格划分

本次裂缝模型对三角形和四边形网格进行联合划分。模型网格划分后，水平裂缝模型共包含三角形单元 38338 个和四边形单元 1432 个，水平裂缝模型共包含三角形单元 38294 个和四边形单元 1432 个，均符合本次模拟的精度要求。

此外，为了更精确刻画移动边界的化学反应过程，对裂缝两侧的移动边界进行了较细化网格剖分，最大单元尺寸为 2. 49 μm，生长速率为 1. 1。

7.1.2.2 模拟结果分析

1. 水平裂缝

利用COMSOL 3.5a软件模拟计算得出水平裂缝的溶蚀演化过程，如图7-6所示。对比图7-6（c）、（f）、（i）发现，随着溶蚀时间从0年到500年再到1000年，水平裂缝的上、下边界都在不断向外扩张，且入口处的溶蚀宽度最大，越往出口处溶蚀宽度逐渐减小。究其原因在于：入口处溶质的浓度较高，且水流速度相对较慢，因此，入口处的化学溶解过程得以充分进行；随着水流方向，由于裂缝水中的CO_2浓度不断降低，溶蚀能力也在逐渐减弱，因此，靠近出口处的溶蚀宽度也在不断变小。

从图7-4（a）可知，原始水平裂缝宽度为30 mm（0年）；溶蚀500后，裂缝宽度增大为48.50～52.97 mm，增长率为61.66%～75.56%；溶蚀1000年后，裂缝宽度增大为68.38～75.01 mm，增长率为127.93%～149.97%。如果继续以相同的条件作用下去，10000年后裂缝宽度将变为432.12～436.23 mm，增长率为1340.42%～1354.08%，如图7-4（b）所示。此时，入口处和出口处裂缝的宽度已经很接近，原因在于入口处的水流流速很小（1.0×10^{-4} m/s）且保持不变，而出口处宽度逐渐增大，致使入口和出口处流速相差不大，化学溶解作用得以充分进行。因此，水平裂缝溶蚀1000年后，裂缝宽度由原始的30 mm扩大为430 mm，此时，一个水平的层间溶洞已基本形成。

2. 垂直裂缝

利用COMSOL 3.5a软件模拟计算得出垂直裂缝的溶蚀演化过程，如图7-7所示。对比图7-7（c）、（f）、（i）发现，随着溶蚀时间从0年到500年再到1000年，垂直裂缝的左、右移动边界都在不断向外扩张，且上边界入口处的溶蚀宽度最大，越往出口处的溶蚀宽度逐渐变小。出口处溶蚀宽度最小，主要是由于出口处CO_2浓度最低但流速却最大，致使出口处的CO_2溶液和方解石边界之间没有发生充分的化学溶解反应。

从图7-5（a）可知，原始垂直裂缝宽度为30 mm（0年）；溶蚀500年后，裂缝宽度增大为48.50～52.97 mm，增长率为61.66%～75.56%；溶蚀1000年后，裂缝宽度增大为68.38～75.01 mm，增长率为127.93%～149.97%。如果继续以相同的条件作用下去，10000年后裂缝宽度将变为432.12～436.23 mm，增长率为1340.42%～1354.08%，如图7-5（b）所示。因此，和水平裂缝一样，垂直裂缝溶蚀10000年后，裂缝宽度也由原始的30 mm扩大为430 mm，垂直裂缝变成了垂直溶洞。

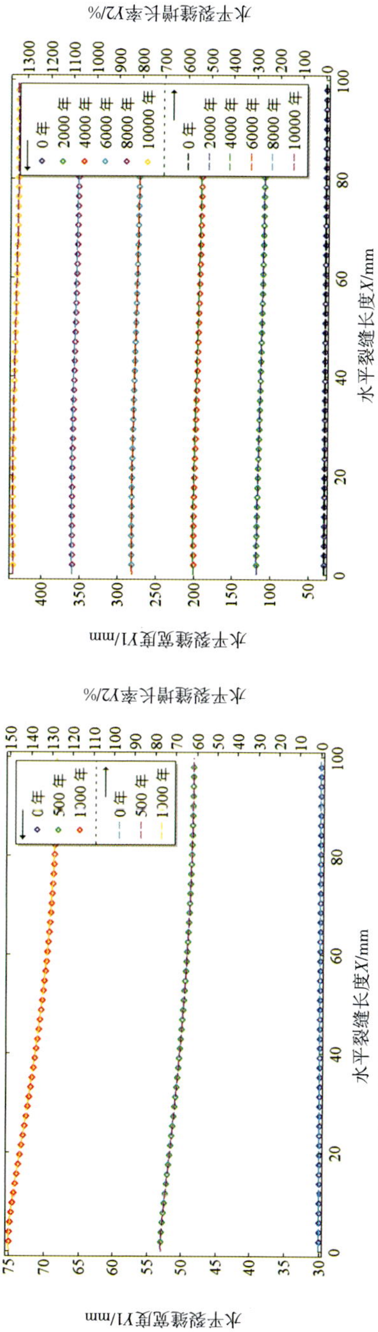

（a）化学溶解时间=0、500、1000年时，水平裂缝的宽度和增长率

（b）化学溶解时间=2000、4000、6000、8000、10000年时，水平裂缝的宽度和增长率

图7-4　水平裂缝宽度变化

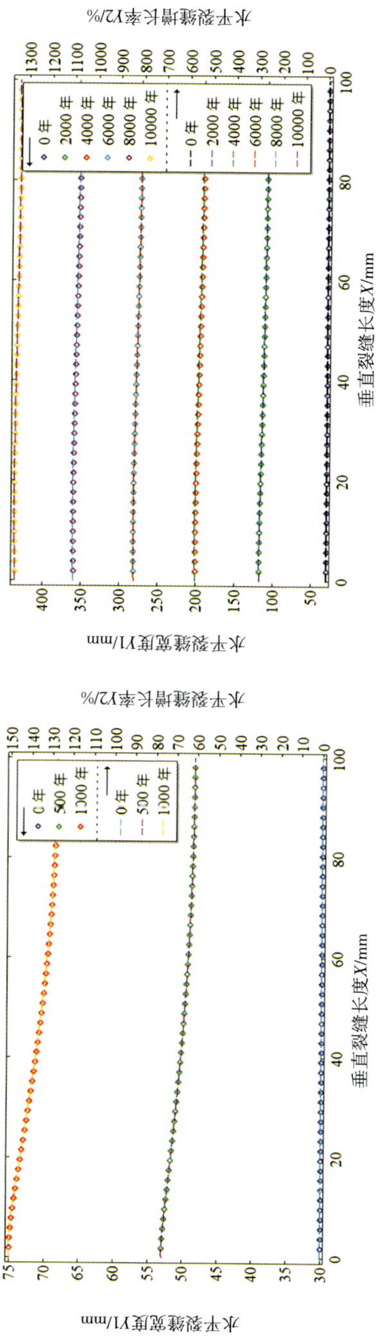

（a）化学溶解时间=0、500、1000年时，垂直裂缝的宽度和增长率

（b）化学溶解时间=2000、4000、6000、8000、10000年时，垂直裂缝的宽度和增长率

图7-5　垂直裂缝宽度变化

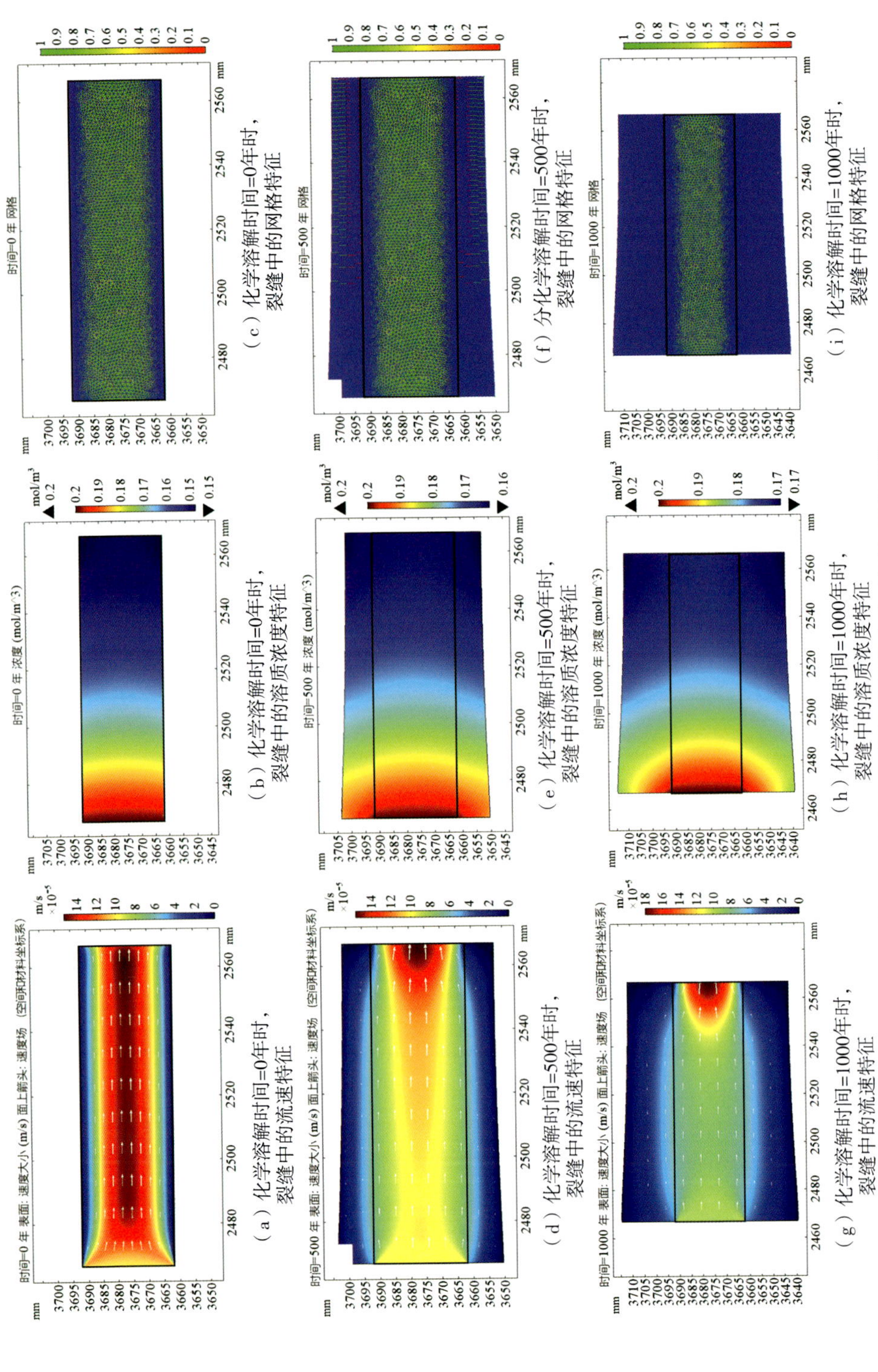

（a）化学溶解时间=0年时，裂缝中的流速特征

（b）化学溶解时间=0年时，裂缝中的溶质浓度特征

（c）化学溶解时间=0年时，裂缝中的网格特征

（d）化学溶解时间=500年时，裂缝中的流速特征

（e）化学溶解时间=500年时，裂缝中的溶质浓度特征

（f）分化学溶解时间=500年时，裂缝中的网格特征

（g）化学溶解时间=1000年时，裂缝中的流速特征

（h）化学溶解时间=1000年时，裂缝中的溶质浓度特征

（i）化学溶解时间=1000年时，裂缝中的网格特征

图7-6　水平裂缝溶解过程中流速-浓度-网格变化

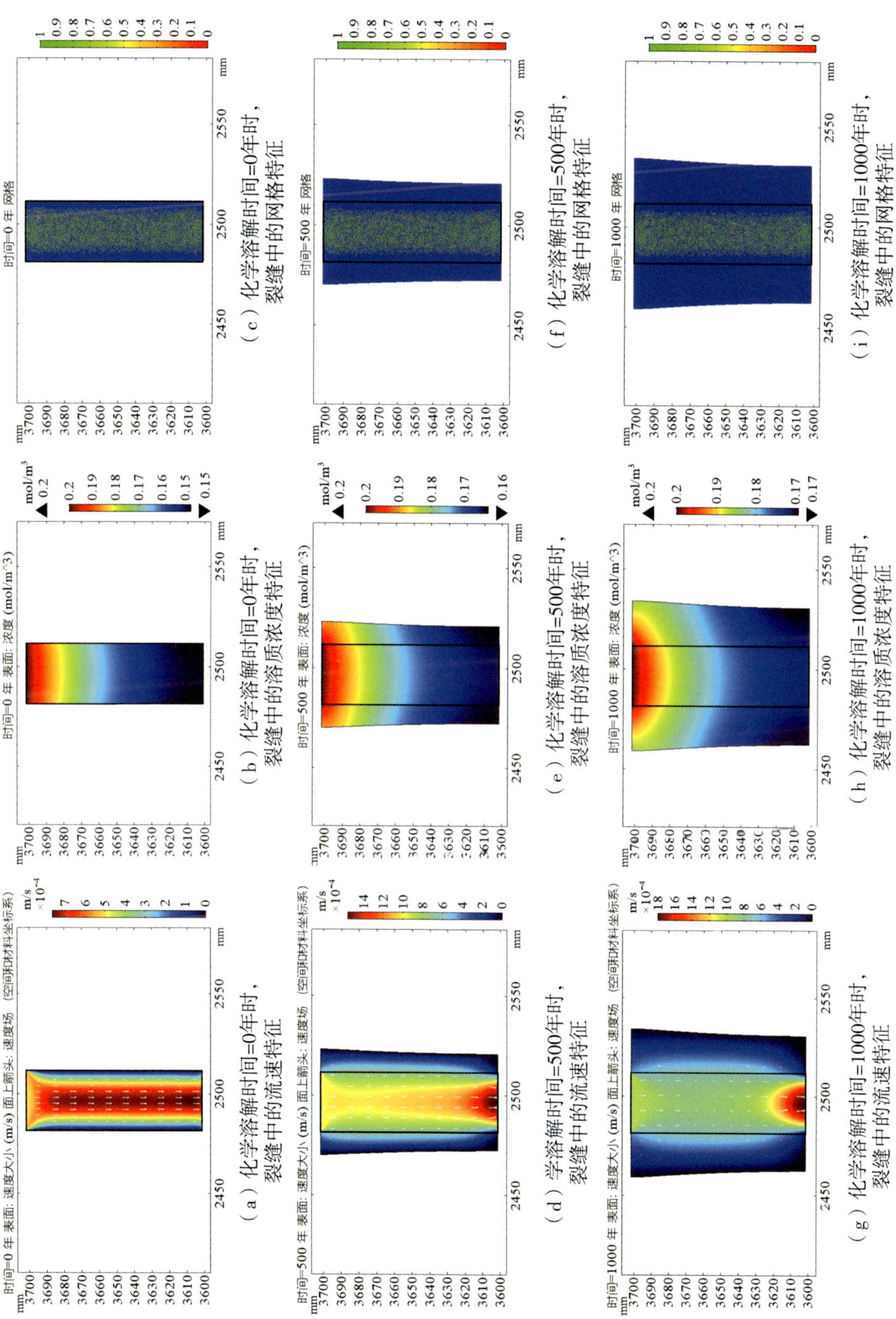

（a）化学溶解时间=0年时，裂缝中的流速特征

（b）化学溶解时间=0年时，裂缝中的溶质浓度特征

（c）化学溶解时间=0年时，裂缝中的网格特征

（d）学溶解时间=500年时，裂缝中的流速特征

（e）化学溶解时间=500年时，裂缝中的溶质浓度特征

（f）化学溶解时间=500年时，裂缝中的网格特征

（g）化学溶解时间=1000年时，裂缝中的流速特征

（h）化学溶解时间=1000年时，裂缝中的溶质浓度特征

（i）化学溶解时间=1000年时，裂缝中的网格特征

图7-7 垂直裂缝溶解过程中流速-浓度-网格变化

7.2 顶板塌陷过程分析

由于华北煤田奥陶系风化壳岩溶普遍发育，且奥陶系上覆石炭-二叠系地层单层厚度较薄、层理发育、强度低等特点，在 KCC 早期发育过程中，其基底溶洞一般不会形成自然平衡拱。因此，华北煤田 KCC 柱体内部的岩块多破碎，杂乱无章。与华北其他煤田相比，淮南煤田 KCC 多发育在奥陶系或寒武系地层的中下部，KCC 柱体内部的石炭-二叠系地层都比较完整，岩体沉积序列清晰可见。因此，可以推测淮南煤田 KCC 在向上发展过程中，其基底溶洞顶板上覆岩层发生了整体垮塌。对于这种类型的 KCC 是如何形成的以及其顶板塌陷机理是什么，下文将重点探讨。

7.2.1 顶板塌陷力学机制

根据第三章分析可知，淮南煤田奥陶系地层中高角度裂缝十分发育，不同方向的裂缝在不同的地点可能会与基底溶洞圆形边缘相切。当这些裂缝向四周发生扩展时，它们将互相连接、贯通，并在溶洞顶部形成一个圆形破坏带。同时，裂缝也会向上扩展，当扩展至某一岩层分界面时，则由圆形破坏带和岩层分界面析离出一个圆台形岩块，如图 7－8（a）所示。其中，CD 为岩层分界面，AD、BC 为裂隙，当 AD、BC 扩展至 CD 时，则会形成 $ABCD$ 这样一个圆台形分离体。如果不考虑分界面的内聚力，则可用极限平衡法分析溶洞顶板塌陷的判据。设分离体 $ABCD$ 厚度为 b，上圆弧 CD 半径为 r，则下圆弧 AB 半径为 $r+b/\tan\alpha$，α 为高角度裂缝的倾角，分离体上表面距地表距离为 h，建立坐标系如图 7－8（b）所示。

假设垂直原岩应力为：

$$\sigma_z = \rho g z \tag{7-8}$$

式中：z 是从地表到分离体 $ABCD$ 上表面的距离；ρ 是覆盖岩层的密度；g 为重力加速度。

假设侧压系数为 λ，则水平应力为：

$$\sigma_r = \lambda \rho g z \tag{7-9}$$

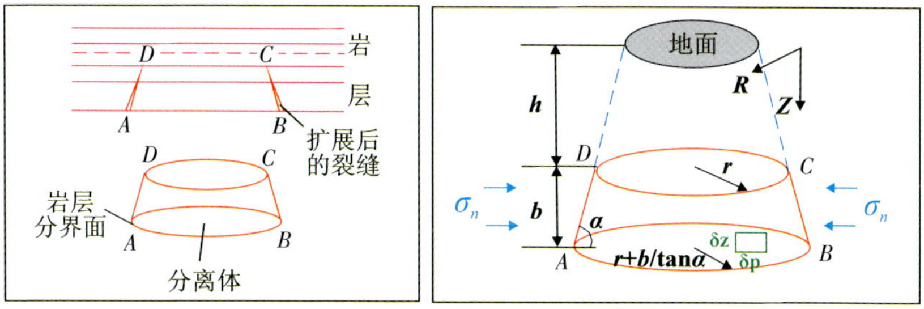

（a）分离体形成过程　（b）分离体受力分析

图 7－8　圆台形分离体形成过程与受力分析

则水平应力沿斜面向上的分量为：

$$\sigma_\tau = \lambda \rho g z \cos\alpha \tag{7－10}$$

水平应力在垂直斜面的法向应力为：

$$\sigma_n = \lambda \rho g z \sin\alpha \tag{7－11}$$

假设 τ 是产生在边界面元 $\delta_p \times \delta_z$ 上的极限垂直剪切应力，在最简单的情况下，根据莫尔-库仑准则公式：

$$\tau = c + \sigma_n \tan\varphi \tag{7－12}$$

式中：c 为裂缝间的黏聚力；φ 为内摩擦角。

以水平应力为法向应力，将水平法向应力 σ_n 代入公式(7－12)，则：

$$\tau = c + \lambda \rho g z \sin\alpha \tan\varphi \tag{7－13}$$

对公式(7－13) 进行积分，则可以得到分离体 $ABCD$ 边界面上的抗剪力 Q 为：

$$Q = \int_h^{h+b} (c + \lambda \rho g z \sin\alpha \tan\varphi) S_0 dz = \left[cb + \lambda \rho g \sin\alpha \tan\varphi \left(hb + \frac{b^2}{2} \right) \right] S_0 \tag{7－14}$$

式中：S_0 为分离体 $ABCD$ 的侧面积。

水平应力沿斜面的分量 F 为：

$$F = \int_h^{h+b} \sigma_\tau dz = \int_h^{h+b} \lambda \rho g z \cos\alpha S_0 dz = \lambda \rho g \cos\alpha S_0 \left(hb + \frac{b^2}{2} \right) \tag{7－15}$$

设分离体上覆岩层的载荷 G 为：

$$G=\rho g(V_h+V_0)=\rho g(hS_1+V_0) \tag{7-16}$$

则载荷 P 沿斜面的分量为：

$$P=G\sin\alpha=\rho g(V_h+V_0)\sin\alpha=\rho g(hS_1+V_0)\sin\alpha \tag{7-17}$$

式中：V_0 为分离体 $ABCD$ 的体积，V_h 为分离体 $ABCD$ 对应上覆岩层的体积，S_1 为分离体 $ABCD$ 的上表面截面面积。

当分离体 $ABCD$ 上的载荷超过整个周边上极限剪应力时，即 $Q+F\leqslant P$，分离体发生塌陷。此时，

$$\left[cb+\lambda\rho g\sin\alpha\tan\varphi\left(hb+\frac{b^2}{2}\right)\right]S_0+\lambda\rho g\cos\alpha S_0\left(hb+\frac{b^2}{2}\right)\leqslant\rho g(hS_1+V_0)\sin\alpha \tag{7-18}$$

公式(7-17)即为分离体 $ABCD$ 塌陷的判据公式，但关系比较复杂。现假设圆台形分离体 $ABCD$ 上表面的半径为 r，并假设 $\alpha=90°$，$h=mb$ 时，则可将公式(7-18)简化为：

$$2cb^2+2m\lambda\rho gb^3\tan\varphi+\lambda\rho gb^3\tan\varphi\leqslant\rho grb(1+m) \tag{7-19}$$

令

$$L=\frac{(1+m)\rho grb}{2cb^2+(2m+1)\lambda\rho gb^3\tan\varphi} \tag{7-20}$$

当 $L\geqslant1$ 时，分离体发生塌陷，从公式(7-20)可以看出：

(1)L 与 r 成正比，溶洞的半径 r 越大，分离体越容易塌陷；

(2)L 与 b 成反比，厚度 b 越小，分离体越容易塌陷；

(3)L 与 λ、c、φ 成反比，λ、c、φ 值越小，分离体越容易塌陷；

(4)L 还与距地表距离 h 有关。

7.2.2 顶板塌陷数值模拟

离散元法是一种特别适用于非连续介质、节理岩体应力分析的数值方法。3DEC 软件中的离散单元受节理等不连续面控制，在模拟过程中单元节点可以分离；单元之间相互作用的力可以根据力和位移的关系求出，而个别单元的运动则完全根据该单元所受的不平衡力和不平衡力矩的大小按牛顿运动定律来确定。因此，本文以淮南煤田顾北煤矿 KCC 3＃为研究对象，采用离散元软件 3DEC 5.2

对溶洞顶板的塌陷过程进行数值模拟，分析 KCC 3＃的形成与演化过程。

溶洞顶板过程模拟主要包括以下步骤：（1）几何模型建立；（2）力学模型建立；（3）网格划分；（4）模拟结果分析。

7.2.2.1 模型建立

1. 几何模型

以顾北煤矿 KCC 3＃地质剖面为基础，建立如图 7－9 所示的几何模型。

KCC 3＃底部发育在奥陶系顶板向下 45 m 位置（标高－780 m），基底溶洞宽度约为 100 m，溶洞原始高度约为 15 m（标高－780～－765 m），向上发育到 1 煤层中（标高－600 m），总高度约为 180 m。为了消除边界效应的影响，几何模型左、右边界向外各延伸了 250 m，上边界向外延伸至新生界松散层底部（标高－465 m），下边界延伸至奥陶系灰岩底部（标高－815 m）。因此，本次几何模型的长（X 轴）×高（Z 轴）×宽（Y 轴）＝600 m×350 m×5 m。

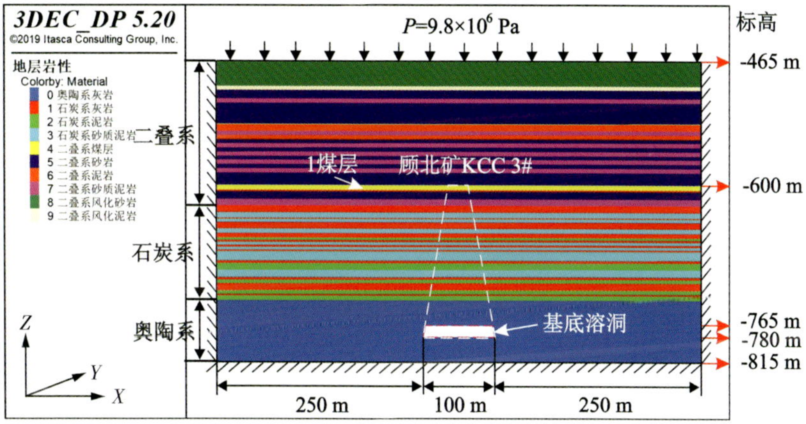

图 7－9　顾北矿 KCC 3＃地质几何模型

2. 力学模型

力学模型选为弹塑性力学模型，材料破坏符合 Mohr－Coulomb 强度准则。模型中所用煤岩石物理力学参数主要来自岩石力学试验测试结果，其中，岩体体积模量 K 和剪切模量 G 分别由公式（7－21）和（7－22）计算得到，具体物理力学参数详见表 7－2 和表 7－3。

$$K=\frac{E}{3(1-2\nu)} \tag{7-21}$$

$$G=\frac{E}{2(1+\nu)} \tag{7-22}$$

式中：K 为体积模量，GPa；G 为剪切模量，GPa；E 为杨氏模量，GPa；ν 为泊松比。

自古近纪以后，淮南煤田的初始地应力场主要是重力场。因此，本模型左右边界、前后边界和底部边界均设置为固定边界，上边界按照上覆地层的等效载荷施加到模型边界上。上覆地层的等效载荷可按下面公式计算：

$$P=\rho gh=2.0\times10^3\times10\times490=9.8\times10^6\,\text{Pa}=9.8\text{ MPa} \tag{7-23}$$

式中：ρ 为新生界松散层平均密度，2.0×10^3 kg/m^3；g 为重力加速度，本文取 10 m^2/s；h 为模型上边界至地面的距离，490 m。

表 7-2　岩体物理力学参数

地层层位	岩体类型	密度 ρ/(kg·m^3)	弹性模量 E/GPa	泊松比 ν	体积模量 K/GPa	剪切模量 G/GPa	黏聚力 C/MPa	摩擦角 φ/(°)	抗拉强度 σ_T/MPa	抗拉强度 σ_P/MPa
奥陶系	灰岩	2800	33.45	0.19	17.98	14.05	14.56	41.38	4.23	75.43
石炭系	灰岩	2700	18.85	0.21	10.83	7.79	4.70	38.36	3.80	70.03
	泥岩	2350	5.34	0.33	5.24	2.01	2.10	25.67	1.06	1.06
	砂质泥岩	2475	6.91	0.21	3.97	2.86	2.30	29.90	1.22	18.75
二叠系	煤层	1560	2.86	0.29	2.27	1.11	1.70	24.50	0.95	0.52
	砂岩	2600	8.76	0.23	5.41	3.56	2.50	32.70	3.15	60.54
	泥岩	2500	6.10	0.31	5.35	2.33	2.10	28.10	1.27	1.27
	砂质泥岩	2550	7.43	0.27	5.38	2.93	2.30	30.40	2.01	18.75

表 7-3　结构面力学参数

结构面	法向刚度 jkn/(N/m)	剪切刚度 jks/(N/m)	黏聚力 C/Pa	摩擦角 φ/(°)	抗拉强度 σ_T/Pa
层面	4.00E+10	2.40E+10	1.00E+05	37	2.00E+05
滑动面	4.00E+10	2.40E+10	8.00E+04	20	6.00E+04

3. 网格划分

为了使模拟结果更加精准，对模型进行了细化处理。本模型共划分为 129 个块体，包含 5241174 个小单元体，单元体最小长度为 0.5 m，最大长度为 10 m。

7.2.2.2 模拟结果分析

根据本次模拟结果，可以将溶洞顶板塌陷过程划分为 4 个阶段，分别为早期塌陷阶段、中前期快速塌陷阶段、中后期缓慢塌陷阶段和晚期充填压实阶段，如图 7－10 和图 7－11 所示。

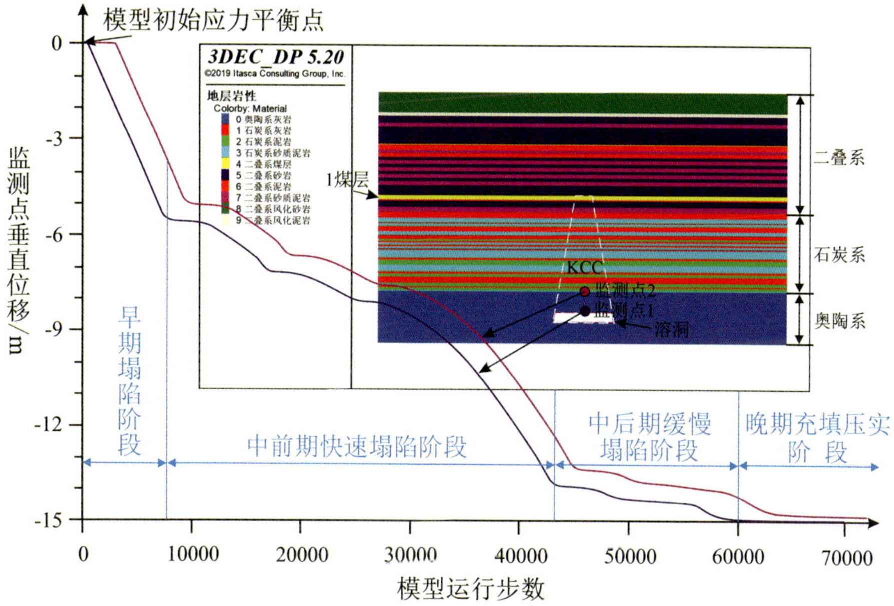

图 7－10 顶板塌陷过程中监测点垂直位移变化曲线

（1）早期塌陷阶段：溶洞的形成破坏了原岩原始应力平衡状态，在原岩中引起应力的重新分布，造成柱体上方岩体和柱壁围岩的应力降低，柱体上覆岩层及围岩发生不同程度的变形与破坏。该阶段，溶洞顶板塌陷规模较小，主要发育在奥陶系顶部和石炭系下部地层之间，所形成的岩溶塌陷尚未达到上覆的二叠系地层。

（2）中前期快速塌陷阶段：随着柱体上方和柱壁围岩应力降低区的范围及幅度进一步增大，柱体顶部的应力集中不断向上移动，在岩体重力和外部应力共同作用，顶板塌陷速度加快，向上扩展至二叠系地层中。由于不同岩层的物理力学性质和受力情况的差异，造成地层之间出现短暂的离层现象，并出现了短暂的应

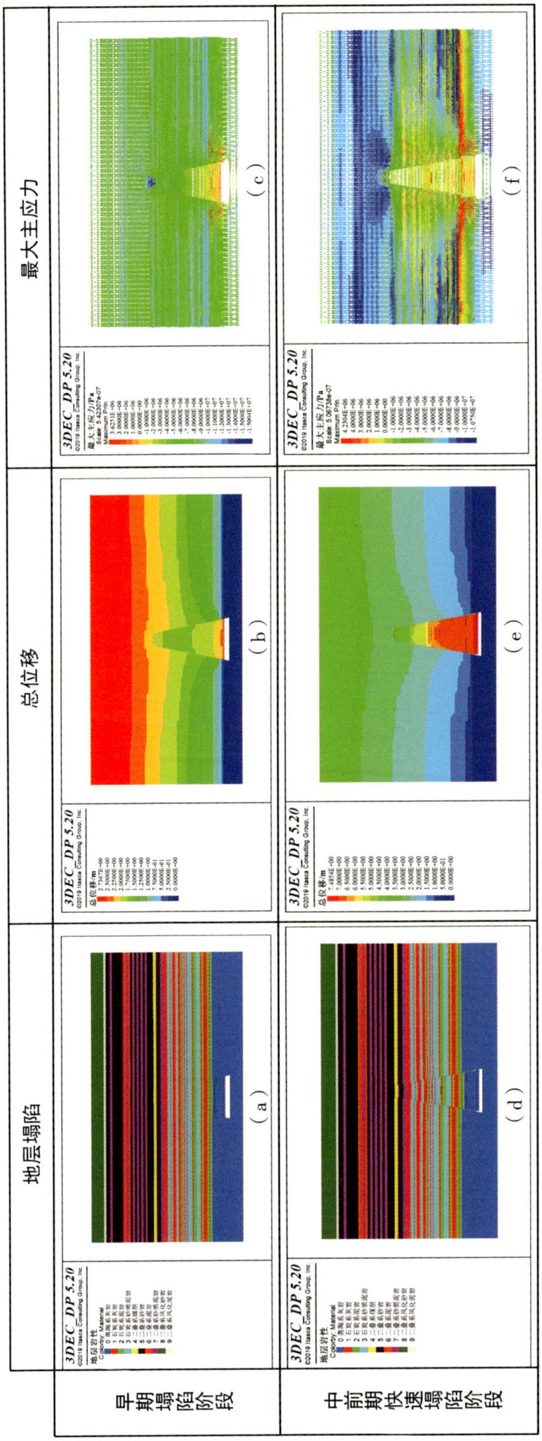

图7-11　顶板塌陷过程中位移与最大主应力变化

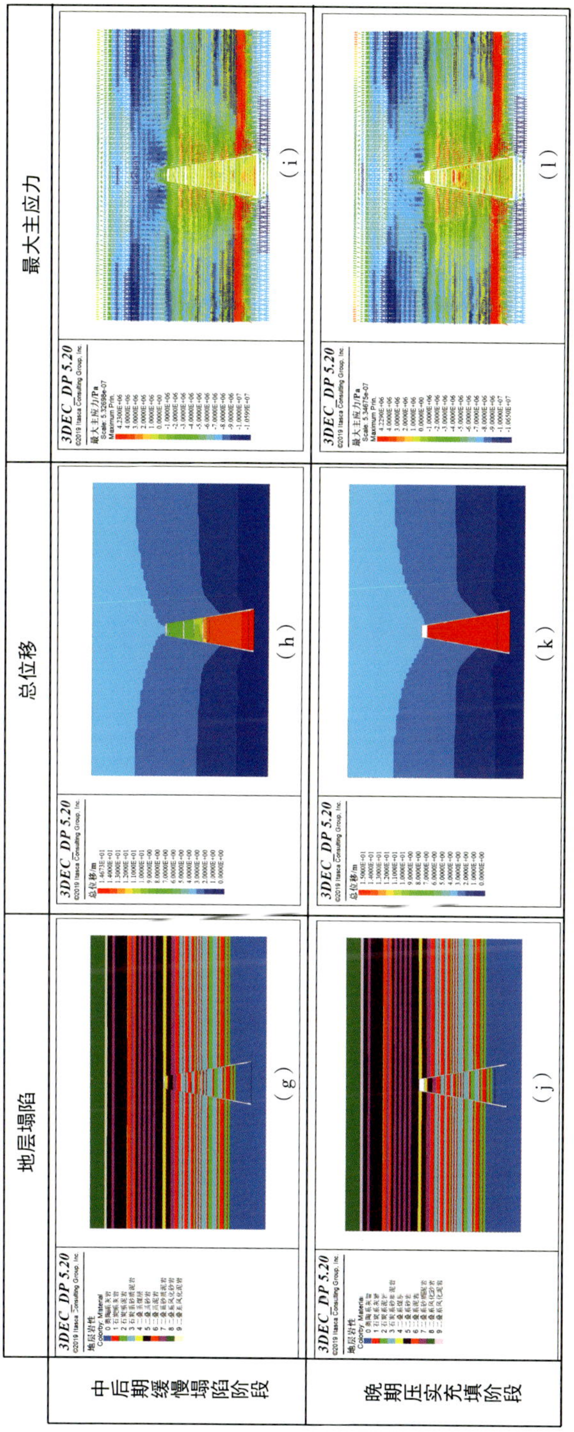

图7-11 顶板塌陷过程中位移与最大主应力变化

力平衡状态。但随着上覆地层的不断弯曲下沉和节理裂缝的产生，短暂的应力平衡状态很快被打破，发生周期性的来压塌陷过程。

(3) 中后期缓慢塌陷阶段：随着溶洞逐渐被充填压实，柱体上方的塌陷幅度开始逐渐减小。本例中顾北矿 KCC 3＃塌陷至 1 煤层顶后停止了向上发育，原因在于 1 煤层直接顶板为完整砂岩地层，厚度为 10 m，再向上为 40 m 厚的砂岩和砂质泥岩互层，具有很强力学强度，可以形成稳定的自然平衡拱。至该阶段末，柱体顶部应力集中区强度和范围也在逐渐减小，KCC 3＃轮廓基本形成。

(4) 晚期充填压实阶段：随着稳定的自然平衡拱形成，柱体上方基本停止塌陷，柱体顶部应力集中区域也逐渐消失，KCC 3＃发展已进入晚期阶段。柱体内部岩石和地层之间不断被充填压实，并在柱体顶板向下形成了一个未被充填的空间，这与现场实际揭露情况完全吻合。产生这一现象的原因在于，KCC 3＃顶板自然平衡拱形成后，阻止其顶板地层继续向下塌陷，致使在 KCC 3＃柱体顶板向下形成了一个未被充填的空间。

7.3 岩溶陷落柱形成机理探讨

华北煤田 KCC 成因研究始于 20 世纪 30 年代末，早期通过对山西汾河、太行山和内蒙古等地调查，提出的 KCC 成因为岩溶洞穴形成、可溶性岩层大量坍塌、上覆非可溶性岩层连续坍塌的三阶段模式。目前，关于 KCC 成因机制学说主要有以下 5 种，分别是：

(1) 岩溶重力塌陷学说：即岩溶洞穴形成阶段，岩石受地下水冲刷、溶蚀，使其中的裂缝不断扩大，其间不断进行化学溶蚀与机械搬运作用，造成顶部和两侧岩层发生坍塌，最终导致上覆非可溶性岩层的塌陷。

(2) 膏溶塌陷学说：赋存于奥陶系的中厚层状硬石膏，因地壳持续上升，在地下水流作用下不断地被溶蚀和侵蚀带走，最终导致周围岩石发生塌落充填。

(3) 真空吸蚀塌陷学说：在地下水排泄或地壳局部升降过程中，岩溶腔内水位大幅度下降使腔内水体由承压转为无压，并在腔内水面与盖层之间产生真空负压，造成上覆岩体被吸蚀塌落。

(4) 热液成因学说：早期，在火成岩体中的热液侵入地下碳酸盐岩地层中，造成了复杂的地下水循环和溶蚀作用，加大了碳酸盐溶解度而形成 KCC。

（5）地下水内循环学说：封闭的地下环境中，奥陶系中对流散热的“烟囱”效应，促使灰岩地下水发生内部对流扩散现象，加速了碳酸盐岩溶解而形成 KCC。

由于华北煤田奥陶系地层沉积环境、岩性结构和地质构造演化都存在区域性差异，因此，得到的 KCC 形成机理也存在较大差别。本文在综合前人研究成果的基础上，结合淮南煤田奥陶系古岩溶及 KCC 发育特征，分析认为：淮南煤田 KCC 的形成是以奥陶系和（或）寒武系碳酸盐岩为物质基础，以多期次多源侵蚀性流体（包括大气淡水、地表水、地下水、地层压释水和岩浆热液等）为溶蚀动力条件，以多期次构造运动（印支运动和燕山运动）产生的断层和裂缝为流体运移通道，以碳酸盐岩被溶解形成的溶孔、裂缝和溶洞为空间基础，在岩体自重力、构造应力以及溶洞内真空负压共同作用下，经过长期溶蚀、垮落、搬运、塌陷、冒落等周而复始过程形成的地下溶洞塌陷，如图 7－12 所示。

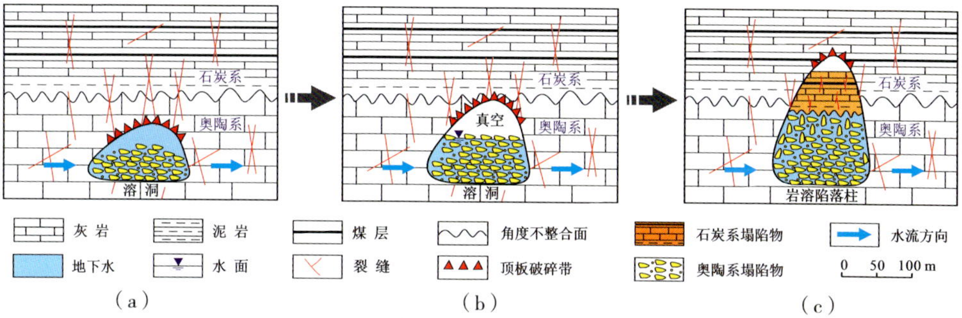

图 7－12　岩溶陷落柱循环溶蚀与塌陷过程示意图

此外，根据前文分析可知，淮南煤田 KCC 的形成主要与热液溶蚀和混合溶蚀有关，热液岩溶期（晚三叠世至晚白垩世）和混合岩溶期（白垩纪至古近纪）是淮南煤田 KCC 发展的关键阶段，印支期和燕山期形成的断裂构造、岩浆活动和碳酸盐岩半暴露区对淮南煤田 KCC 的形成与演化起到了关键作用。这与前人对华北地区其他煤田 KCC 的研究成果也是基本一致的。

7.4　本章小结

（1）淮南煤田 KCC 形成主要经历两个过程，一是前期 KCC 基底溶洞的形成过程，二是后期基底溶洞顶板向上塌陷过程。淮南煤田 KCC 的基底溶洞主要形成于晚三叠世至古近纪，新生界地层沉积后，在上覆地层超重作用下溶洞顶板发生塌陷，最终形成了 KCC。

（2）溶洞溶蚀演化过程实际上是化学溶解-溶质运移-流体流动三个过程耦合的结果。以水平裂缝和垂直裂缝为对象，利用有限元软件 COMSOL 5.3a 中的化学反应模块、稀疏物质模块、层流模块以及变形几何模块的多物理场耦合技术，分别模拟了水平裂缝和垂直裂缝溶蚀形成溶洞的过程。模拟结果表明，水平裂缝和垂直裂缝溶蚀 10000 年后，裂缝宽度都由原始的 30 mm 变为 430 mm，此时溶洞已基本形成。

（3）根据淮南煤田地质构造发育特征，建立了圆台形顶板塌陷的判据公式，阐述了 KCC 顶板塌陷机理。

（4）以淮南煤田顾北矿 KCC 3＃为对象，利用离散元软件 3DEC 5.2 对奥陶系溶洞顶板的塌陷过程进行了数值模拟。根据塌陷过程中顶板位移和应力变化特征，将顶板塌陷过程划分为四个阶段：①早期塌陷阶段，顶板塌陷规模较小，柱体上方岩体和柱壁围岩的应力开始降低；②中前期快速塌陷阶段，顶板塌陷速度加快，柱体上方和柱壁围岩应力降低区的范围及幅度进一步增大；③中后期缓慢塌陷阶段，柱体上方的塌陷幅度开始逐渐减小，柱体顶部应力集中区强度和范围也在逐渐减小；④晚期充填压实阶段，柱体顶部形成了稳定的自然平衡拱，柱体上方已停止向上继续塌陷，柱体内部岩石和地层之间不断被充填压实。

（5）淮南煤田 KCC 的形成是以奥陶系和（或）寒武系碳酸盐岩为物质基础，以多期次多源侵蚀性流体（包括大气淡水、地表水、地下水、地层压释水和岩浆热液等）为溶蚀动力条件，以多期次构造运动（印支运动和燕山运动）产生的断层和裂缝为流体运移通道，以碳酸盐岩被溶解形成的溶孔、裂缝和溶洞为空间基础，在岩体自重力、构造应力以及溶洞内真空负压共同作用下，经过长期溶蚀、垮落、搬运、塌陷、冒落等周而复始的过程形成地下溶洞塌陷。

（6）淮南煤田 KCC 的形成主要与热液溶蚀和混合溶蚀有关，热液岩溶期（晚三叠世至晚白垩世）和混合岩溶期（白垩纪至古近纪）是淮南煤田 KCC 发展的关键阶段，印支期和燕山期形成的断裂构造、岩浆活动和碳酸盐岩半暴露区对淮南煤田 KCC 的形成与演化起到了关键作用。

8 淮南煤田奥陶系古岩溶发育程度预测

宏观上预测分析古岩溶的发育程度及其平面分布，对指导煤田岩溶水害防治工作有重要意义。然而，由于岩溶发育具有极强的非均质性，其预测难度极大。针对这一问题，本章以影响淮南煤田奥陶系古岩溶发育主要控制因素为评价指标体系，利用层次分析法建立古岩溶发育程度综合得分模型，并借助 GIS 软件平台实现奥陶系古岩溶发育程度及其平面分布的可视化分析，从而为研究区岩溶水害防治工作提供重要参考依据。

8.1 预测方法

目前，用于碳酸盐岩岩溶或储层预测的主要方法是井-震预测法，即首先利用井-震资料厘清不同类型碳酸盐岩和岩溶的地质特征和地球物理响应特征，建立其各自的地球物理响应模型，再利用正演模拟分析预测碳酸盐岩中岩溶或储层分布。然而，由于煤田中煤层与周围介质之间的波阻抗差较大，会对下伏奥陶系地层反射波形成屏蔽作用，致使高分辨率地震勘探对华北煤田奥陶系地层内部结构的识别存在很大难度。因此，和华北地区大多数煤田一样，淮南煤田也没有完整的奥陶系地震勘探数据体。本文主要基于 GIS 的层次分析法，对淮南煤田奥陶系古岩溶发育程度及其分布进行预测分析和评价。该方法已在华北煤田岩溶陷落柱分布预测、地表岩溶塌陷预测和奥陶系灰岩含水层突水预测中得到广泛应用，并取得了较好的预测效果。

8.1.1 层次分析法

层次分析法（Analytic Hierarchy Process，简称 AHP）是美国运筹学家 Saaty 教授于 20 世纪 70 年代中期提出的一种实用的多方案或多目标的决策方法，它是一种定性和定量相结合的、系统化、层次化的分析方法。该方法是基于复杂决策问题的性质、影响因素及其内部关系进行深入分析的基础上，利用现有较少的定量信息对决策过程进行数学计算。这为解决复杂的多目标、多标准和非结构化决策问题提供了一种简单方法，尤其适用于难以直接或准确地评价决策结果的问题。该方法自 1982 年被介绍到我国以来，以其定性与定量相结合地处理各种决策因素的特点，以及其系统灵活简洁的优点，迅速在我国的各个工程领域内得到了广泛的应用和推广。

采用 AHP 方法进行决策分析时，递阶层次结构计算流程如图 8－1 所示，主要有以下 4 个步骤：

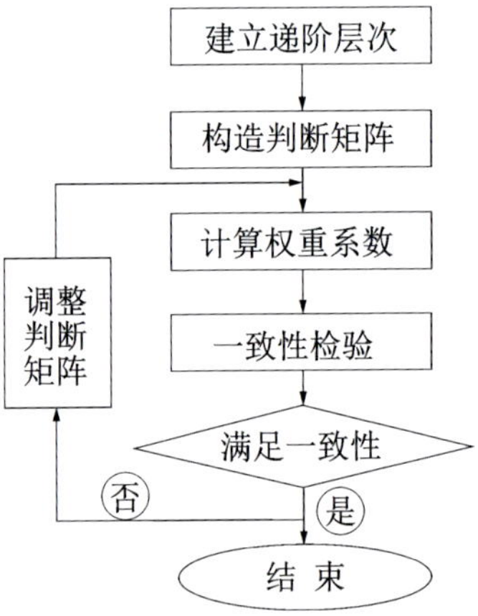

图 8－1　递阶层次结构计算流程图

1. *层次结构模型建立*

层次分析模型是呈递阶层次树状结构，一般包括目标层、中间层（通常由准则层、指标层等组成）和方案层，层次之间通常用直线表明彼此之间关系，如图 8－2 所示。

建立层次分析模型前，首先要对研究目标进行系统分析，确定其主要影响因素，然后依次确定其次一级的影响因素，由此构成了一个递阶层次关系的结构模型，如图 8－2 所示。在确定各因素时，应当遵循突出主要指标、各主要因素相对独立性和各因素建立必须具有可操作性等原则。

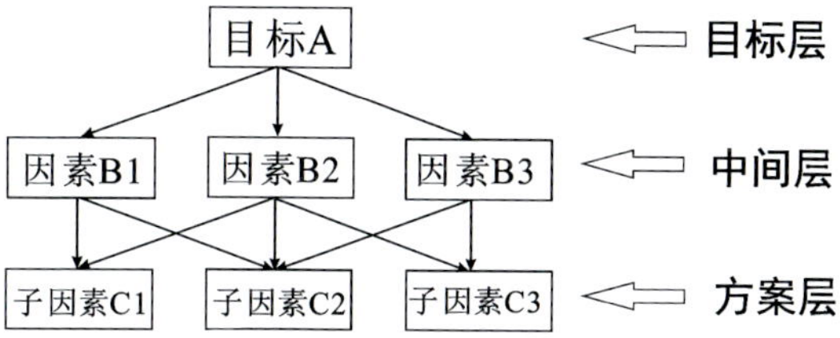

图 8－2　AHP 层次结构模型

2. 分层次构造判断矩阵

层次结构虽然反映了各主要因素之间的相互关系，但是没有说明不同因素对目标层影响程度，即各因素在目标层衡量中所占的比例或分量。因此，Saaty 建议对所有因素进行两两比较，采用成对比较矩阵的办法，即每次取两个因素 x_i 和 x_j，以 a_{ij} 表示 x_i 和 x_j 对某个因素 Z 的影响大小之比，全部比较结果用矩阵 $A=(a_{ij})_{n\times n}$ 表示，称 A 为 $Z-X$ 之间的成对比较判断矩阵（简称判断矩阵）。关于如何确定 a_{ij} 的值，Saaty 建议引用数字 1～9 及其倒数作为标度，详见表 8－1。

表 8－1　判断矩阵的标度及意义

a_{ij} 标度	意　义
1	表示两个因素相比，具有相同重要性
3	表示两个因素相比，前者比后者稍重要
5	表示两个因素相比，前者比后者明显重要
7	表示两个因素相比，前者比后者强烈重要
9	表示两个因素相比，前者比后者极端重要
2，4，6，8	表示上述相邻判断的中间值
倒数	若因素 i 与因素 j 的重要性之比为 a_{ij}，那么因素 j 与因素 i 重要性之比为 $1/a_{ij}$

$$A=(a_{ij})_{n\times n}=\begin{pmatrix} a_{11}\,a_{12}\cdots a_{1n} \\ a_{21}\,a_{22}\cdots a_{2n} \\ \cdots\cdots\cdots\cdots \\ a_{n1}\,a_{n2}\cdots a_{nn} \end{pmatrix} \tag{8-1}$$

式中：$a_{ij} > 0$，$a_{ij} = \frac{1}{a_{ji}}$，$a_{ij} = n$，$n = 1, 2, 3, \cdots, 9$。

3. 各因素权重计算

将判断矩阵 A 的各行向量进行几何平均，然后进行归一化计算，即可得到各因素权重 w_i 和特征向量 W_i：

$$w_i = \frac{W_i}{\sum_{i=1}^{n} W_i} \tag{8-2}$$

式中：w_i 为各因素权重；W_i 为特征向量，$W_i > 0$ 且 $\sum_{i=1}^{n} W_i = 1$；$i = 1, 2, 3, \cdots, 9$。

4. 一致性检验

判断矩阵 A 是计算各因素权重 w_i 的依据，所以要求矩阵大体上具有一致性。因此，要对判断的相容性指标 CI 和误差进行分析。为了检验判断矩阵是否具有一致性，则需要对平均随机一致性指标 RI 进行比较。

$$\mathrm{CI} = \frac{\lambda_{\max} - n}{n - 1}, \quad \mathrm{CR} = \frac{\mathrm{CI}}{\mathrm{RI}} \tag{8-3}$$

式中：CI 为相容性指标；RI 为平均随机一致性指标，Saaty 给出了 RI 的值(见表 8-2)；$\lambda_{\max}$ 为判断矩阵最大特征根；n 为非零特征根；CR 为随机一致性比例。

表 8-2　平均随机一致性指标 RI 的标准值

n	1	2	3	4	5	6	7	8	9
RI	0	0	0.58	0.90	1.12	1.24	1.32	1.41	1.45

当 CI=0 时，表示判断矩阵具有完全一致性；反之，CI 值愈大，则表示判断矩阵的一致性就愈差。若 CR<0.1，则认为判断矩阵具有相容性，据此计算的各因素权重 w 可以接受；反之，需要修正判断矩阵，直至 CR<0.1。

8.1.2　基于 GIS 的层次分析法

地理信息系统（GIS）是 20 世纪 60 年代发展起来的一门空间信息技术，由计算机硬件、软件、数据和用户四大要素组成。随着信息技术的发展，GIS 越来越趋向多元化和多学科的交叉发展，并成功在地学、环境保护、地质灾害预测等多个相关领域得到广泛推广应用。

本文主要利用GIS强大的空间信息处理功能，对图形信息数据进行量化；运用AHP对各因素进行评价，计算出各因素对总目标的影响权重。再利用GIS中空间复合叠加功能对AHP计算结果进行叠加处理，从而将计算结果以直观的地图形式给出。这样，不仅充分利用了大量的空间信息，通过定性与定量相结合的方法深入研究了问题的本质，而且使得计算结果更加准确和直观。基于GIS-AHP耦合的基本思路是：

（1）利用GIS软件采集、编辑、数据转换、计算等功能对空间信息进行统计分析与处理，建立GIS的空间数据库和属性数据库；

（2）建立AHP层次结构模型，确定决策层的因素数量，构造判断矩阵，计算各因素对目标层的权重；

（3）利用GIS制图功能表达最终结果，并利用GIS数据库存储所有数据信息。

8.2 预测模型建立

8.2.1 评价指标体系建立

科学合理选取影响古岩溶发育的主控因素，对AHP模型建立和预测结果的准确性起着关键作用。根据淮南煤田奥陶系古岩溶发育特征、演化过程和主控因素分析，影响研究区奥陶系古岩溶发育的主要控制因素包括地层岩性、地质构造和水动力场三大因素。其中，地层岩性主要与碳酸盐岩类型和厚度等有关，可以通过奥陶系地层厚度和单孔溶蚀率来体现；地质构造主要与中生代多期构造运动过程中形成的断裂系统有关，可以通过印支期、早燕山期、晚燕山期综合裂缝率和研究区构造分维值来体现；水动力场主要与古地貌控制的水动力场和断裂构造控制的水动力场有关，其中，古地貌控制的水动力场可以通过风化壳岩溶期水动力场和混合岩溶期水动力场来体现，断裂构造控制的水动力场可以通过印支期、早燕山期、晚燕山期水动力场以及古近纪地温场来体现。

8.2.1.1 地层岩性

地层岩性是岩溶发育的物质基础，碳酸盐岩越厚，单孔溶蚀率越大，则奥陶系地层溶蚀程度就越强。本文分别以奥陶系地层厚度和单孔溶蚀率，作为评价地层岩性的指标。单孔溶蚀率的计算公式如下：

$$\eta=\frac{\sum_{i=1}^{n} M_i \cdot K_{v_i}}{\sum_{i=1}^{n} M_i} \tag{8-4}$$

式中：η 为单孔溶蚀率；M_i 为不同岩性岩石的厚度，m；K_{v_i} 为不同岩性岩石的比溶蚀度，详见表 6-1；i 为不同岩性的岩石类型，包括灰岩、泥质灰岩、角砾灰岩、白云质灰岩、白云岩和灰质白云岩 6 种，$1 \leqslant i \leqslant 6$。

根据研究区内 63 个揭穿奥陶系地层钻孔资料统计分析，绘制出淮南煤田奥陶系地层厚度和单孔溶蚀率等值线，如图 8-3 所示。

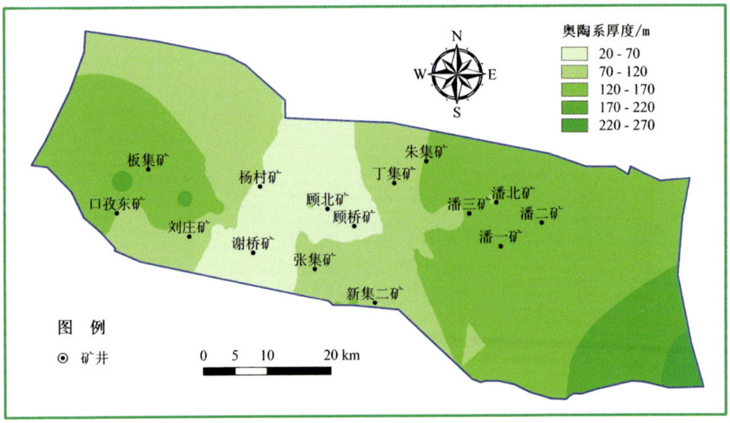

(a) 奥陶系地层厚度

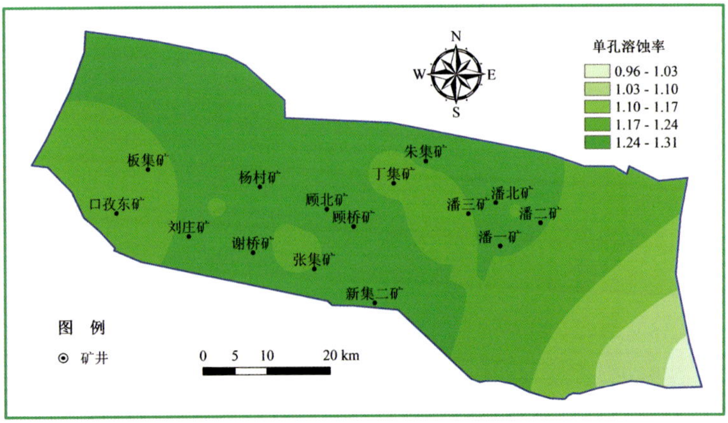

(b) 单孔溶蚀率

图 8-3　未归一化地层岩性评价指标值

8.2.1.2 地质构造

地质构造主要包括断层、褶皱和裂缝，是水流和热液运移的主要通道，控制着侵蚀性流体运移的深度和范围，对古岩溶发育和分布起着十分重要的控制作用。构造分维值是褶曲和断层构造数量、规模、发育程度、组合方式及构造动力学的综合体现，综合裂缝率是岩石的破裂方式、规模、范围、组合方式及岩石力学的综合体现。构造分维值和综合裂缝率分别从宏观上（断层和褶皱）和微观上（裂缝）体现了某一地区地质构造的复杂程度，两者结合可以完美揭示地质构造对岩溶发育的影响作用。因此，本文以淮南煤田构造分维值和印支期、早燕山期、晚燕山期综合裂缝率作为综合评价地质构造的四大因素。淮南煤田构造分维值等值线如图 8－4（a）所示。印支期、早燕山期和晚燕山期综合裂缝率是由多期构造运动数值模拟计算得出，如图 8－4（b）～（d）所示。

8.2.1.3 水动力场

根据淮南煤田地质构造演化史，对研究区奥陶系古岩溶发育影响较大的水动力场主要有两种类型：一类是暴露和半暴露期的水动力场，主要受古地貌控制；另一类是构造期的水动力场，主要受断裂构造控制，局部还受岩浆活动的影响。因此，本文将水动力场再细划为古地貌控制的水动力场和断裂构造控制的水动力场。

古地貌控制的水动力场主要包括风化壳岩溶期水动力场和混合岩溶期水动力场。风化壳岩溶期水动力场主要受风化壳岩溶古地貌控制，地表水流从次级岩溶高地流向次级岩溶盆地，因此，可用当时奥陶系风化壳相对标高表示，如图 8－5（a）所示。半暴露混合岩溶期水动力场主要受碳酸盐岩露头区和基岩风化面标高控制，碳酸盐岩露头区为下古生界寒武系和奥陶系含水层的地下水补给区，在重力作用下水流由浅部露头区向深部隐伏区流动。因此，该期水动力场可近似假设浅部露头区奥陶系含水层的水头高度为 1.0 m，每向外扩大 2 km 水头降低 0.2 m，以此类推至研究区边界，如图 8－5（b）所示。

断裂构造控制的水动力场主要包括印支期、早燕山期、晚燕山期水动力场以及古近纪地温场。根据第六章分析可知，拉张裂缝越发育的地方，渗透性越强，越容易发生地下水汇聚，溶蚀作用也就越强。因此，可以用第六章中印支期、早燕山期和晚燕山期拉张裂缝破裂率代表这三期古岩溶的水动力场，如图 8－6（a）～（c）所示。此外，根据淮南煤田奥陶系地层埋藏史，古近纪以后

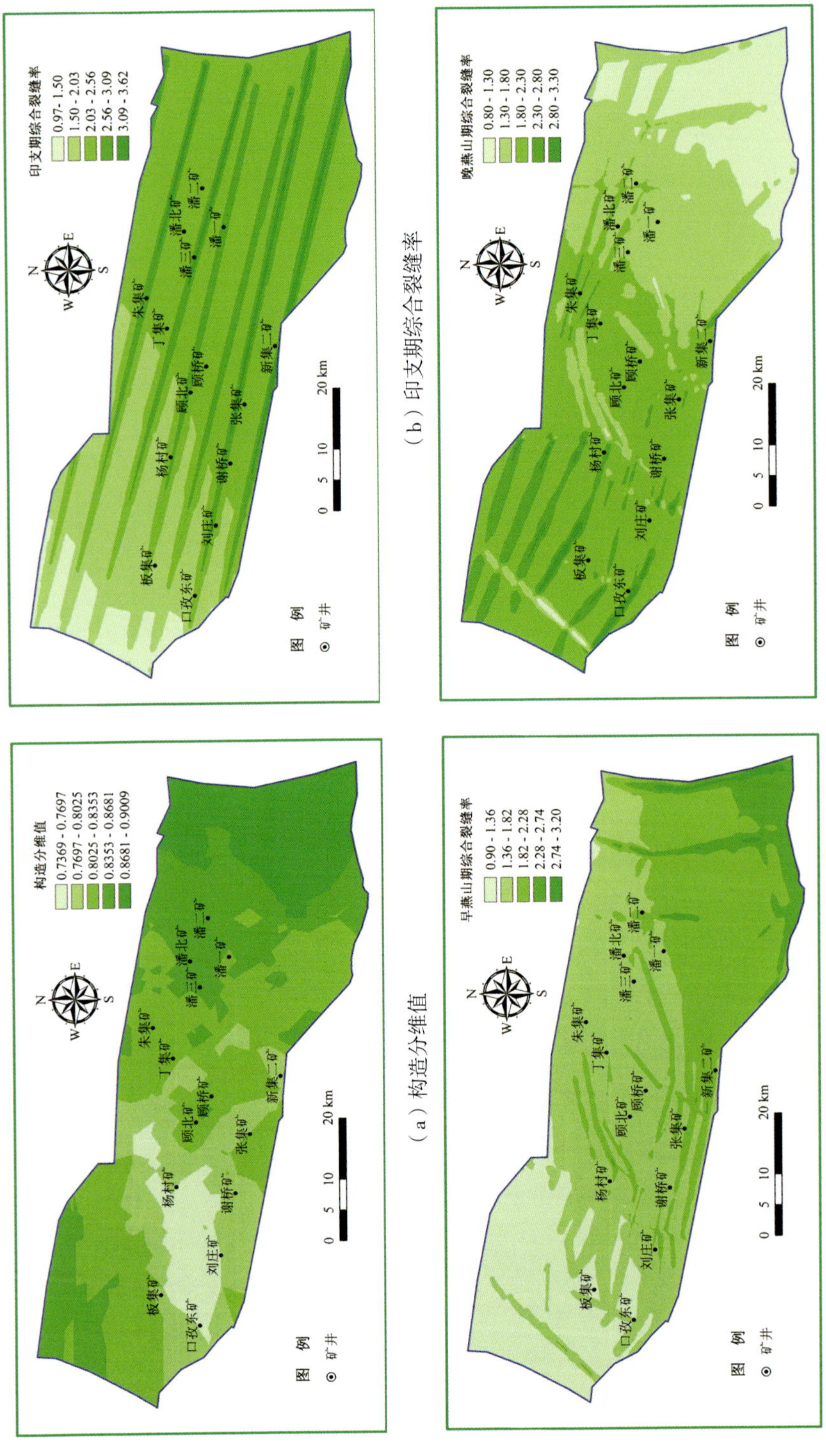

图8-4 末归一化地质构造评价指标值

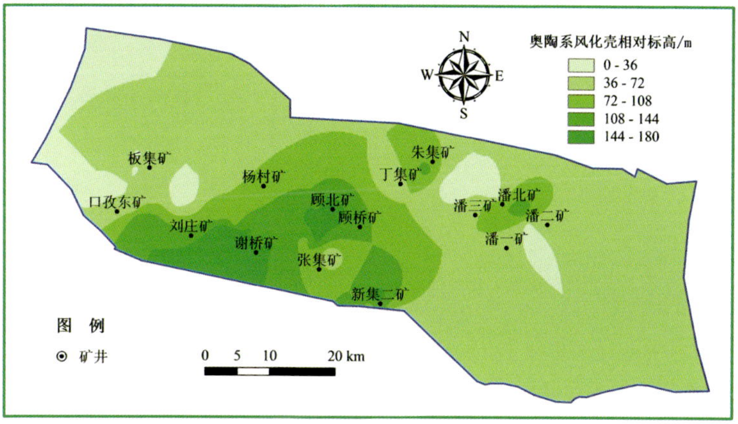

（a）奥陶系风化壳相对标高

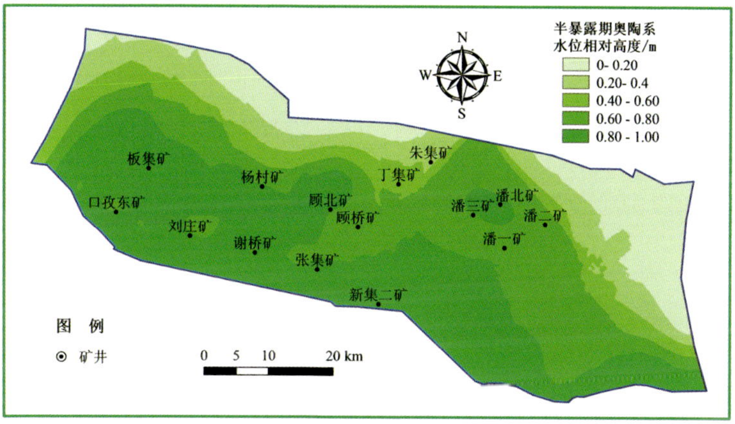

（b）半暴露期奥陶系水位相对标高

图 8－5　未归一化古地貌评价指标值

研究区构造格局基本稳定，大地热流值缓慢降低，因此，可以用现代大地热流值近似反映古近纪的地温场格局和热液活动的影响范围及程度，如图8－6（d）所示。

8.2.2　评价指标权重确定

本文利用 AHP 法来确定各评价指标的权重，主要步骤是：首先建立层次结构模型，其次构造比较判断矩阵，然后计算判断矩阵的最大特征值和权重，最后进行一致性检验。

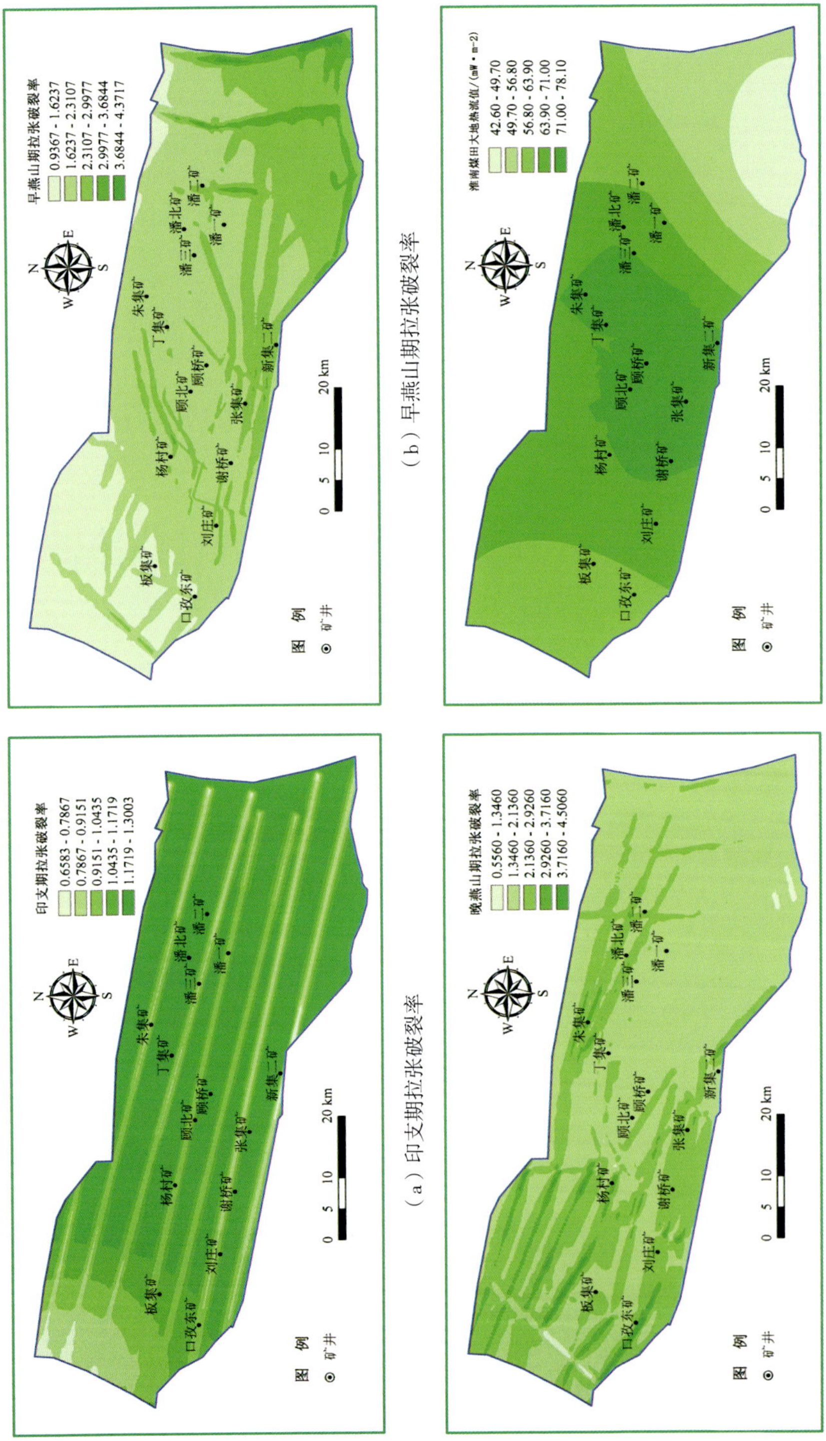

（a）印支期拉张破裂率

（b）早燕山期拉张破裂率

（c）晚燕山期拉张破裂率

（d）古近纪大地热流值

图8-6 末归一化渗流场-地温场评价指标值

8.2.2.1　建立层次结构分析模型

根据影响淮南煤田奥陶系古岩溶发育主要控制因素分析，将研究对象划分为 3 个层次（A、B、C 三个层次）。淮南煤田奥陶系古岩溶发育程度是研究结果，作为模型的目标层（A 层次）；地层岩性 B1、地质构造 B2 和水动力场（通过古地貌 B3 和渗流一地温场 B4 表达）是岩溶发育的基础，也是岩溶发育的先决条件，即模型的准则层（B 层次），但其影响方式还需通过与其相关的具体因素来体现；各具体因素指标构成了本模型的方案层（C 层次），主要包括奥陶系地层厚度 C11、单孔溶蚀率 C12、构造分维值 C21、印支期综合裂缝率 C22、早燕山期综合裂缝率 C23、晚燕山期综合裂缝率 C24、风化壳古地貌 C31、基岩风化面古地貌 C32、印支期渗流场 C41、早燕山期渗流场 C42、晚燕山期渗流场 C43 和古近纪地温场 C44，通过对该层次问题的决策，即可达到所要求解的目标。淮南煤田奥陶系古岩溶发育程度层次结构模型如图 8－7 所示。

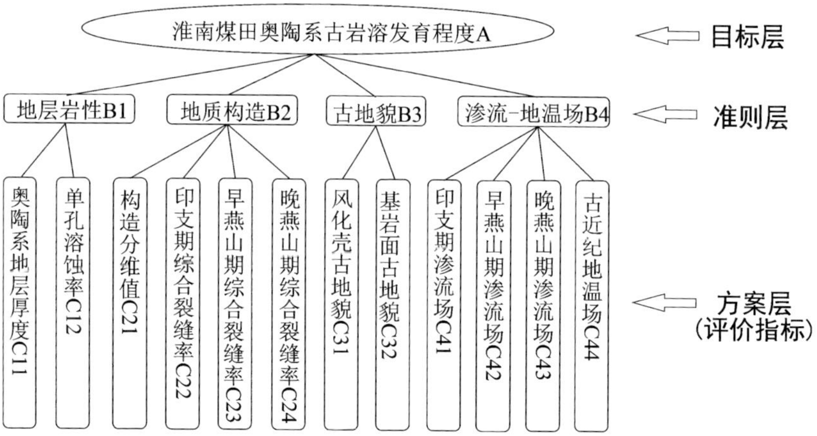

图 8－7　淮南煤田奥陶系古岩溶发育程度层次结构分析模型

8.2.2.2　构造判断矩阵

基于淮南煤田奥陶系古岩溶发育特征、分布规律及其控制因素分析，对影响奥陶系古岩溶形成的众多因素进行了评分。评分标准采用 Saaty 创立的 1～9 标度方法（表 8－1）来构造判断矩阵目标层 A 和准则层 B1、B2、B3、B4 的矩阵，详见表 8－3～表 8－7。

表 8－3 目标层 A 的判断矩阵

目标层 A 判断矩阵	地层岩性 B1	地质构造 B2	古地貌 B3	渗流一地温场 B4
地层岩性 B1	1	1/3	1	1
地质构造 B2	3	1	2	1
古地貌 B3	1	1/2	1	1
渗流一地温场 B4	1	1	1	1

表 8－4 准则层 B1 的判断矩阵

准则层 B1 判断矩阵	地层厚度 C11	单孔溶蚀率 C12
地层厚度 C11	1	1
单孔溶蚀率 C12	1	1

表 8－5 准则层 B2 的判断矩阵

准则层 B2 判断矩阵	构造分维值 C21	印支期综合裂缝率 C22	早燕期综合裂缝率 C23	晚燕期综合裂缝率 C24
构造分维值 C21	1	2	2	2
印支期综合裂缝率 C22	1/2	1	1	1
早燕期综合裂缝率 C23	1/2	1	1	1
晚燕期综合裂缝率 C24	1/2	1	1	1

表 8－6 准则层 B3 的判断矩阵

准则层 B3 判断矩阵	风化壳古地貌 C31	基岩风化面古地貌 C32
风化壳古地貌 C31	1	1
基岩风化面古地貌 C32	1	1

表 8－7 准则层 B4 的判断矩阵

准则层 B4 判断矩阵	印支期水动力场 C41	早燕期水动力场 C42	晚燕期水动力场 C42	古近纪地温场 C42
印支期水动力场 C41	1	1/2	1/2	1/3
早燕期水动力场 C42	2	1	1	1/2
晚燕期水动力场 C42	2	1	1	1/2
古近纪地温场 C42	3	2	2	1

8.2.2.3　权重和最大特征值计算

本文选用主观赋权法中的 AHP 法，利用 yaahp 软件计算出各指标因素的权重 w_i 以及最大特征值 λ_{max}，计算结果见表 8－8。

表 8－8　各评价指标权重 w_i 及最大特征值 λ_{max}

项目层	评价指标	指标权重 w_i	最大特征值 λ_{max}
目标层 A	地层岩性 B1	0.1816	4.1179
	地质构造 B2	0.3788	
	古地貌 B3	0.1968	
	渗流一地温场 B4	0.2428	
准则层 B1	地层厚度 C11	0.5000	2.0000
	单孔溶蚀率 C12	0.5000	
准则层 B3	风化壳古地貌 C31	0.5000	2.0000
	基岩风化面古地貌 C32	0.5000	
准则层 B2	构造分维值 C21	0.4000	4.0000
	印支期综合裂缝率 C22	0.2000	
	早燕期综合裂缝率 C23	0.2000	
	晚燕期综合裂缝率 C24	0.2000	
准则层 B4	印支期水动力场 C41	0.1224	4.0104
	早燕期水动力场 C42	0.2270	
	晚燕期水动力场 C43	0.2270	
	古近纪地温场 C44	0.4236	

8.2.2.4　一致性检验

查找相应的平均随机一致性指标 RI，将各判断矩阵对应于最大特征值 λ_{max} 带入一致性公式，根据公式（8－3）分别来计算相容性指标 CI 值和随机一致性比例 CR 值，计算结果见表 8－9，均符合判断矩阵一致性检验的要求。因此，表 8－8中计算得到的各指标因素权重值是正确的、可接受的。

表 8－9　相容性指标 CI 值和随机一致性比例 CR 值

一致性检验	目标层 A	准则层 B1	准则层 B2	准则层 B3	准则层 B4
相容性指标 CI	0.0393	0	0	0	0.0035
随机一致性比例 CR	0.0437	0	0	0	0.0039

8.2.3　评价指标归一化处理

为了消除控制因素之间不同量纲数据对评价结果的影响，需要对各评价指标数据进行归一化处理，使得数据具有可比性和统计分析意义。

本文主要利用ARCGIS 10.2软件中模糊聚类功能对评价指标数据进行了归一化处理，建立了各因素属性数据库和归一化专题图，即奥陶系地层厚度C11、单孔溶蚀率C12、构造分维值C21、印支期综合裂缝率C22、早燕山期综合裂缝率C23、晚燕山期综合裂缝率C24、风化壳古地貌C31、基岩风化面古地貌C32、印支期渗流场C41、早燕山期渗流场C42、晚燕山期渗流场C43和古近纪地温场C44归一化专题图，如图8-8～图8-11所示。

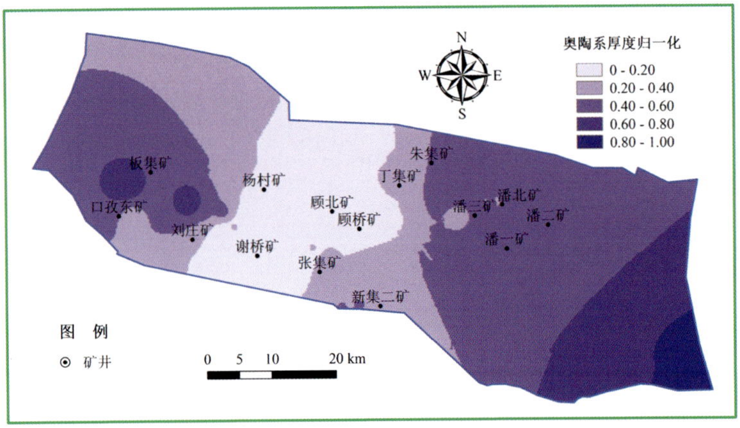

(a) 奥陶系地层厚度

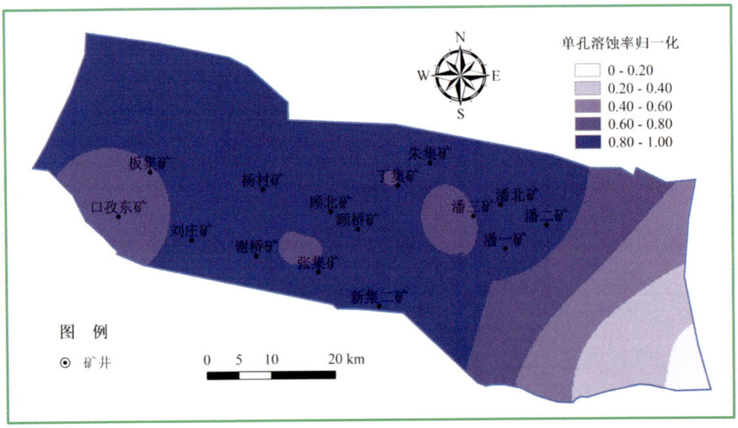

(b) 单孔溶蚀率

图8-8 归一化地层岩性评价指标值

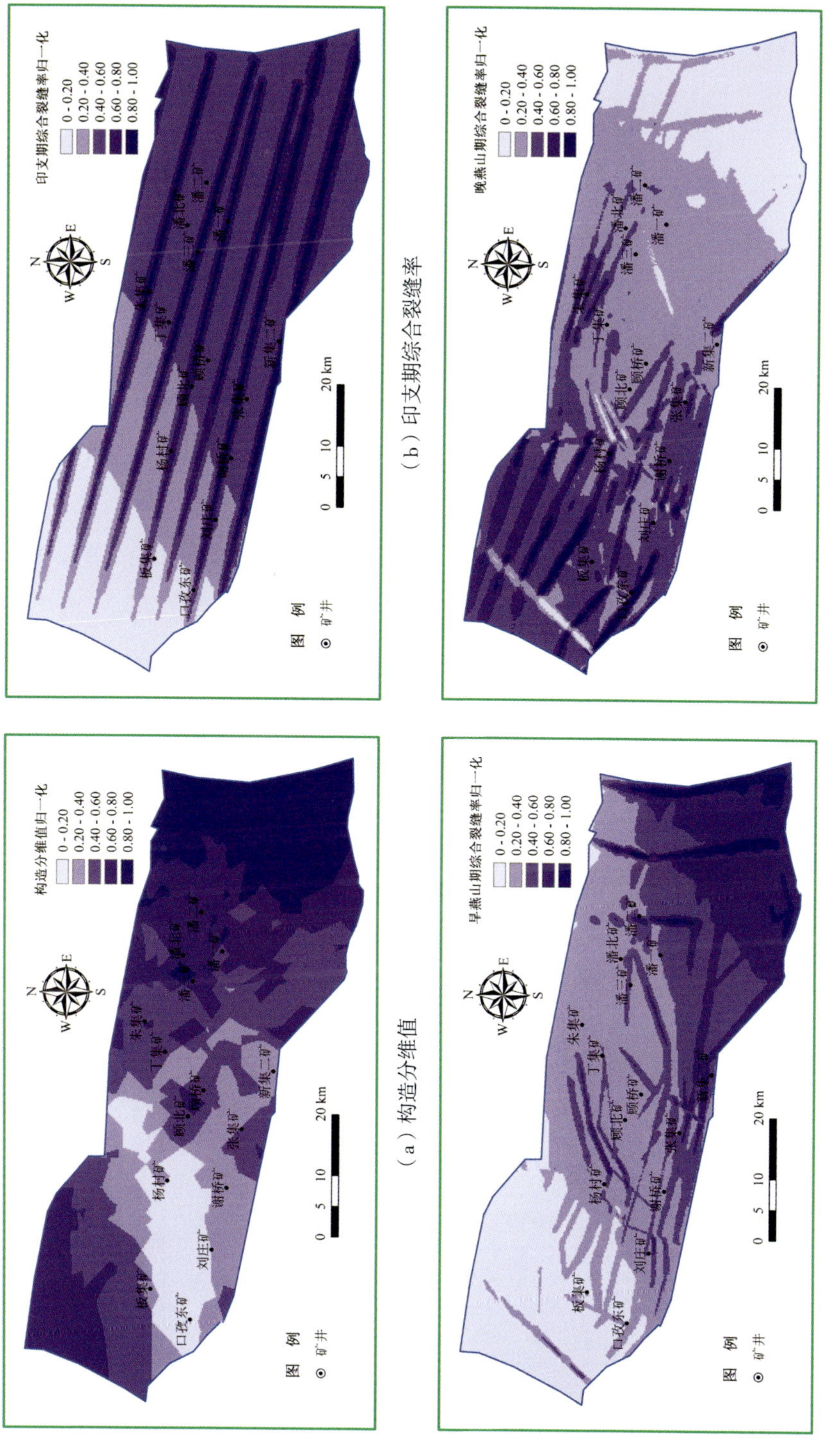

（a）构造分维值
（b）印支期综合裂缝率
（c）早燕山期综合裂缝率
（d）晚燕山期综合裂缝率

图8–9　归一化地质构造评价指标值

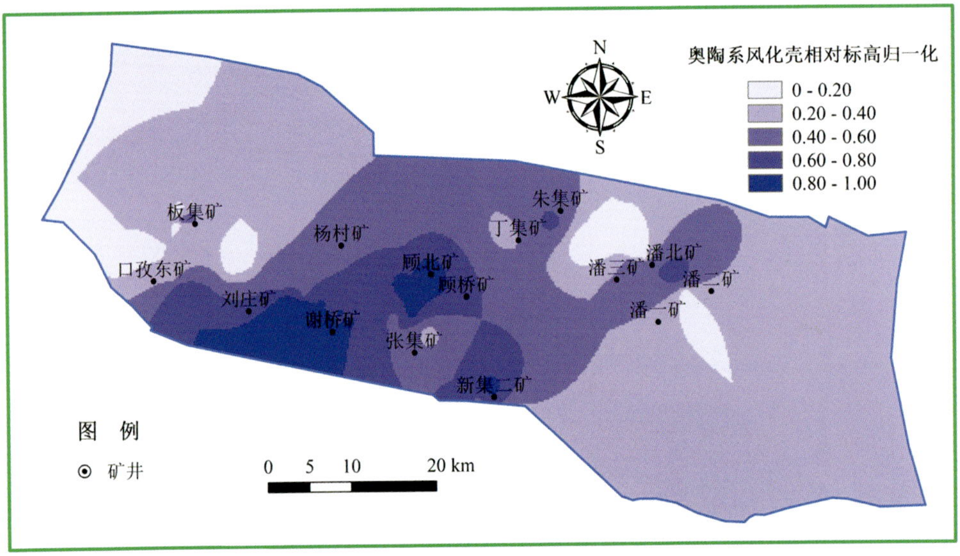

(a) 奥陶系风化壳相对标高

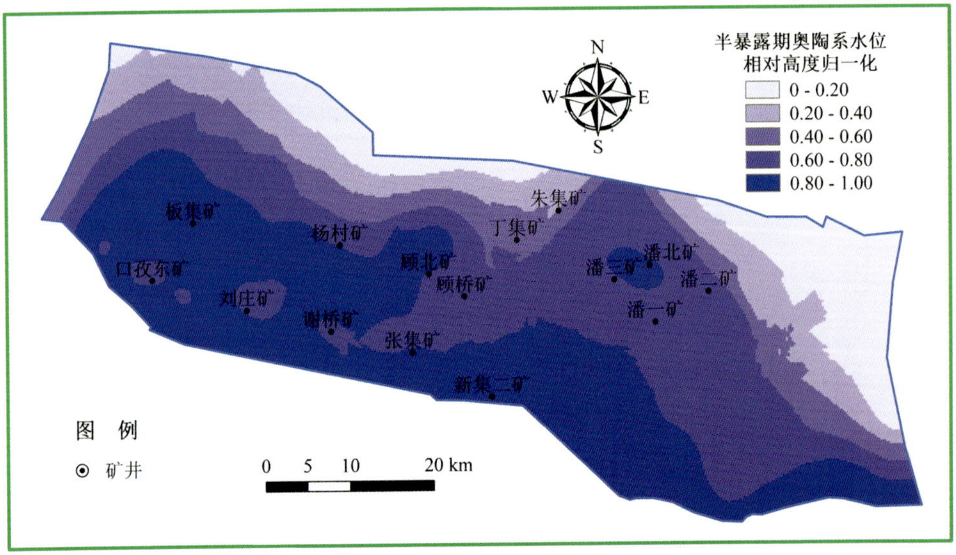

(b) 半暴露期奥陶系水位相对标高

图 8-10 归一化古地貌评价指标值

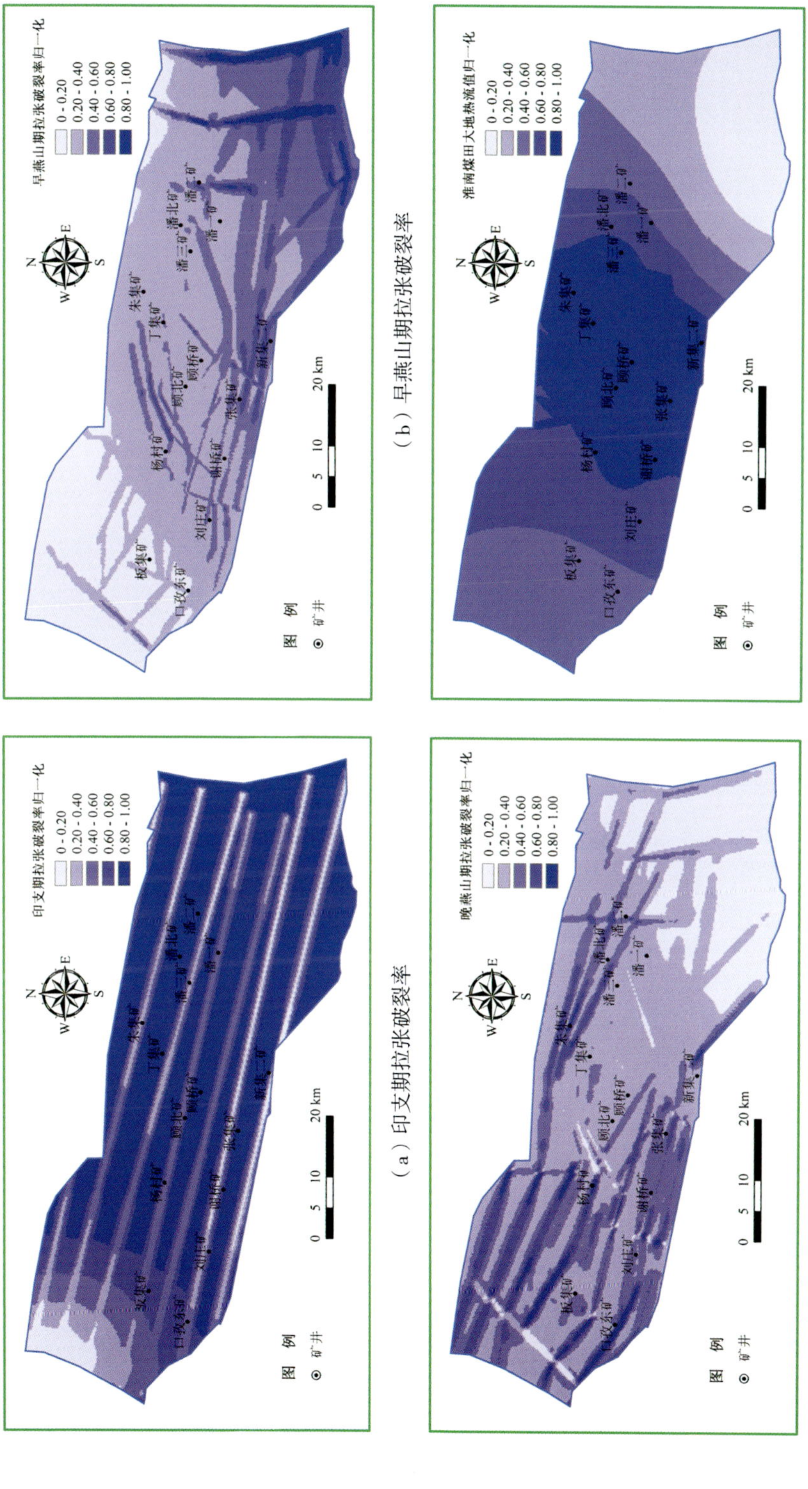

（a）印支期拉张破裂率

（b）早燕山期拉张破裂率

（c）晚燕山期拉张破裂率

（d）古近纪大地热流值

图8-11　归一化渗流场-地温场评价指标值

8.2.4 综合得分模型建立

建立淮南煤田奥陶系古岩溶发育程度评价模型，实际上就是建立一个表明各因素综合作用的数学模型，这个模型计算得出的得分值能够反映出某一地理位置奥陶系古岩溶的发育程度。这个模型的建立必须以上述12个评价指标为基础，通过对各因素加权叠加获得综合得分，来评价淮南煤田奥陶系古岩溶的发育程度。

综合得分（Overall Ratings，简称ORs）是指某一地区的某一地段的某一栅格位置上的各种影响因素对其产生叠加影响的总和。可以用公式（8－5）表示：

$$\mathrm{ORs}=\sum_{i=1}^{n} w_i \cdot f_i(x, y) \tag{8-5}$$

式中：ORs为综合得分；w_i 为主控因素权重；$f_i(x, y)$ 为单因素归一化后函数值；x，y 为地理坐标；n 为影响因素的个数，$n=12$。

$f_i(x, y)$ 在淮南煤田奥陶系古岩溶发育程度评价中是指第 i 个评价指标归一化后的函数值，w_i 是第 i 个评价指标（主控因素）的权重，$f_i(x, y)$ 与 w_i 对应关系见表8－10。因此，淮南煤田奥陶系古岩溶发育程度的综合得分模型为：

$$\begin{aligned}\mathrm{ORs}=\sum_{i=1}^{n} w_i \cdot f_i(x, y) &= 0.0908 f_1(x, y)+0.0908 f_2(x, y)\\ &+0.1515 f_3(x, y)+0.0758 f_4(x, y)+0.0758 f_5(x, y)\\ &+0.0758 f_6(x, y)+0.0984 f_7(x, y)+0.0984 f_8(x, y)\\ &+0.0297 f_9(x, y)+0.0551 f_{10}(x, y)+0.0551 f_{11}(x, y)\\ &+0.1029 f_{12}(x, y)\end{aligned} \tag{8-6}$$

式中：$f_1(x, y)$，$f_2(x, y)$，$f_3(x, y)$，$f_4(x, y)$，$f_5(x, y)$，$f_6(x, y)$，$f_7(x, y)$，$f_8(x, y)$，$f_9(x, y)$，$f_{10}(x, y)$，$f_{11}(x, y)$，$f_{12}(x, y)$ 分别代表归一化后的奥陶系地层厚度C11、单孔溶蚀率C12、构造分维值C21、印支期综合裂缝率C22、早燕山期综合裂缝率C23、晚燕山期综合裂缝率C24、风化壳古地貌C31、基岩风化面古地貌C32、印支期渗流场C41、早燕山期渗流场C42、

晚燕山期渗流场 C43 和古近纪地温场 C44 的等值线值。

表 8-10 评价指标归一化函数 $f_i(x, y)$ 对应的权重值 w_i

评价指标	地层厚度 C11	单孔溶蚀率 C12	构造分维值 C21	印支期综合裂缝率 C22	早燕期综合裂缝率 C23	晚燕期综合裂缝率 C24
$f_i(x, y)$	$f_1(x, y)$	$f_2(x, y)$	$f_3(x, y)$	$f_4(x, y)$	$f_5(x, y)$	$f_6(x, y)$
w_i	0.0908	0.0908	0.1515	0.0758	0.0758	0.0758
评价指标	风化壳古地貌 C31	基岩风化面古地貌 C32	印支期水动力场 C41	早燕期水动力场 C42	晚燕期水动力场 C43	古近纪地温场 C44
$f_i(x, y)$	$f_7(x, y)$	$f_8(x, y)$	$f_9(x, y)$	$f_{10}(x, y)$	$f_{11}(x, y)$	$f_{12}(x, y)$
w_i	0.0984	0.0984	0.0297	0.0551	0.0551	0.1029

8.3 预测结果分析

自然间断点分级法又名最佳差异度法（GVF），将需要分级的综合得分出现频数作为研究对象，通过发掘这些数据的统计学意义来确定分级，即基于数据内部的内在联系进行自然分组。此方法的目的就是求得一种最佳的分级，使得每级组内差异最小，组间差异最大。因此，本文运用自然间断点分级法，对上述计算得出的综合得分进行分级，如图 8-12 所示。

通过自然断点分级法对淮南煤田奥陶系古岩溶发育综合得分进行了处理，可以得到最佳的五级分级结果，各级阈值分别为 0.4419、0.4775、0.5154、0.5577。综合得分值越大，代表古岩溶越发育。根据分级阈值将研究区奥陶系古岩溶发育程度划分为五个等级，分别为弱、中等偏弱、中等、强和极强，划分标准详见表 8-11。淮南煤田奥陶系古岩溶发育程度综合得分和等级划分如图 8-13 和图 8-14 所示。

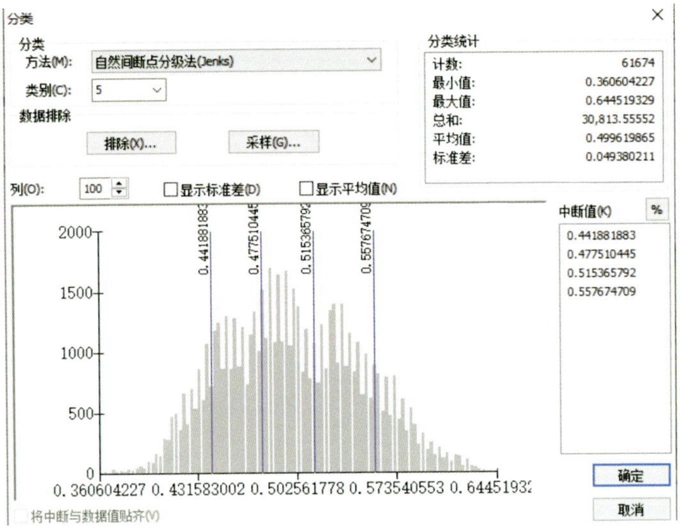

图 8－12　自然断点分级阈值

表 8－11　淮南煤田奥陶系古岩溶发育程度等级划分标准

序号	综合得分 ORs	奥陶系古岩溶发育程度等级
1	0.3606～0.4419	弱
2	0.4419～0.4775	中等偏弱
3	0.4775～0.5154	中等
4	0.5154～0.5577	强
5	0.5577～0.6445	极强

从图 8－13 和图 8－14 可知，淮南煤田奥陶系古岩溶发育程度整体表现为中等～极强，仅西北、西南和东北部分地区奥陶系古岩溶发育程度表现为中等偏弱～弱，对应图中的浅绿～绿色区域。区内板集矿、杨村矿和东南大部分地区的奥陶系古岩溶发育程度中等，对应图 8－13 和图 8－14 中的黄色区域。淮南煤田奥陶系古岩溶发育强～极强区域主要集中在中部地区，如刘庄矿、谢桥矿、张集矿、顾北矿、顾桥矿、朱集矿、潘北矿、潘三矿、潘二矿、潘一矿、新集二矿以及舜耕山，对应图 8－13 和图 8－14 中的橙色和红色区域。因此，上述这些矿井，尤其是红色区域内的潘二矿、潘三矿、潘北矿、顾北矿、新集二矿、张集矿、谢桥矿和刘庄矿，在开采深部时需要加强奥陶系岩溶水害的防治，最好提前做到区域探查和区域治理相结合。

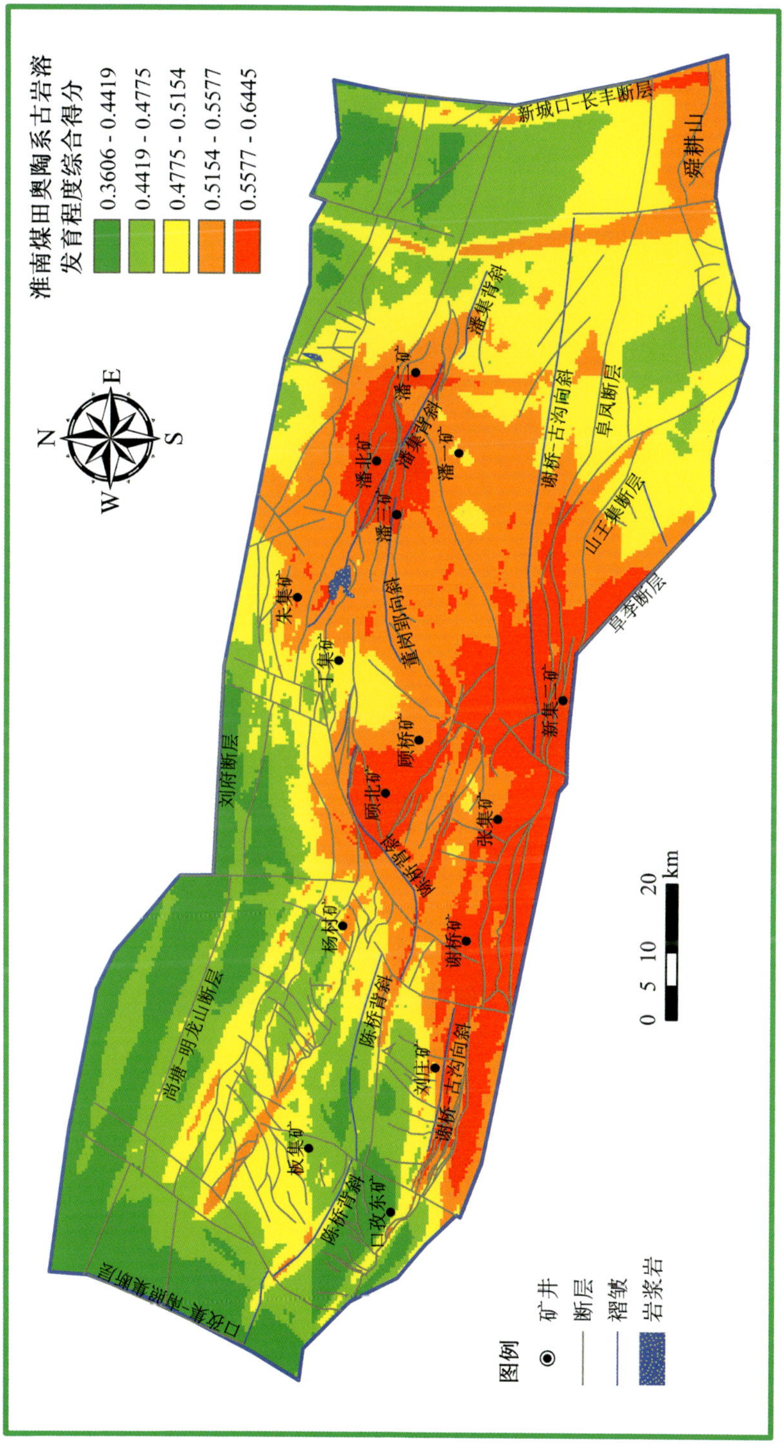

图8-13 淮南煤田奥陶系古岩溶发育程度综合得分

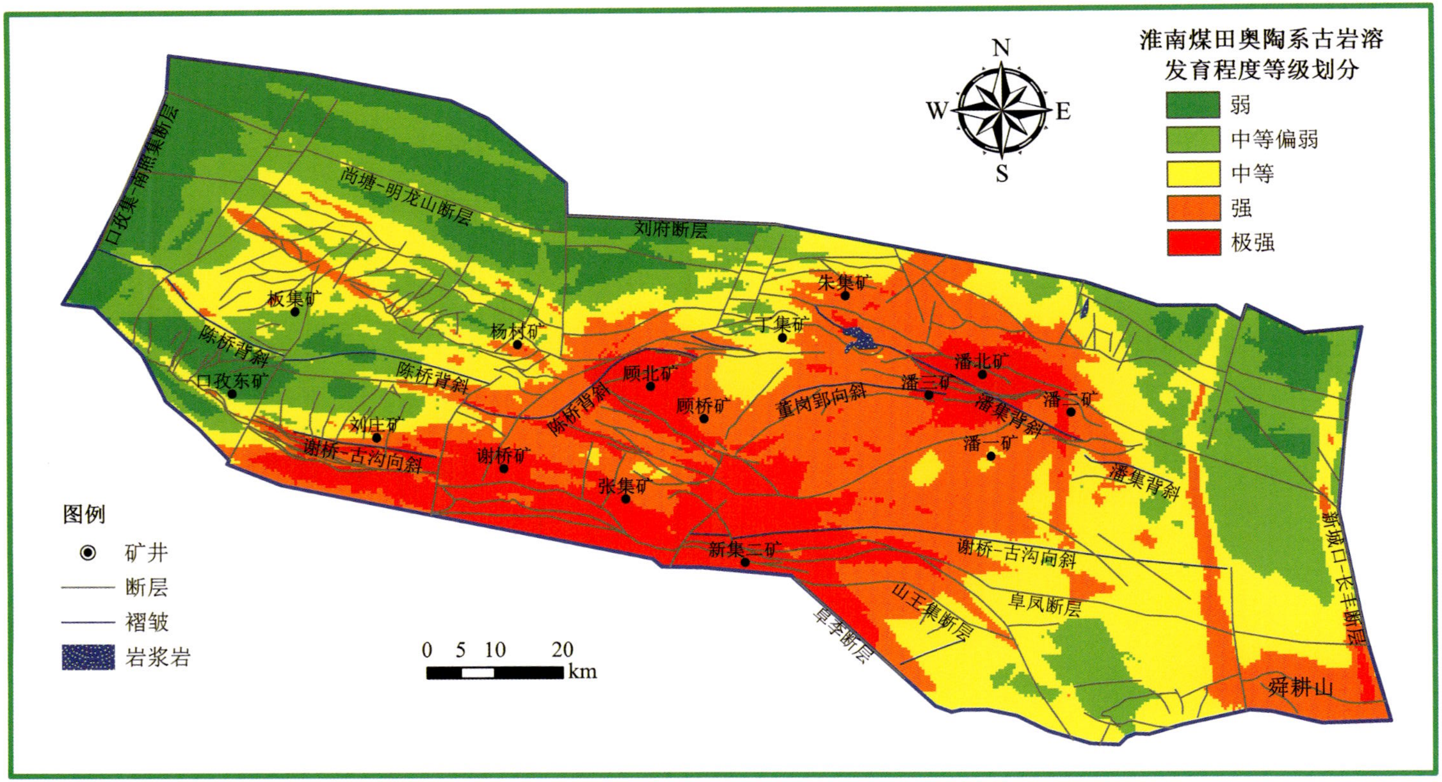

图8-14　淮南煤田奥陶系古岩溶发育程度等级划分

8.4 结果验证

岩溶陷落柱（简称 KCC）和奥陶系含水层突（涌）水点实际揭露位置是碳酸盐岩古岩溶发育程度较强的集中体现，因此，可以通过区内 KCC 和奥陶系含水层突（涌）水点的实际揭露位置来验证预测模型、评价指标和指标权重的正确性。

表 8－12 淮南煤田奥陶系灰岩含水层突（涌）水情况统计

矿井	突（涌）水点	突水时间	最大突（涌）水量/($m^3 \cdot h$)	水温/℃	突水水源	治理情况	目前涌水量/($m^3 \cdot h$)
潘二矿	TS1	2017 年 5 月	14520	42	奥陶系灰岩水	注浆封堵	0
潘北矿	TS2	2011 年 10 月	200	39	奥陶系灰岩水	注浆封堵	0
顾北矿	TS3	2017 年 1 月	120	39	奥陶系灰岩水	注浆封堵	0
张集矿	TS4	2018 年 4 月	220	41	奥陶系灰岩水	注浆封堵	0
谢桥矿	TS5	1989 年 6 月	684	40	奥陶系＋寒武系灰岩水	3 次注浆堵水	90

淮南煤田现已查明的 7 个 KCC（KCC 1＃～KCC7＃）均落在红色区域内（图 8－15），表明这 7 个 KCC 均落在奥陶系古岩溶发育极强区域内，这与模型预测结果完全一致。此外，淮南煤田 5 个奥陶系含水层突（涌）水点也都落在红色的古岩溶发育极强区域内，再次验证了模型预测效果良好，各突（涌）水点突（涌）水量情况见表 8－12。区内 TS1～TS4 突（涌）水点经过地面注浆治理后，现已经完全封堵，目前涌水量均为 0 m^3/h；而谢桥矿的 TS5 突水点从 1989 年 6 月突水开始，虽然经过了 3 次大型地面注浆治理，但至今仍未完全封堵，为极强岩溶发育带，目前该点涌水量仍保持在 90 m^3/h 左右，水温 40 ℃。

综合上述分析可知，本模型对淮南煤田奥陶系古岩溶发育程度及其平面分布的预测效果整体良好，为研究区深部岩溶水害防治工作提供了重要参考依据。

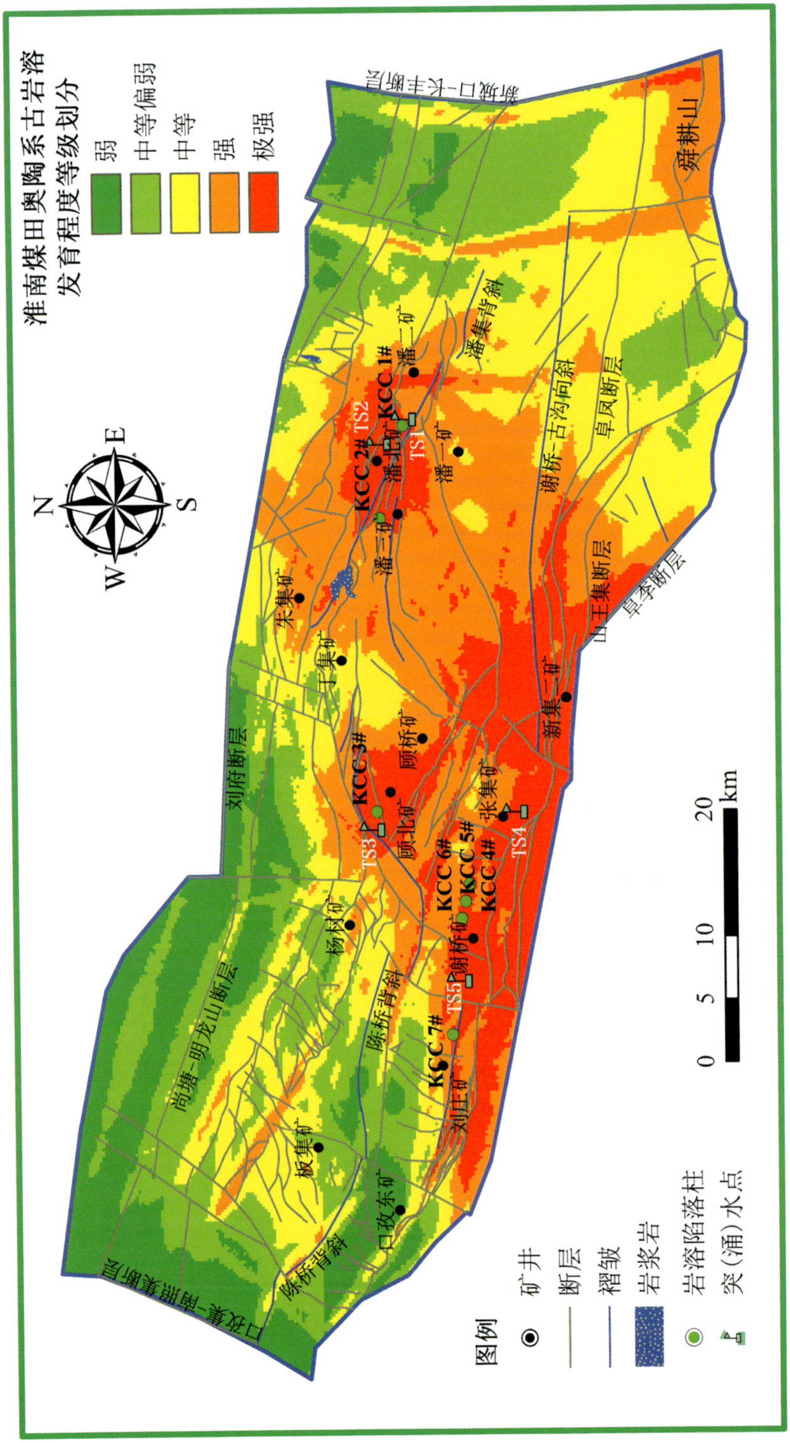

图8-15 淮南煤田奥陶系古岩溶发育程度预测与效果验证

8.5 本章小结

（1）建立了以奥陶系地层厚度、单孔溶蚀率、构造分维值、印支期综合裂缝率、早燕山期综合裂缝率、晚燕山期综合裂缝率、风化壳古地貌、基岩风化面古地貌、印支期渗流场、早燕山期渗流场、晚燕山期渗流场和古近纪地温场 12 个因素为评价指标体系的淮南煤田奥陶系古岩溶发育程度层次结构分析模型。

（2）以上述 12 个因素为评价指标，建立了淮南煤田奥陶系古岩溶发育程度的综合得分模型为：

$$\begin{aligned}\mathrm{ORs}=\sum_{i=1}^{n}w_i\cdot f_i(x,y)&=0.0908f_1(x,y)+0.0908f_2(x,y)\\&+0.1515f_3(x,y)+0.0758f_4(x,y)+0.0758f_5(x,y)\\&+0.0758f_6(x,y)+0.0984f_7(x,y)+0.0984f_8(x,y)\\&+0.0297f_9(x,y)+0.0551f_{10}(x,y)+0.0551f_{11}(x,y)\\&+0.1029f_{12}(x,y)\end{aligned}$$

经区内岩溶陷落柱和奥陶系含水层突（涌）水点实际揭露位置验证，该模型预测效果良好。

（3）GIS－AHP 耦合模型预测结果表明，淮南煤田奥陶系古岩溶发育程度整体表现为中等～极强，仅西北、西南和东北部分地区奥陶系古岩溶发育程度表现为中等偏弱～弱。区内奥陶系古岩溶发育强～极强区域主要集中在刘庄矿、谢桥矿、张集矿、顾北矿、顾桥矿、朱集矿、潘北矿、潘三矿、潘二矿、潘一矿、新集二矿等，在这些区域开采深部时需要加强奥陶系岩溶水害的防治。

参考文献

[1] 淮南矿业（集团）有限责任公司．淮南煤矿岩溶水水害查治技术研究成果［M］．北京：煤炭工业出版社，2013.

[2] 程广琪，刘登宪，傅先杰，等．淮南煤田北西向断裂与岩溶陷落柱关系研究［J］．煤炭科学技术，2013，41（10）：108-111.

[3] 袁道先．中国岩溶学［M］．北京：地质出版社，1994.

[4] 李定龙．皖北奥陶系古岩溶及其环境地球化学特征研究［M］．北京：石油工业出版社，2001.

[5] 时国．南华北地区奥陶系层序地层与层序格架内古岩溶研究［D］．成都：成都理工大学，2010.

[6] 项远法．华北地区深岩溶类型与发育强度初探［J］．煤田地质与勘探，1991，(2)：40-46+71-72.

[7] 张庆玉．塔里木盆地哈拉哈塘地区奥陶系碳酸盐岩古岩溶发育机理［D］．武汉：中国地质大学，2018.

[8] 詹润，张文永，窦新钊．淮南煤田构造演化与煤系天然气成藏［J］．中国煤炭地质，2017，29（10）：23-29.

[9] 刘登宪，李永军．淮南寒武纪岩溶陷落柱发育特征及导水性分析［J］．中国煤炭地质，2006，18（1）：38-40.

[10] 彭苏萍，李佩全．谢桥隐伏构造体综合探测及对矿井安全生产影响评价［R］．北京：中国矿业大学（北京），2006.

[11] 李小明，彭格林，席先武．淮南煤田构造热演化特征与煤层气资源的初步研究［J］．矿物学报，2002，22（1）：85-91.

[12] KEITH M H，WEBER J N. Carbon and oxygen stable isotopic composition of selected limestones and fossils［J］. Geochimica Et Cosmochimica Acta，1964，28（11）：1787-1816.

[13] UREY H C. Oxygen isotopes in nature and in the laboratory [J]. Science，1948，108 (2810)：489－496.

[14] EPSTEIN S，MAYEDA T. Variation of O^{18} content of waters from natural sources [J]. Geochimica Et Cosmochimica Acta，1953，4 (5)：213－224.

[15] CRAIG H. Standard for reporting concentrations of deuterium and oxygen－18 in natural water [J]. Science，1961，133 (3467)：1702－1703.

[16] 付晓燕，杨勇，黄有根，等. 苏里格南区奥陶系岩溶古地貌恢复及对气藏分布的控制作用 [J]. 天然气勘探与开发，2014，37 (3)：1－4.

[17] 葛晓光. 两淮煤田厚新生界底部含砾地层沉积物成因分析 [J]. 煤炭学报，2000，25 (3)：225－229.

[18] Griffith A A. The phenomena of rupture and flow in solids [J]. Philosophical Transactions of the Royal Society of London，1921，221 (582－593)：163－197.

[19] 周辉，汤艳春，胡大伟，等. 盐岩裂隙渗流-溶解耦合模型及试验研究 [J]. 岩石力学与工程学报，2006，25 (5)：946－950.

[20] PLUMMER L N，BUSENBERG E. The solubilities of calcite，aragonite and vaterite in CO_2－H_2O solutions between 0 and 90°C，and an evaluation of the aqueous model for the system $CaCO_3$－CO_2－H_2O [J]. Geochimica Et Cosmochimica Acta，1982，46 (6)：1011－1040.

[21] 许进鹏，梁开武，徐新启. 陷落柱形成的力学机理及数值模拟研究 [J]. 采矿与安全工程学报，2008，25 (1)：82－86.

[22] SAATY T L. How to make a decision：the analytic hierarchy process [J]. European Journal of Operational Research，1990，48 (1)：9－26.

[23] 许光泉，张海涛，周继生，等. 华北煤田岩溶陷落柱及其突水研究综述及展望 [J]. 中国岩溶，2022，41 (2)：259－275.

[24] 张海涛. 淮南煤田奥陶系古岩溶成因机制及预测研究 [D]. 淮南：安徽理工大学，2021.

[25] ZHANG H T，XU G Q，ZHAN H B，et al. Simulation of multi－period paleotectonic stress fields and distribution prediction of natural Ordovician fractures in the Huainan coalfield，Northern China [J]. Journal of Hydrology，2022，612：128291.

[26] ZHANG H T，XU G Q，ZHAN H B，et al. Formation mechanisms of paleokarst and karst collapse columns of the Middle Cambrian - Lower Ordovician carbonates in Huainan coalfield，Northern China [J] . Journal of Hydrology，2021，601：126634.

[27] 王建民，王佳媛，沙建怀，等．鄂尔多斯盆地东部奥陶系风化壳岩溶古地貌特征及综合地质模型 [J] ．吉林大学学报（地球科学版），2014，44（2）：409 - 418.

[28] 魏新善，任军峰，赵俊兴，等．鄂尔多斯盆地东部奥陶系风化壳古地貌特征嬗变及地质意义 [J] ．石油学报，2017，38（9）：999 - 1009.

[29] BERNER R A，KOTHAVALA Z. GeocarbⅢ：A revised model of atmospheric CO_2 over Phanerozoic time [J] . American Journal of Science，2001，301（2）：182 - 204.